娃娃服縫紉BOOK

OBITSU 11

荒木佐和子の紙型教科書 4

— 11cm 尺寸の女娃服飾 —

荒木佐和子 著

模特兒：HJ×OB「TYROL」
假髮：短辮子假髮（奶茶色）

「6.罩衫」的袖子，請由「5.連身裙」挑選喜歡的紙型製作。如果不安裝黏扣帶，設計成前開款式，搭配 T 恤穿著，還可以當成輕便的夾克來穿搭。「2.蛋糕裙」若能想辦法加上細褶設計，更能提升可愛的程度。「1.簡易款裙子」建議搭配蕾絲設計，如此就可以不用在意裙襬的收尾修飾。髮箍的部分會在娃娃裝的頁面介紹製作方法。只要將空寶特瓶裁切下來後貼上布片就能簡單製作。請活用剩餘的緞帶等材料，製作裝飾品吧！

模特兒：OB E03「SIMPU」
假髮：空氣感捲髮短髮（白金色）客製化

「5.連身裙」的衣身與衣袖、衣領以不同布料製作的話，看起來就有重疊穿搭的效果。將裙子稍微搭高一些，讓蛋糕裙底下的襯裙露出來一些。「16.無邊女帽」使用與連身裙相同的布料製作。帽沿部分的重點是要貼上黏著襯來保持形狀。雖然這樣就已經很可愛了，不過再加上蕾絲狀飾的話會更加可愛。「9.圍裙」的胸前擋片設計成可以拆下。不只是連身裙，也很適合與和服及旗袍搭配。

ch.16
無邊女帽

ch.5
連身裙
（圓領/燈籠袖長袖/蛋糕裙）

ch.2
蛋糕裙

ch.16
無邊女帽

ch.5
連身裙
（立領/茱麗葉袖/蛋糕裙）

ch.9
圍裙

ch.2
蛋糕裙

左/模特兒型號：OB E00「HAKASE」 假髮：Grace 假髮（奶茶色）
右/模特兒型號：OB E00「HAKASE」 假髮：Grace 假髮（香檳色）

「5.連身裙」作品的 2 種範例。右邊是無袖款式加上簡易款裙子(膝上高度)。膝上高度款式為了要加上蕾絲等裝飾，因此裙子長度設計得更短一些。髮箍的製作方式請參考娃娃裝的章節。左邊的衣領使用的是裁切後不需要處理的毛巾布，並應用設計成花瓣的形狀。合成皮及緞帶製作成的皮帶形成強調的重點部位。「1. 簡易款襯裙」如果按照紙型的長度製作的話，會露出裙襬，可以按照自己的喜好修改長度。

ch.5
連身裙
(圓領應用設計/半摺燈籠袖/喇叭裙)
ch.1
簡易款襯裙
ch.8
絲襪
ch.14
平底鞋
ch.5
連身裙
(無袖款式/簡易款裙子)

左/ 模特兒：HJ × OB「TYROL」 假髮：Churro 假髮（古典米色）
右/模特兒：OB E02「MIKADO」 假髮：Grace 假髮（橘子棕色）

使用「8.泳衣」的紙型。布料使用一種稱為Lycra霧面布的針織布料，直接裁切出衣袖、衣領、褲襠製作成緊身運動服。領圍縫出碎褶，設計成V字領。將「1.簡易款襯裙」重疊，呈現出類似芭蕾舞短裙的效果。「8.絲襪」使用的雖然是針織布料，但也可以將市售的絲襪裁切下來使用。如果布料有厚度的話，穿上緊身運動服時會出現高低落差，因此要搭配帶有荷葉邊的鬆緊帶裙巧妙地隱藏起來。將「14.平底鞋」的鞋跟去除，鞋底使用合成皮，呈現出類似芭蕾舞鞋般的感覺。

ch.8
泳衣
ch.1
簡易款襯裙
ch.8
泳衣的應用設計
ch.8
絲襪
ch.14
平底鞋
ch.14
平底鞋

左/ 模特兒：OB E01「OTOKO」 假髮：Minette 假髮（甜蜜玫瑰色）
右/模特兒：OB「ISSA」 假髮：Minette 假髮（奶茶色）

右邊是將「6.罩衫」的衣身長度增加1cm，使用針織布料應用設計成開領衫。沒有衣領，置入黏著襯後車縫，再翻至內側。前開領不使用黏扣帶，而是採用線圈與珠子的設計。正中央是將「6.水手服」的衣身加長2cm，使用針織布料應用設計成長版裙衣。這個款式也一樣沒有衣領，而是置入黏著襯後車縫，並在領圍加上胸擋片。左邊是在「5.連身裙(連肩袖)」的下方穿上以配布製作的「1.簡易款裙子」。裝飾用的腰帶使用的是「9.圍裙」的腰帶部分，並加上小蝴蝶結(製作方法請參考紙型的頁面)。「14.涼鞋」使用了與裙子相同的布料製作。

ch.9
圍裙
(腰帶+小蝴蝶結)
ch.5
連身裙
(連肩袖/
簡易款裙子)
ch.1
簡易款裙子
(膝下高度)
ch.14
涼鞋
ch.6
水手服應用設計
ch.7
緊身內搭褲
ch.6
罩衫應用設計
ch.15
背包
Ch.1
簡易款裙子
(膝上高度)

左/模特兒：HJ × OB「RIBBON」 假髮：Ribbonpob 假髮（白金萊姆色）
中/模特兒：OB E00「HAKASE」 假髮：Nounours 假髮（糖漬茶色）
右/模特兒：OB E02「MIKADO」 假髮：長辮子假髮（奶茶色）

「13.娃娃裝」的身體和腳部是不同的零件，因此腳部+連衣裙的組合也很可愛。身體的零件很少，前後設計成幾乎都是相同的形狀，即使是初學者也能夠輕易縫製。為了能夠換穿鞋子，所以設計成腳部露在外面。如果使用毛長過長的絨毛布或是毛皮會顯得大且蓬鬆，此時請將布料整體的毛都剪短。「15.背包」可以加上喜歡的耳朵或眼睛製作成動物的樣貌，也可以應用設計為後背包。

ch.13
娃娃裝

ch.13
娃娃裝

ch.15
背包

左/模特兒：OB E00「HAKASE」 假髮：長瀏海假髮（粉紅淡白色）客製化
右/模特兒：OB E04「TAISA」 假髮：長瀏海假髮（古典粉紫色）客製化

「10.旗袍」是用利利安線來呈現包邊的效果。中國結鈕釦裝飾的製作方法在相關頁面中也有解說，請製作成自己喜歡的形式吧！右邊的上衣長度較短，後面則是全開襟的設計。褲子的長度縮短了1cm。因為是合身的設計，如果是短上衣長度的設計，底下再搭配褲裝的話，看起來有可能會過於緊繃。此時要將紙型的衣襬尺寸稍微放寬一些。照片上的範例是使用較薄的提花布與山東綢，裡布使用平織薄棉布製作。「14.平底鞋」使用和旗袍相同的布料製作而成。

ch.10
旗袍

ch.14
平底鞋

ch.10
旗袍應用設計

ch.7
褲子應用設計

ch.14
平底鞋

左/模特兒：OB E03「SIMPU」 假髮：Chinois series · 1 Type（咖啡棕）
右/模特兒：OB 「ISSA」 假髮：洋蔥頭假髮（白金黃色）

「11.振袖」是由衣身與圍裹裙組合的兩件式設計，像這樣與裙子搭配創作出來的和服也是蠻可愛的。為了要讓完成時的狀態盡可能不要顯得太臃腫，因此有些看不到的地方便加以省略。腰帶也是為了方便製作，將帶揚（腰帶襯墊）的位置進行一部分的應用設計。中級者還可以變更袖長，試著製作浴衣。「12.袴裙」是沒有襠的女袴。紙型的褲裙長度到腳踝的高度，不過也可以自己調整高度。褶襉較多的腰帶部分容易顯得過厚，因此建議盡量使用較薄的布料。

ch.11
振袖

ch.12
袴裙

ch.11
振袖

左/模特兒：OB E02「MIKADO」 假髮：Minette Long 假髮（黑咖啡色）
右/模特兒：OB E00「HAKASE」 假髮：雙馬尾假髮（巧克力色）

CONTENTS

Frill

Puff

「芙莉兔妹妹」
縫製娃娃裝的初學者兔子妹妹

「泡芙貓老師」
裁縫達人貓咪老師

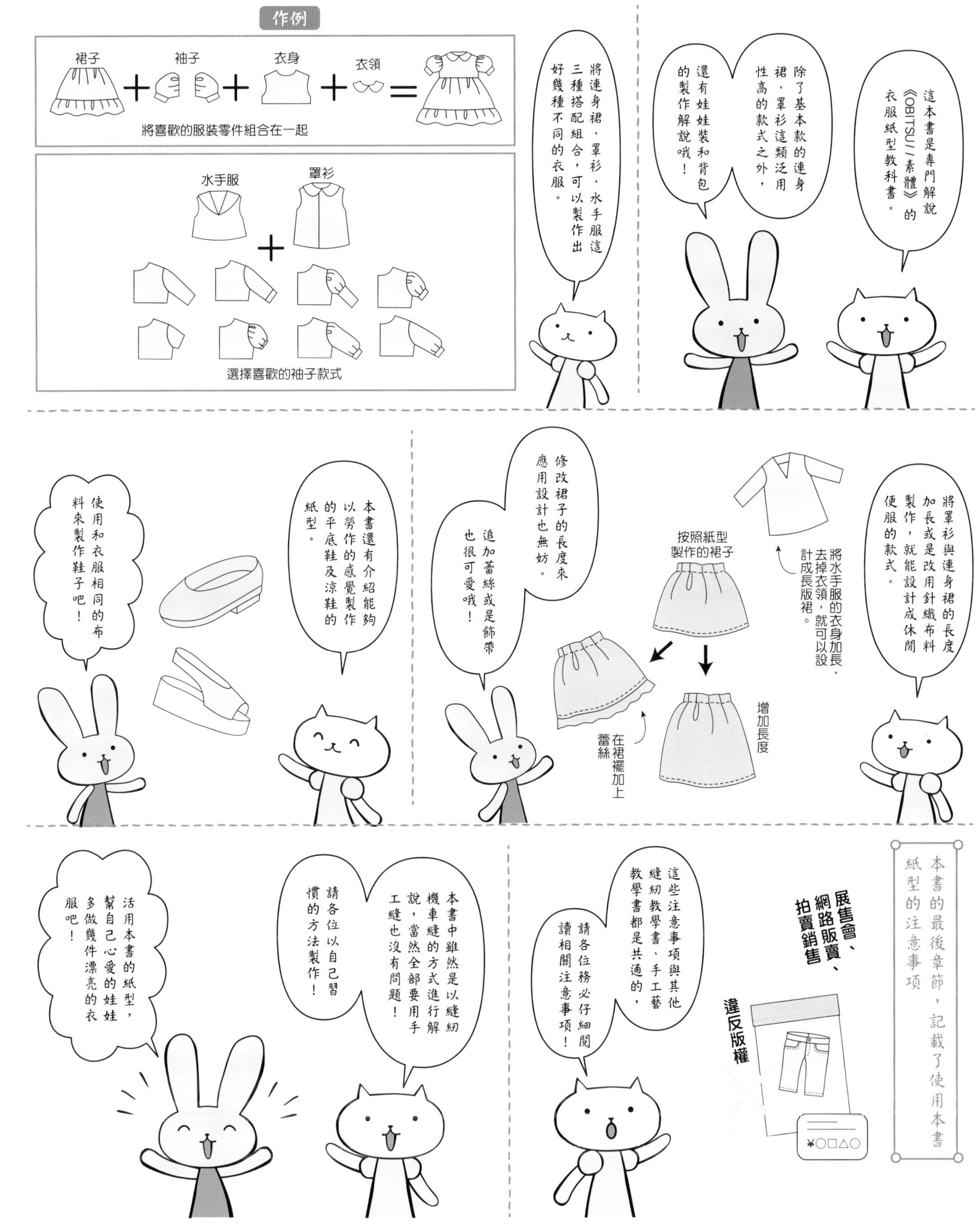

這本書是專門解說《OBITSU／素體》的衣服紙型教科書。
除了基本款的連身裙、罩衫這類泛用性高的款式之外，
還有娃娃裝和背包的製作解說哦！
將連身裙、罩衫、水手服這三種搭配組合，可以製作出好幾種不同的衣服。
作例
裙子
袖子
衣身
衣領
將喜歡的服裝零件組合在一起
水手服
罩衫
選擇喜歡的袖子款式
將罩衫與連身裙的長度加長或是改用針織布料製作，就能設計成休閒便服的款式。
將水手服的衣身加長，去掉衣領，就可以設計成長版裙。
按照紙型製作的裙子
增加長度
在裙襬加上蕾絲
修改裙子的長度來應用設計也無妨。
追加蕾絲或是飾帶也很可愛哦！
本書還有介紹能夠以勞作的感覺製作的平底鞋及涼鞋的紙型。
使用和衣服相同的布料來製作鞋子吧！
本書的最後章節，記載了使用本書紙型的注意事項
展售會、網路販賣、拍賣銷售
違反版權
¥○□△○
這些注意事項與其他縫紉教學書、手工藝教學書都是共通的，
請各位務必仔細閱讀相關注意事項！
本書中雖然是以縫紉機車縫的方式進行解說，當然全部要用手工縫也沒有問題！
請各位以自己習慣的方法製作！
活用本書的紙型，幫自己心愛的娃娃多做幾件漂亮的衣服吧！

紙型的解說

每一頁都有像這樣的箭頭方向標示。擺放紙型時，配置時箭頭呈此狀態與直布紋的線條方向是相同。

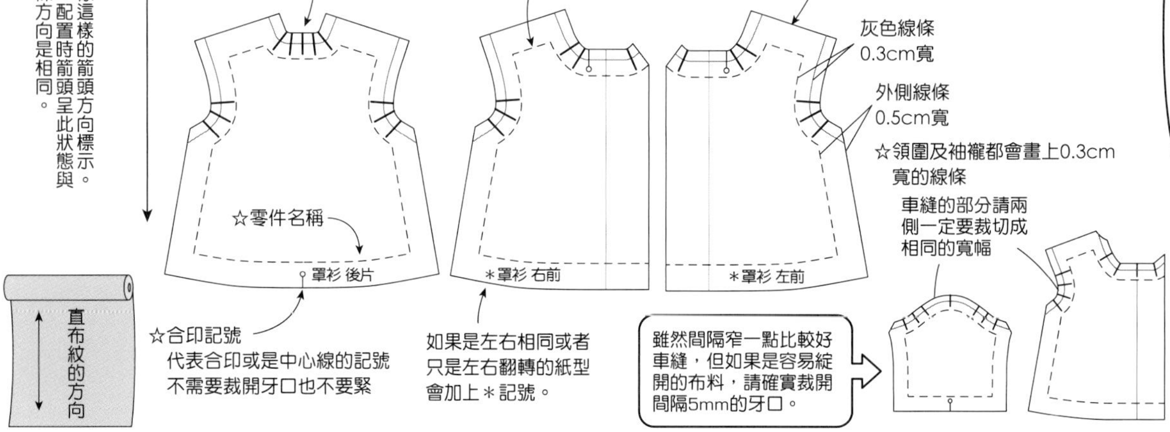

☆裁開線（粗線）
裁開牙口的位置
☆完成線（虛線）
代表衣服完成後的外形輪廓
要在這條線上進行縫製或返摺
☆裁切線
沿著這條線，將紙型裁切下來
灰色線條
0.3cm寬
外側線條
0.5cm寬
☆領圍及袖襱都會畫上0.3cm寬的線條
☆零件名稱
罩衫 後片
＊罩衫 右前
＊罩衫 左前
直布紋的方向
☆合印記號
代表合印或是中心線的記號
不需要裁開牙口也不要緊
如果是左右相同或者
只是左右翻轉的紙型
會加上＊記號。
車縫的部分請兩側一定要裁切成相同的寬幅
雖然間隔窄一點比較好車縫，但如果是容易綻開的布料，請確實裁開間隔5mm的牙口。

像衣身這種需要翻轉才能裁切的紙型，本書會將左右兩側的紙型都附上（一般的紙型教科書大多只會列出右或左其中一側）。

將布料「摺雙」後，把紙型放在上面

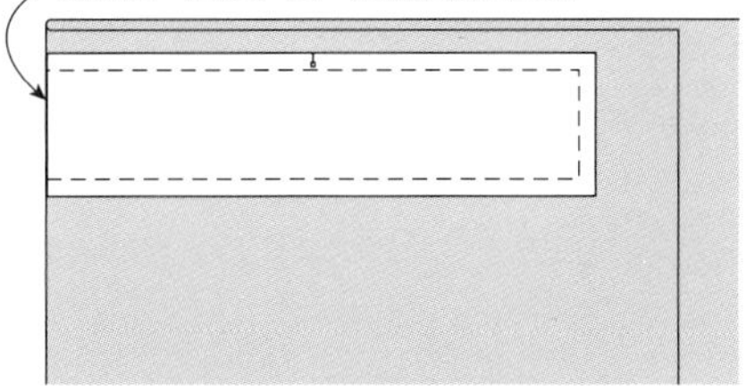

使用影印紙黏貼在「摺雙」的部分，將紙型的另一半製作出來，會更方便作業

追加紙型的另一半（別忘了將合印記號也描繪上去）

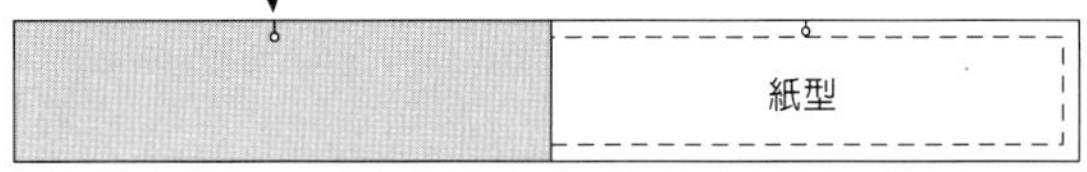

紙型

一部分的裙子請將其中一半以「摺雙」的方式裁剪下來。

或者是貼在紙上，追加另外一半，這樣會比較好裁剪。

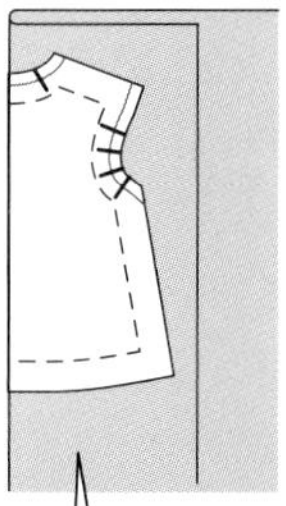

熟練的人可以用像一般紙型以「摺雙」的方式裁剪也沒關係

將紙型在中心線對摺或者是只剪下一半也可以

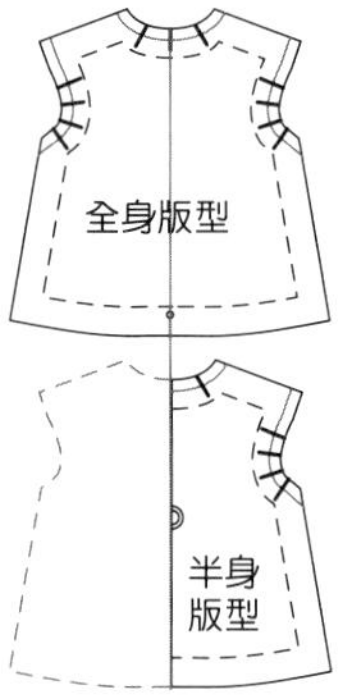

全身版型
半身版型

版型不是半身，而是全身版型（一部分裙子的版型只有半身）

為了方便使用印表機列印布料的人，紙型在完成後會露出外表的部分，所以刻意不使用文字或是顏色較深的線條。

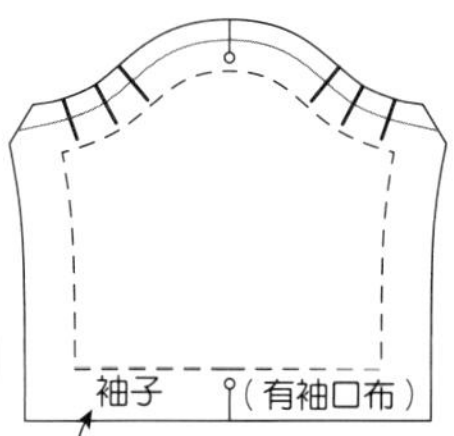

袖子
(有袖口布)
名稱放在縫份的部分

コットンクロス A4

百褶裙的導引線以較淺的顏色標記

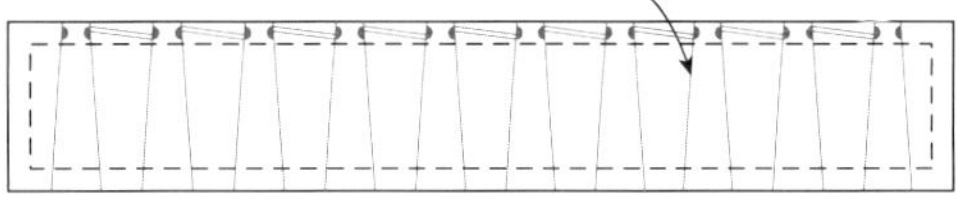

雖然需要一些數位的技術以及知識，不過想要製作自創花紋的人請多多活用這個方法哦！

請將袖襱的邊緣等位置調整至完全對齊

為了讓各部位布片更容易疊合在一起，各部分的縫份請盡可能保留相同的寬度

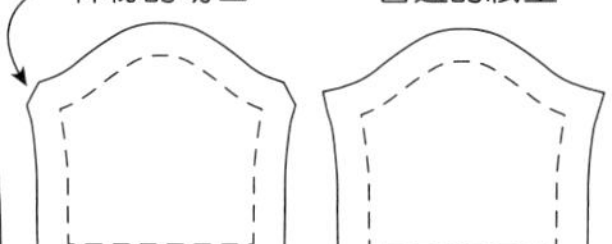

神秘的切口
普通的紙型

只要在縫份的部分多下工夫，後面就能感受到「製作簡單」的喜悅，本書也是盡量朝這個目標努力。

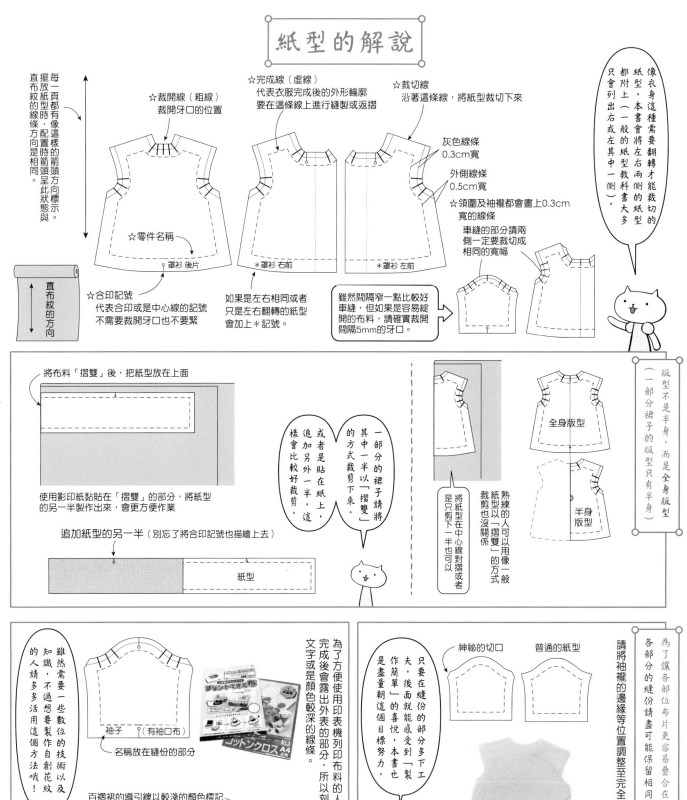

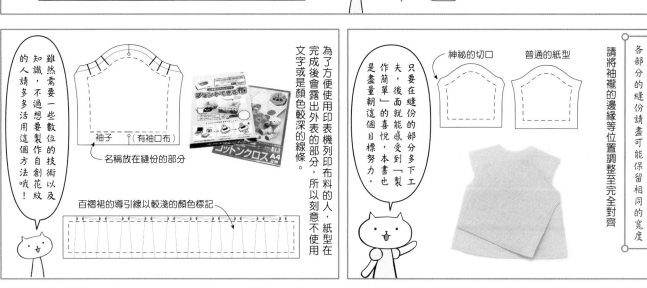

覺得將紙型複寫在布上很麻煩時

在紙型背面貼上保護膠帶，直接以裁布輪刀裁切比較快。

將保護膠帶捲成圓形，貼在紙型背面，然後再黏在布上。

將紙型擠向布紋的方向，實際觀察布料上的布紋並對齊

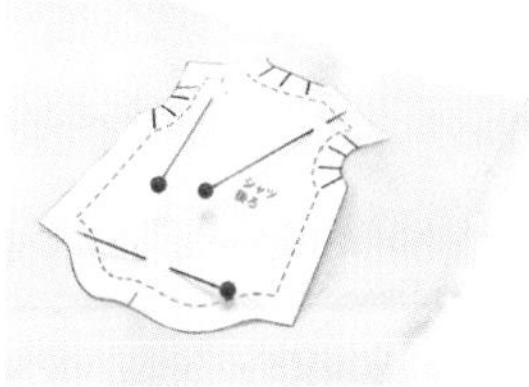

使用待針會變得凹凸不平

使用膠帶好像也比待針安全呢！

直接裁切下來，可以省去重新複寫的步驟

細微的部分請使用剪刀，以免裁切過頭了！

將完成線正確複寫到布料上的方法

雖然有些麻煩，製作一張沒有縫份的紙型，再沿著周圍描線，就能正確地描繪出來。

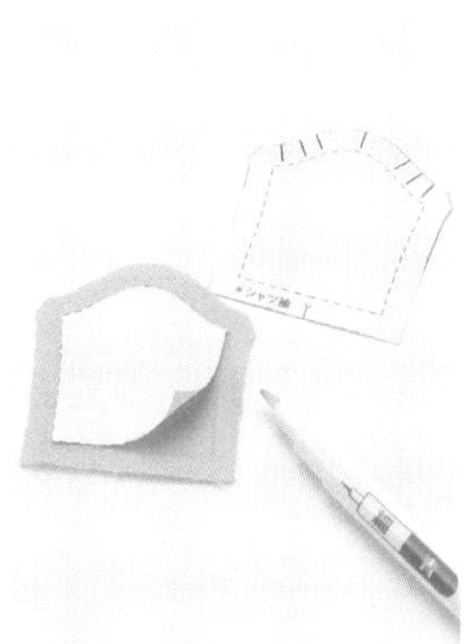

以保護膠帶黏貼

或者是將紙型的一部分以美工刀切割，像這樣可以翻開

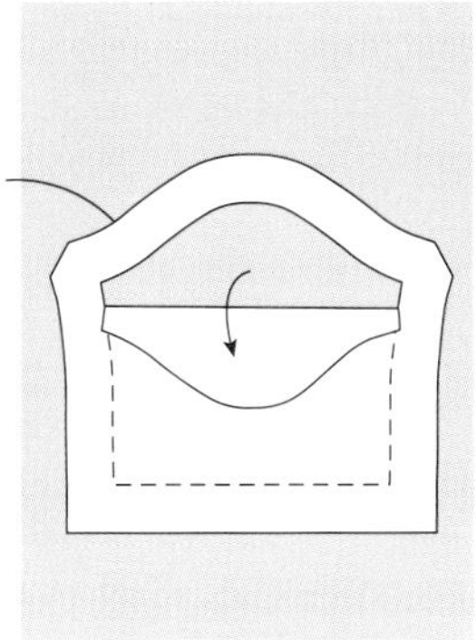

影印在較厚的紙張上，或是在背面貼上隱形膠帶補強即可

要將合印記號也標示上去

黏貼使用的特殊紙型

衣領或是絲襪這類完全沒有縫份的特殊紙型，要以紙型為導引，車縫後再將多餘的部分裁切掉。

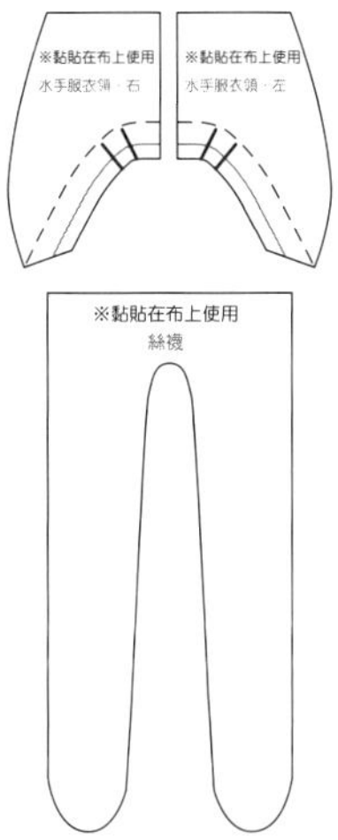
※黏貼在布上使用
※黏貼在布上使用
絲襪

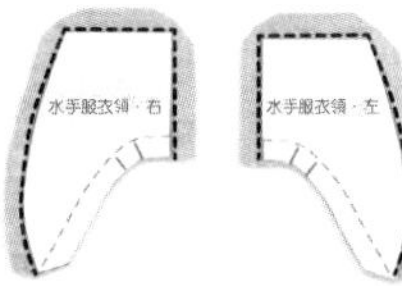

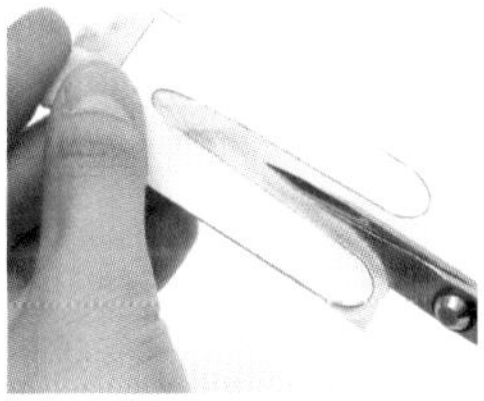

※車縫的位置請參考各自的製作方法頁面內容。

關於防止布料綻開

將布片零件放在寵物用保潔墊上，塗抹防綻液待其乾燥

請將各布片零件塗上防綻液！
※只有會綻開的素材需要

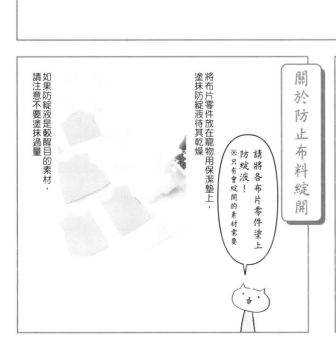

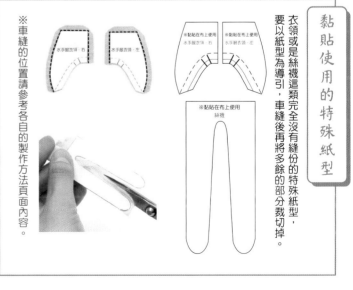

如果防綻液是較醒目的素材，請注意不要塗抹過量

適合製作小尺寸娃娃衣的布料・針織布

這裡是介紹幾種較容易取得的主要布料。
除了這些布料外，也有很多好用的布哦！

請選擇不容易綻線，且愈薄愈好的布料。

平織薄棉布

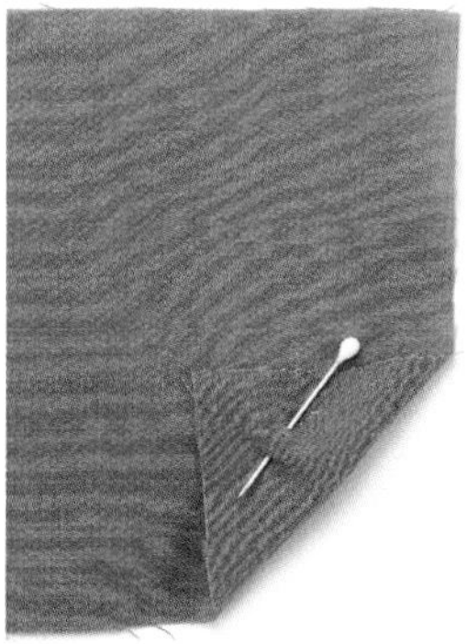

質地很薄，適合用來縫製罩衫。也可以用來製作水手服衣領的襯領。縫製成連身裙或裙子後，再以噴霧器潤濕布料，刻意呈現出皺巴巴的外觀也很可愛。請記得要確實塗抹防綻液。

細平棉布

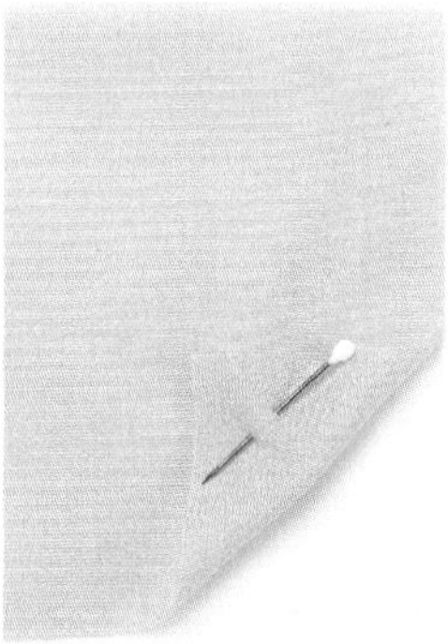

色彩豐富，屬於綿×化纖的布料。質地雖然較薄，但具有挺性。比較不容易綻線這點還蠻方便的。適合用來縫製外形輪廓較為俐落的服裝。

寬幅棉布

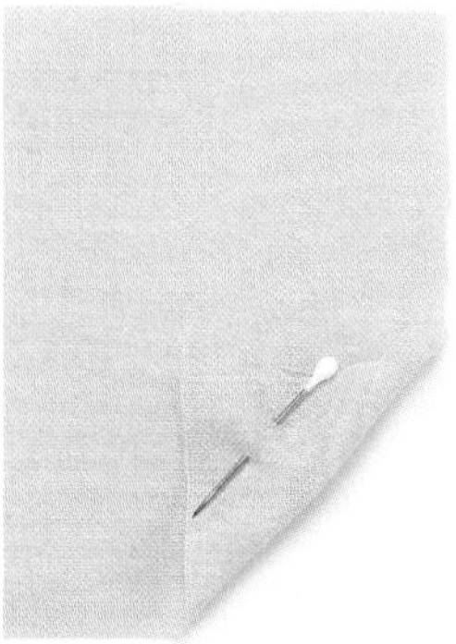

色彩豐富。布質柔軟易於縫製，給人的感覺比較樸素。適合用於製作褲子或夾克。請記得要確實塗抹防綻液。

天竺棉（針織布料）

有分正背兩面的布料。雖然有很多適合用來製作娃娃衣的薄布款，但是裁剪下來的布邊容易收縮成圓形。建議用來製作緊身衣或是有碎褶的衣服。

布的質地很薄，製作出來的衣服不會有厚重感。

棉毛布（針織布料）

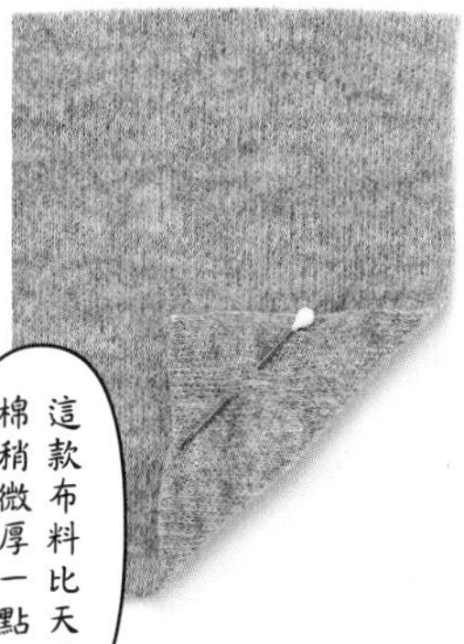

和天竺棉相較起來稍厚一些。裁剪下來的布邊不會收縮成圓形。布的正背面看起來幾乎一樣。但如果用來製作碎褶的話，需要注意有時候會顯得分量過多。

這款布料比天竺棉稍微厚一點。

軟薄紗・絲網眼紗

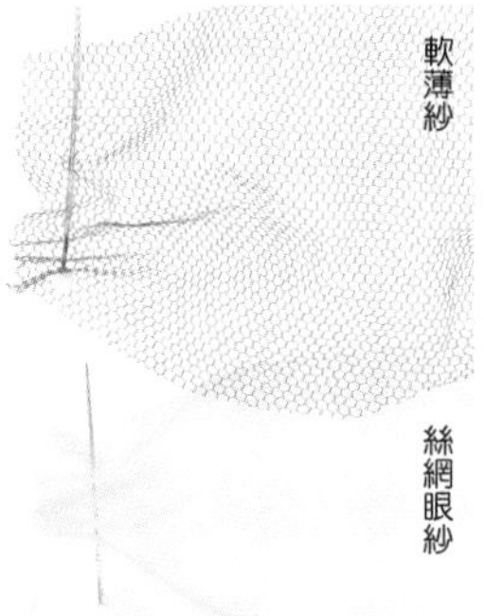

軟薄紗
絲網眼紗

透明的網狀布料。軟薄紗是一種可以用來製作芭蕾舞衣的有彈性布料，因此適合製作襯裙。絲網眼紗具有伸縮性而且大多比較柔軟，除了適合製作裙子之外，也適合用來製作絲襪。

黏著襯

有分為以下不同種類
・不織布
・平織布
・針織布料用

太薄或是太厚的產品都不太好用，一般選用與價格均一商店販賣的產品相同的厚度即可。

黏著襯使用像這樣呈現傾斜方向的部位，除了具有補強的效果外，也有避免布料伸展的作用。

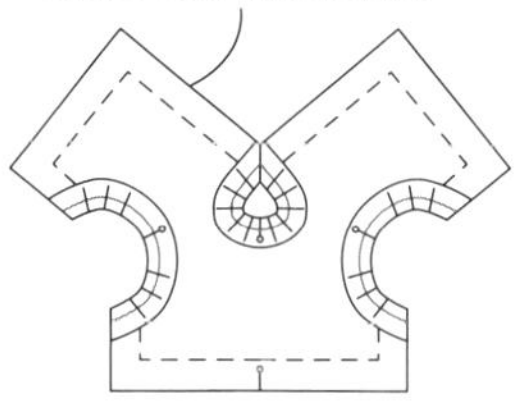

使用熨斗時要注意溫度的設定哦！
請選擇可以用熨斗黏貼的產品。

建議使用在小尺寸衣服的黏扣帶

Velcro

這是Pb`-factory自創的特薄型產品。有白、黑兩種顏色。

Soft Sheet

CraftCafé
ソフトシート

請注意同樣是Craft Cafe的產品，還有一種叫做10cm×30cm「黏扣帶」，厚度會比較厚。

HCP Kincsem

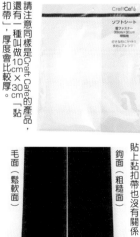

HCP
Kincsem

所有產品中最薄。但和其他兩種相比之下較容易鬆脫。

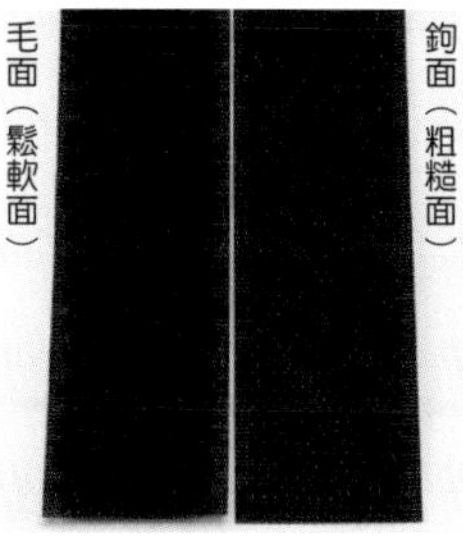

鉤面（粗糙面）

毛面（鬆軟面）

一般來說，衣服會蓋在上面的那一側是要貼上黏扣帶的粗糙面。不過上述3種產品即使碰觸到娃娃的頭髮也不容易造成糾結，所以反過來貼上黏扣帶也沒有關係。

車縫線

OBITSU尺寸的娃娃建議使用像這種較細的車縫線。

90號（薄布用）
車針#7-9

這是小物品及真人衣服常用的粗細度。如果不方便購買較細的車縫線的話，也可以使用這種粗細的車縫線。

60號（普通布用）
車針#9

這是使用於針織布料這種會延伸的素材的車縫線。若要使用如絲襪般易容延伸的素材製作衣服時，建議使用這種車縫線。

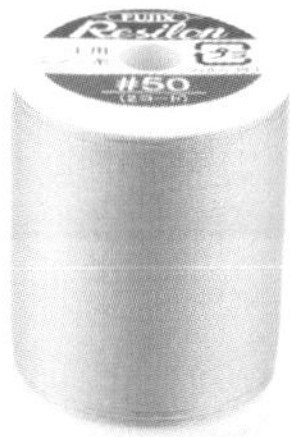

50號針織用車縫線
車針#9

另外也建議使用這種色數雖然較少，但又細又堅韌的娃娃服專用線！

很容易縫製，而且衣服的完成狀態也很漂亮。

Fujix
TicTic PREMIER
1000m長

手縫線

如果太長的話，容易糾結在一起，請裁切成60cm以下的長度使用。

建議使用拼布用的線。右撇子的人手縫的時候，用這種線比較不容易發生縫縮起皺。有些產品線已經過加工帶有張力，不容易糾纏在一起。和縫紉線相較之下稍粗一些。

手縫線
針#7-8

拼布線
針#7-8

其中又以Pice的線材既細又有韌性，非常推薦給各位使用！

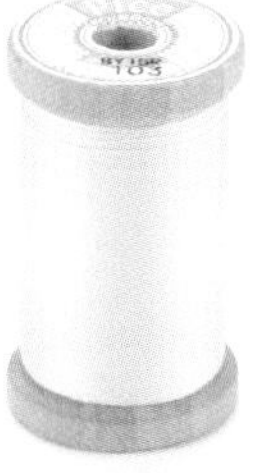

Dice
針#7-8

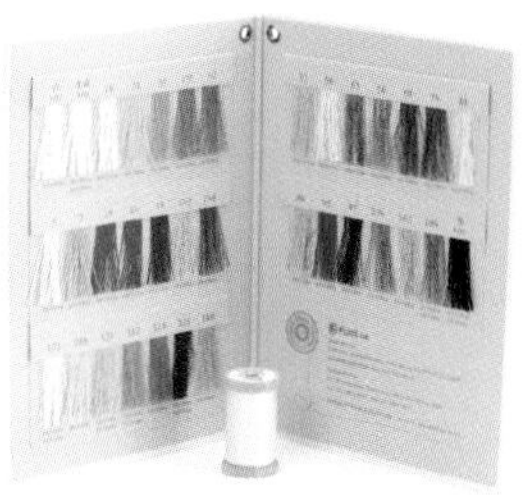

35色

手工縫紉的重點事項

藏針縫（ㄋ字縫）

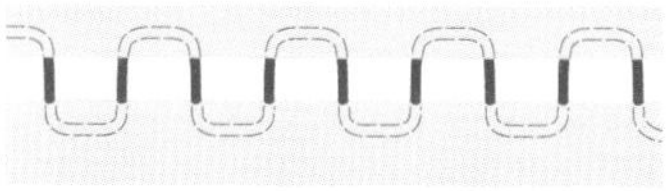

如果想要將開口收攏或是將布片縫合時，不想要讓縫線露出外表，建議使用這種藏針縫法

因為尺寸都很小的關係，也許會有使用縫紉機不好縫的部位。

這時候請不要勉強車縫，可以搭配手縫將衣服完成哦！

回針縫

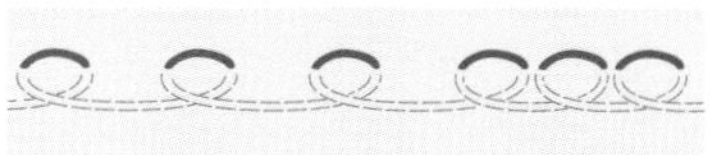

回針縫很適合使用在像襪口這類需要延伸的部位

平針縫→無法延伸

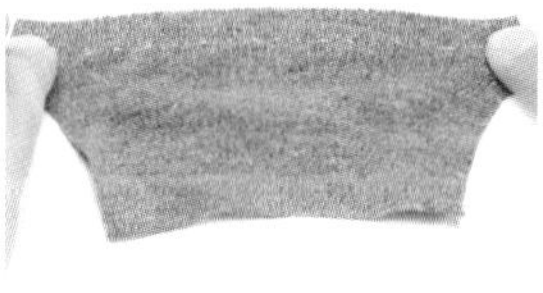

回針縫→可以延伸

平針縫

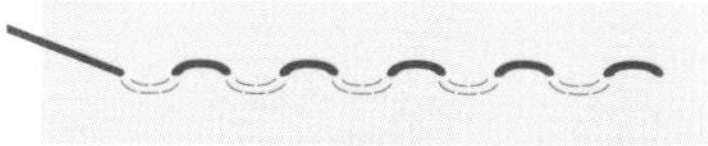

基本的縫法，適用於將布片縫合時使用

起縫點的第一針腳先用回針縫，將線結打在內側會更好

如果縫線尾端太靠近布端的話，突出的線結會比較容易綻開

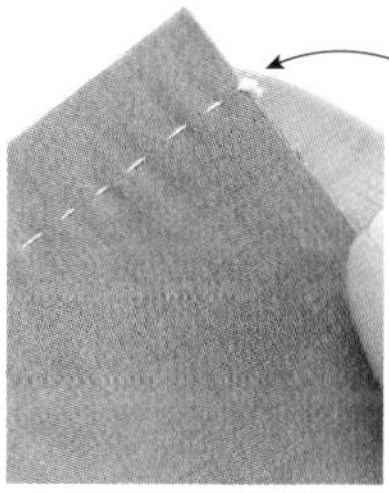

Chapter *1.*

簡易款裙子

— SKIRT I —

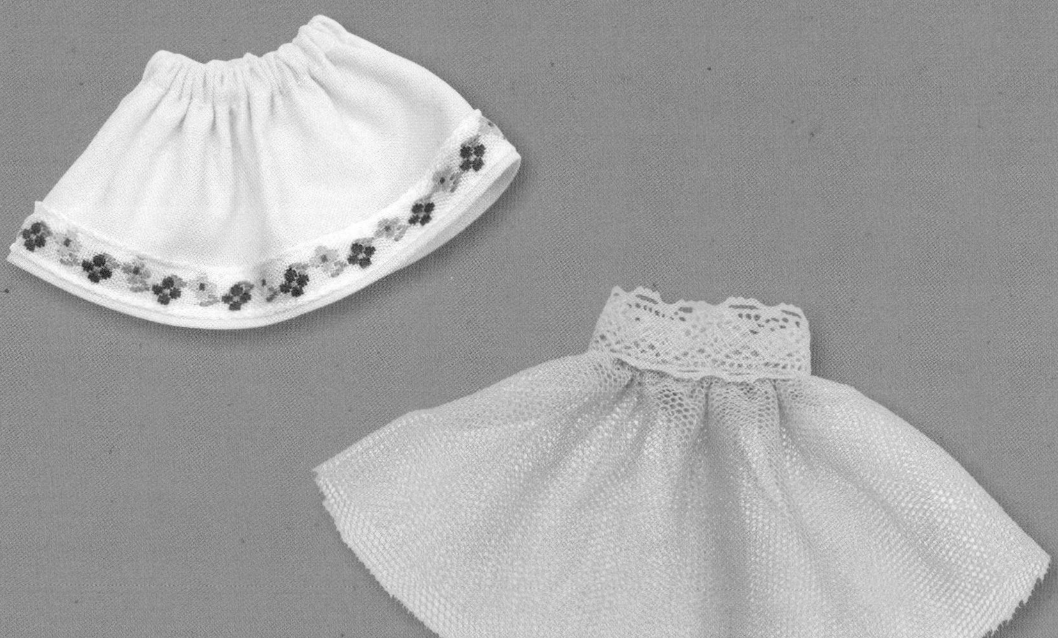

＊原寸大＊

簡易款裙子紙型

→製作方法18-19頁

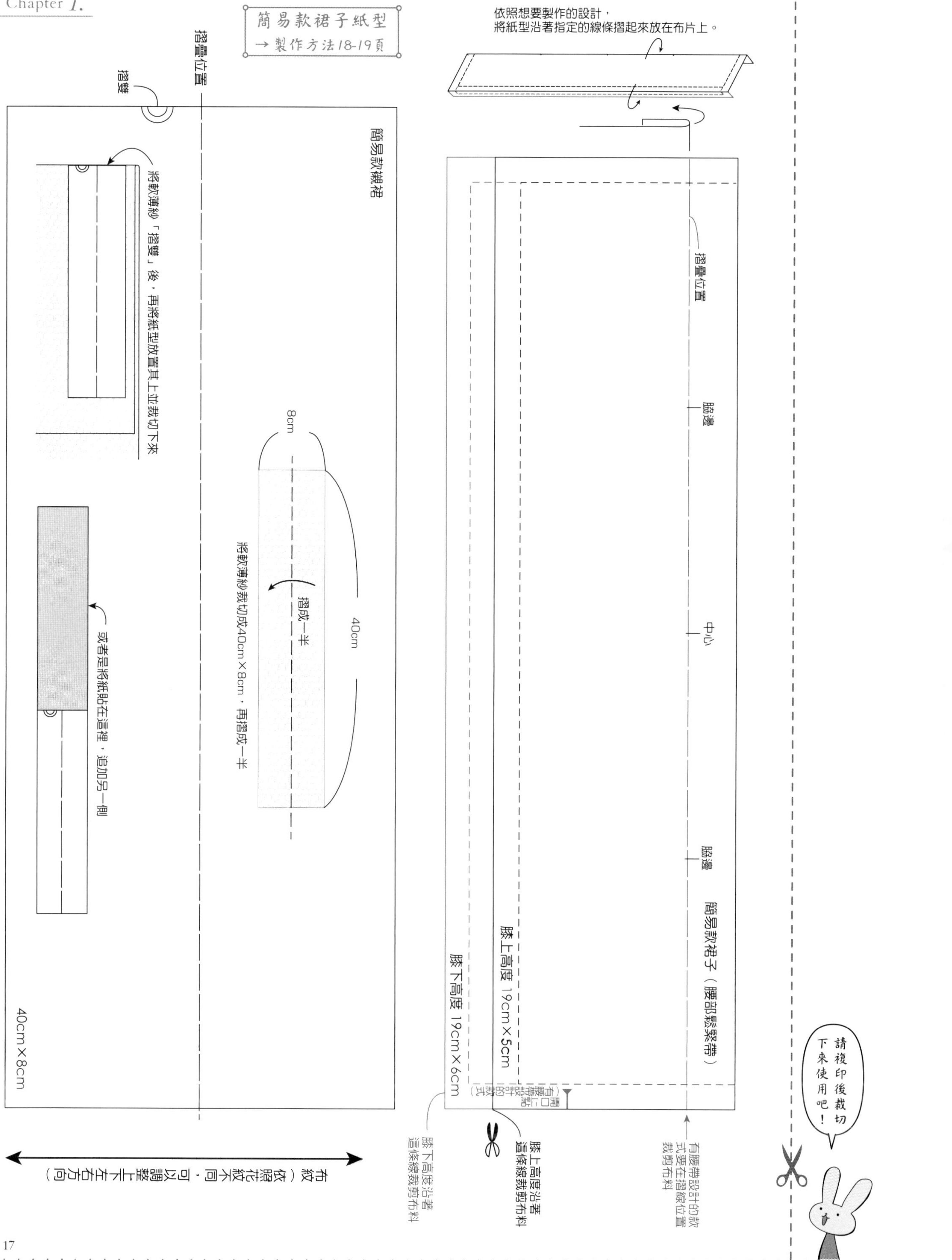
摺疊位置
摺雙
簡易款襯裙
將軟薄紗「摺雙」後，再將紙型放置其上並裁切下來
8cm
40cm
摺成一半
將軟薄紗裁切成40cm×8cm，再摺成一半
或者是將紙貼在這裡，追加另一側
40cm×8cm
布紋（依照花紋不同，可以調整上下左右方向）
依照想要製作的設計，
將紙型沿著指定的線條摺起來放在布片上。
摺疊位置
脇邊
中心
脇邊
簡易款裙子（腰部鬆緊帶）
膝上高度 19cm×5cm
膝下高度 19cm×6cm
開口上點
（有腰帶設計的款式）
膝下高度沿著這條線裁剪布料
膝上高度沿著這條線裁剪布料
有腰帶設計的款式要在摺線位置裁剪布料
請複印後裁切下來使用吧！

簡易款裙子

腰部鬆緊帶

這是以長方形紙型製作的裙子哦！並在腰部穿過一條鬆緊帶。
也很適合製作成襯裙呢！

1 →紙型17頁

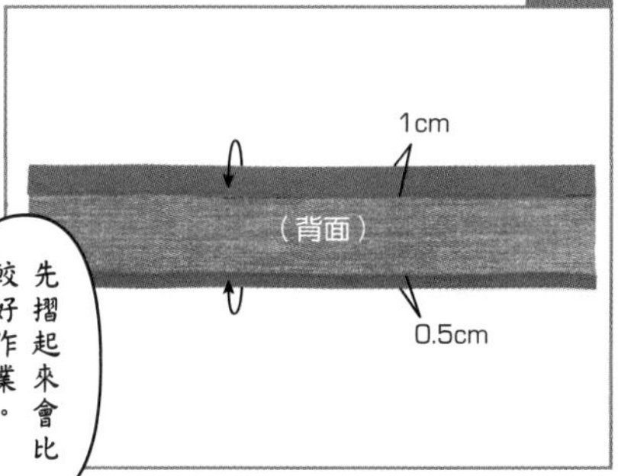

1cm
（背面）
0.5cm

先摺起來會比較好作業。

使用熨斗將腰部及裙襬摺起來。如果是裙襬有蕾絲裝飾的設計，這個時候就要將蕾絲縫上去（縫上蕾絲的方法請參考下一頁）。

2

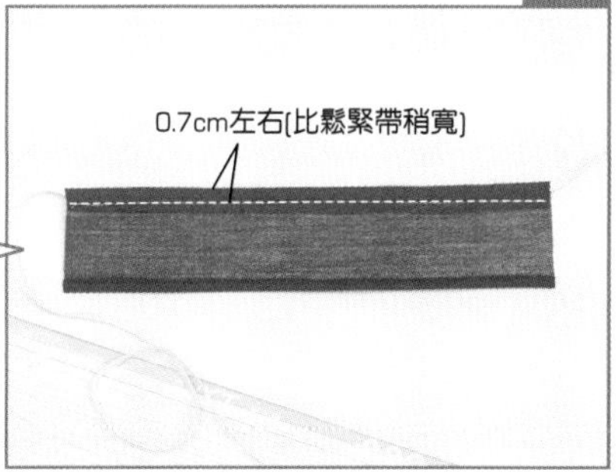

0.7cm左右[比鬆緊帶稍寬]

在腰部位置挾上一條平面鬆緊帶（寬0.3~0.4cm）後車縫。

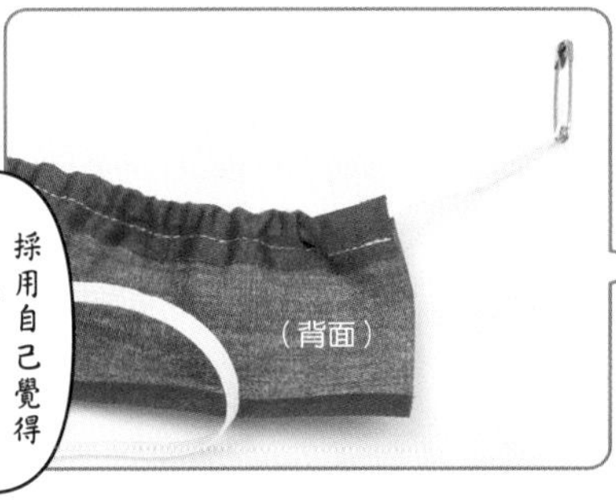

（背面）

採用自己覺得方便作業的方法即可。

如果挾著鬆緊帶不好車縫的時候，也可以先將腰部縫好後，再使用穿帶器或是小的安全別針來穿過鬆緊帶。

3

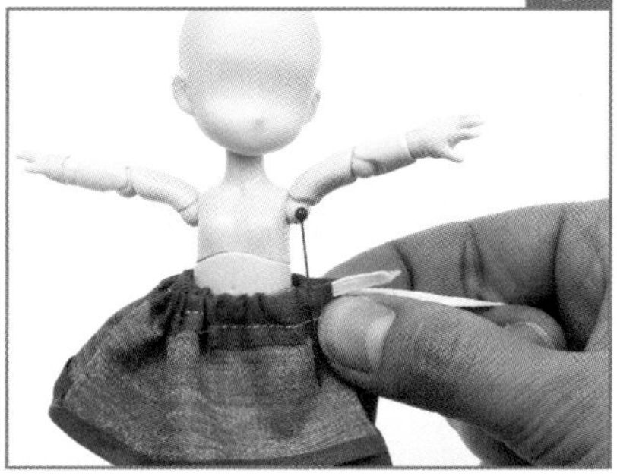

將裙子圍在娃娃腰上，調整鬆緊帶符合腰圍的尺寸，以待針固定。待針拔掉後鬆緊帶就容易位移，所以要先以裁縫筆加上記號。

4

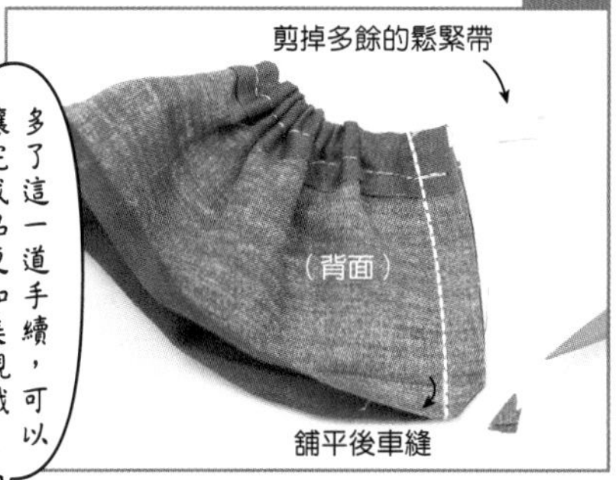

剪掉多餘的鬆緊帶
（背面）
鋪平後車縫

多了這一道手續，可以讓完成品更加美觀哦！

注意不要讓鬆緊帶變鬆，將布端車縫。剪掉裙襬的邊緣，塗抹防綻液（如果不剪掉的話，縫份就會外露）。

5

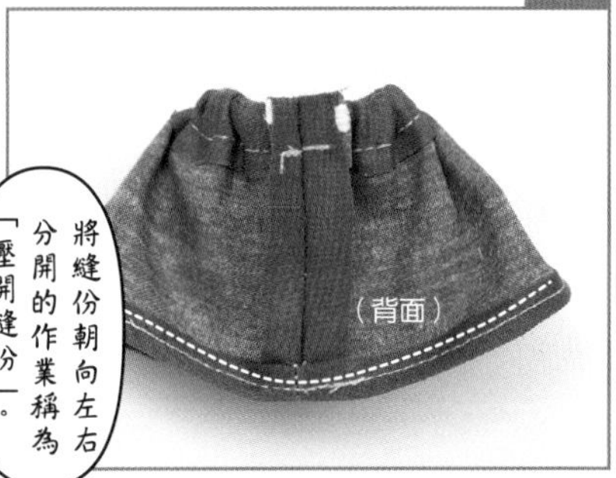

（背面）

將縫份朝向左右分開的作業稱為「壓開縫份」。

用熨斗將縫份燙開，摺起裙襬，縫上一圈。

6

簡易款裙子完成了！

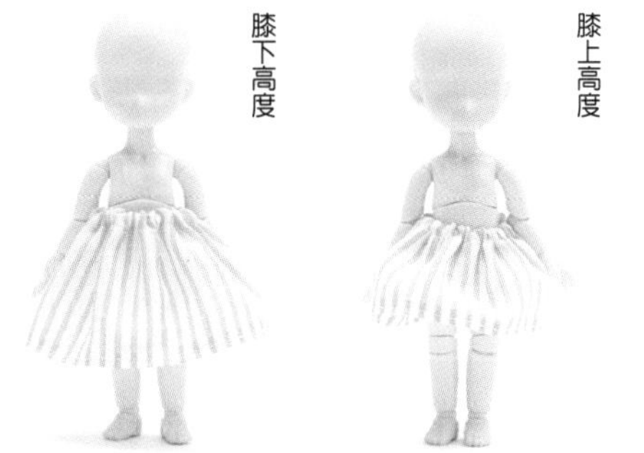

膝下高度
膝上高度

膝上高度還要考慮裙襬會加上蕾絲等裝飾，因此裙長會變得非常短。依照自己的喜好去調整裙子高度也無妨。

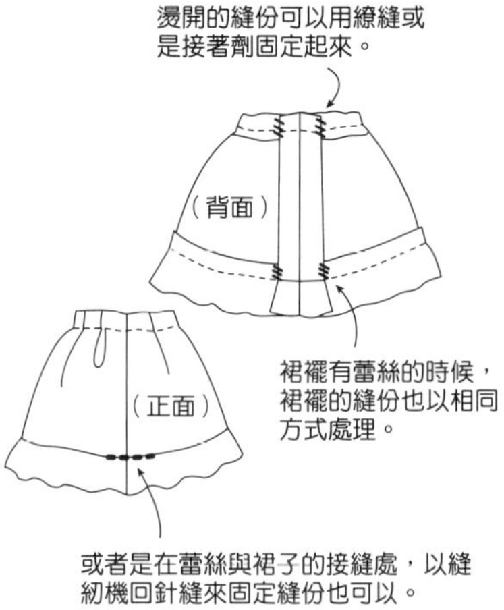

燙開的縫份可以用線縫或是接著劑固定起來。
（背面）
裙襬有蕾絲的時候，裙襬的縫份也以相同方式處理。
（正面）
或者是在蕾絲與裙子的接縫處，以縫紉機回針縫來固定縫份也可以。

在裙子本體或裙襬加上裝飾的方法

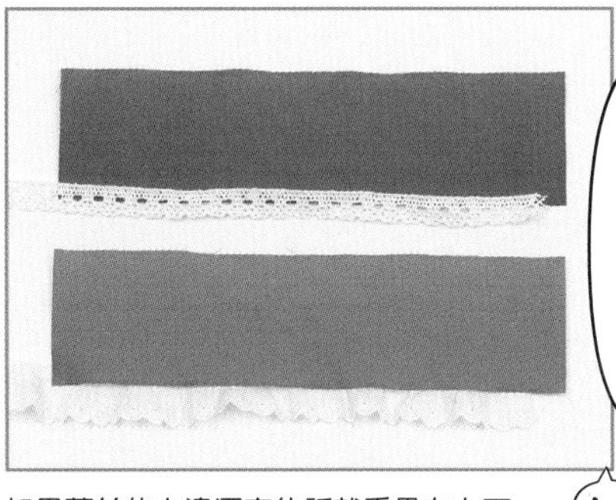

依照蕾絲的種類不同，決定安裝的方法吧！

如果蕾絲的布邊漂亮的話就重疊在上面。
如果是裁切布邊的話就重疊在下面。

將蕾絲重疊後以縫紉機車縫

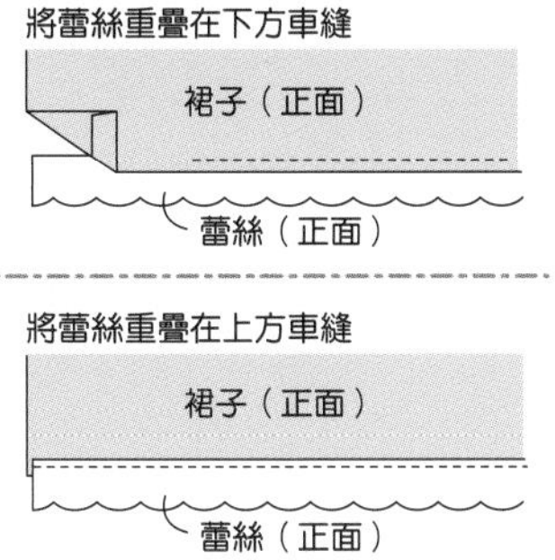
將蕾絲重疊在下方車縫
裙子（正面）
蕾絲（正面）
將蕾絲重疊在上方車縫
裙子（正面）
蕾絲（正面）

將布片正面相對車縫後翻回正面

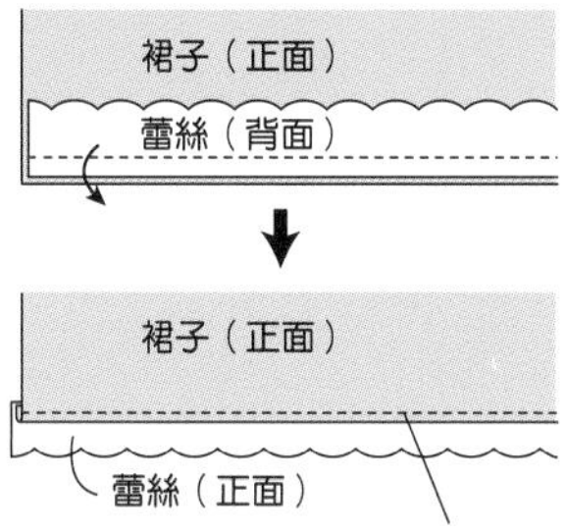
裙子（正面）
蕾絲（背面）
裙子（正面）
蕾絲（正面）

以熨斗確實燙摺，有縫紉機的人請將接縫處車縫起來。

在腰圍製作鬆緊帶孔的方法

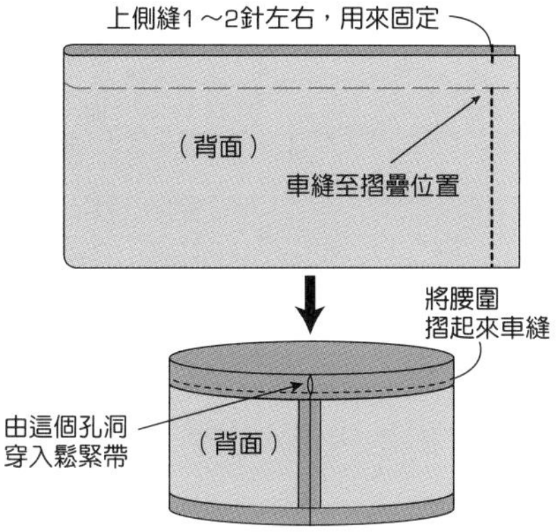
上側縫1～2針左右，用來固定
（背面）
車縫至摺疊位置
將腰圍摺起來車縫
由這個孔洞穿入鬆緊帶
（背面）

對於中級者來說，還有這種製作方法！

手工縫製腰圍的方法

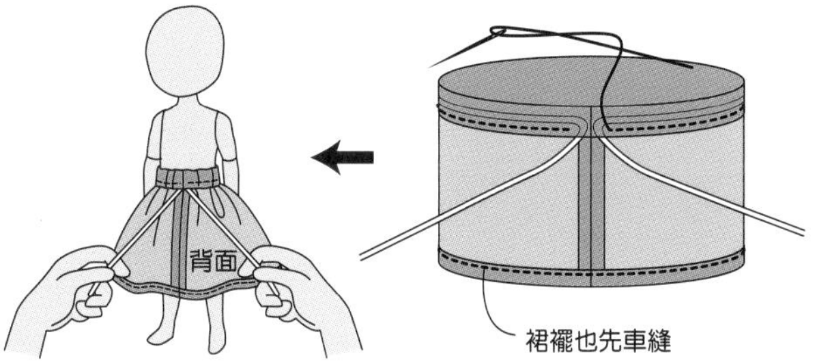
背面
裙襬也先車縫

穿在娃娃身上，拉緊收成剛好的尺寸後打結。

先將腰圍以外的部分都車縫起來，形成圓筒狀，然後再將圓形鬆緊帶挾在腰圍處車縫一圈。

以軟薄紗及圓形鬆緊帶製作簡易型襯裙

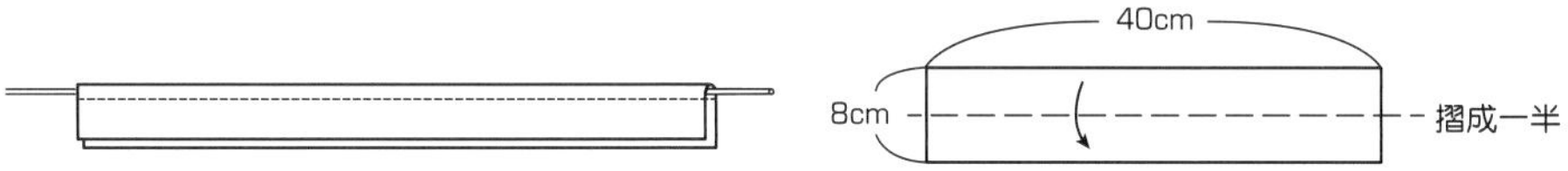
40cm
8cm
摺成一半

變成這樣的狀態

將軟薄紗裁剪成40cm×8cm，再摺成一半

→紙型17頁

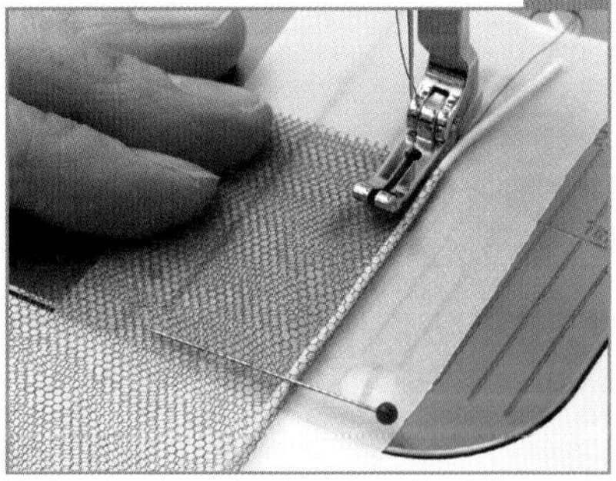

1 一邊穿過圓形鬆緊帶，一邊將腰圍部分縫合。以縫紉機車縫時，下方墊一張透寫紙比較好。手工縫合時，因為只靠線結的話會鬆脫，所以要將縫線綁在網目上。

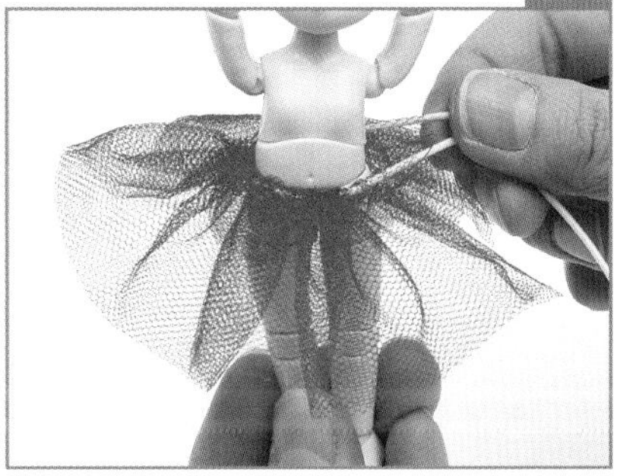

2 拉緊圓形鬆緊帶使其與腰圍尺寸相符合，然後打結後剪掉多餘部分。如果覺得裙子太長時，可以將裙襬剪掉一些改短。

後中心姑且不車縫，讓作業簡單一些。

刻意製作得長一點，透過裙襬稍微可見，這樣也很可愛呢！

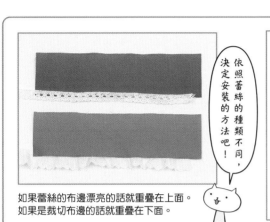

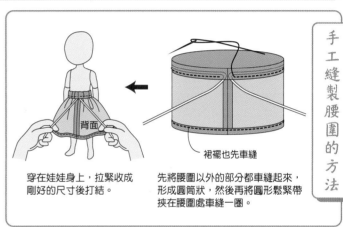

Chapter 2.

蛋糕裙

— SKIRT Ⅱ —

原寸大

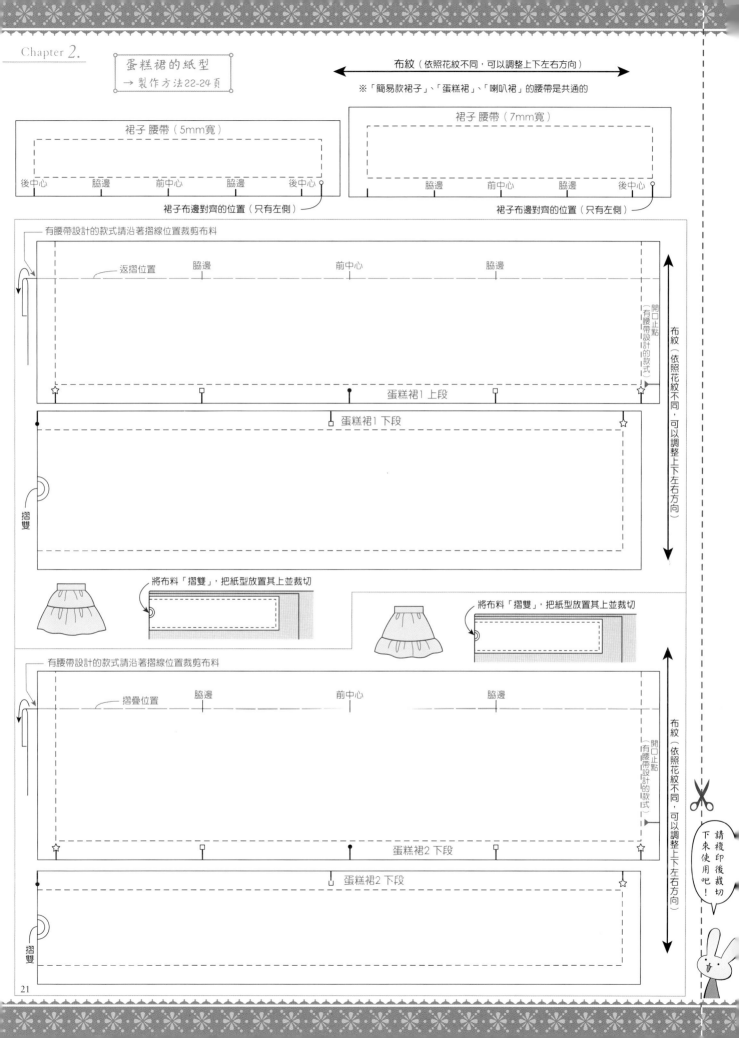

蛋糕裙的紙型

→製作方法22-24頁

布紋（依照花紋不同，可以調整上下左右方向）

※「簡易款裙子」、「蛋糕裙」、「喇叭裙」的腰帶是共通的

裙子 腰帶（5mm寬）

後中心　脇邊　前中心　脇邊　後中心

裙子布邊對齊的位置（只有左側）

裙子 腰帶（7mm寬）

脇邊　前中心　脇邊　後中心

裙子布邊對齊的位置（只有左側）

有腰帶設計的款式請沿著摺線位置裁剪布料

返摺位置　脇邊　前中心　脇邊

開口止點（有腰帶設計的款式）

蛋糕裙1 上段

布紋（依照花紋不同，可以調整上下左右方向）

蛋糕裙1 下段

摺雙

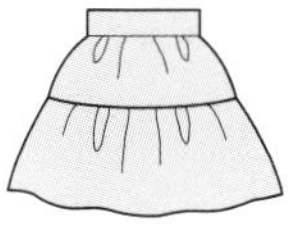

將布料「摺雙」，把紙型放置其上並裁切

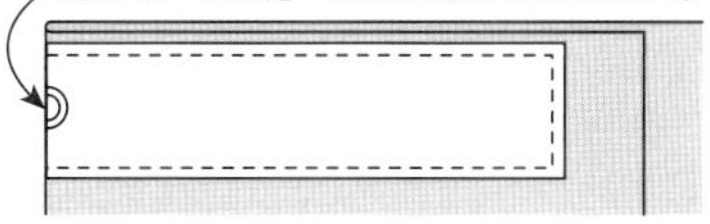

將布料「摺雙」，把紙型放置其上並裁切

有腰帶設計的款式請沿著摺線位置裁剪布料

摺疊位置　脇邊　前中心　脇邊

開口止點（有腰帶設計的款式）

蛋糕裙2 下段

布紋（依照花紋不同，可以調整上下左右方向）

蛋糕裙2 下段

摺雙

蛋糕裙

附上兩種不同款式的紙型

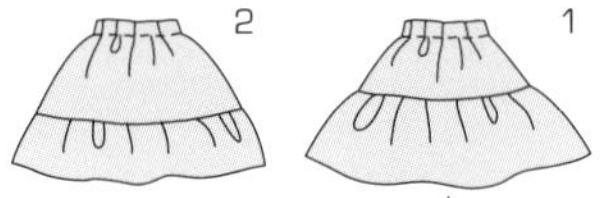
2
1

解說是以這個款式進行，但製作順序兩者相同。

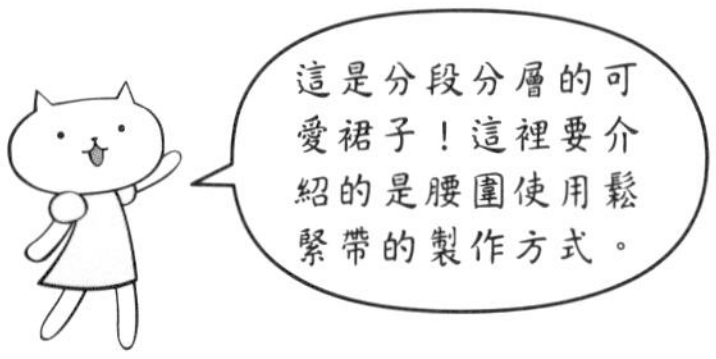
這是分段分層的可愛裙子！這裡要介紹的是腰圍使用鬆緊帶的製作方式。

1

→紙型21頁

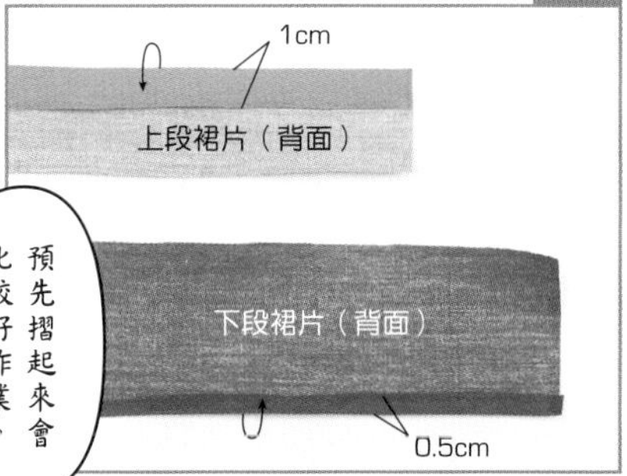
1cm
上段裙片（背面）
下段裙片（背面）
0.5cm

使用熨斗將腰圍與下段裙子的裙襬燙摺起來。

預先摺起來會比較好作業。

2

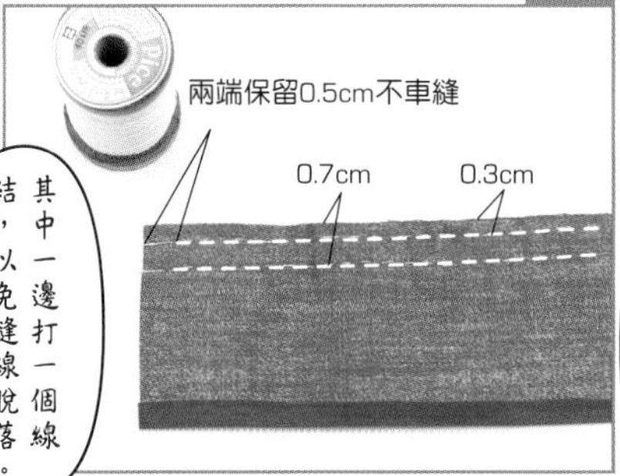
兩端保留0.5cm不車縫
0.7cm
0.3cm

在下段裙片的上半部縫上兩道用來抽碎褶的平針縫線。
（由上端距離0.3cm與0.7cm處）

其中一邊打一個線結，以免縫線脫落。

3

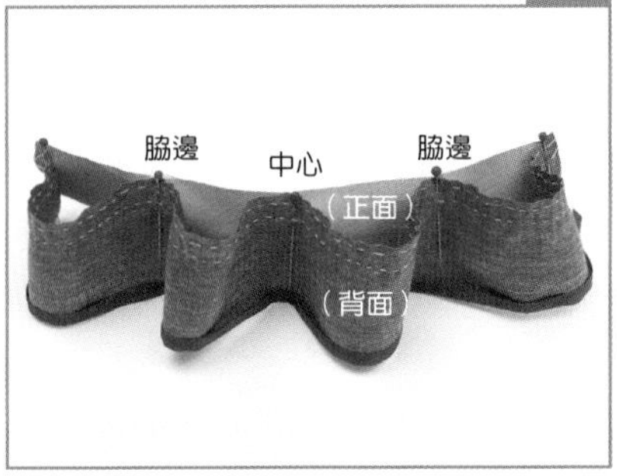
脇邊
中心
脇邊
（正面）
（背面）

將兩端、脇邊、中心的合印以正面相對的方式重疊在一起。
（在抽碎褶之前，先使用待針將合印對齊並固定，後續作業會比較方便）

4

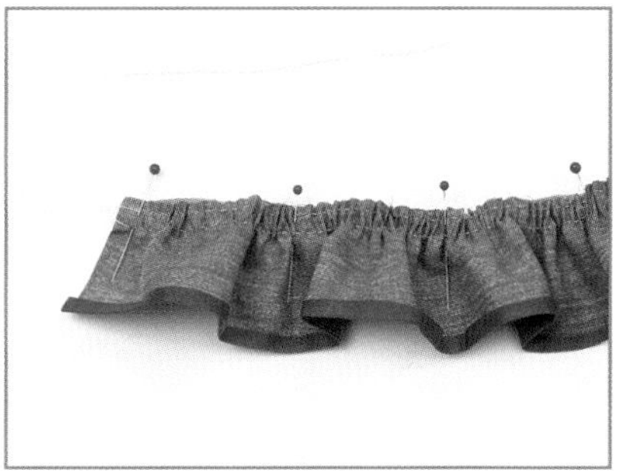

拉動縫線抽出碎褶。因為平針縫有 2 道的關係，碎褶比較容易保持平均的間隔。

5

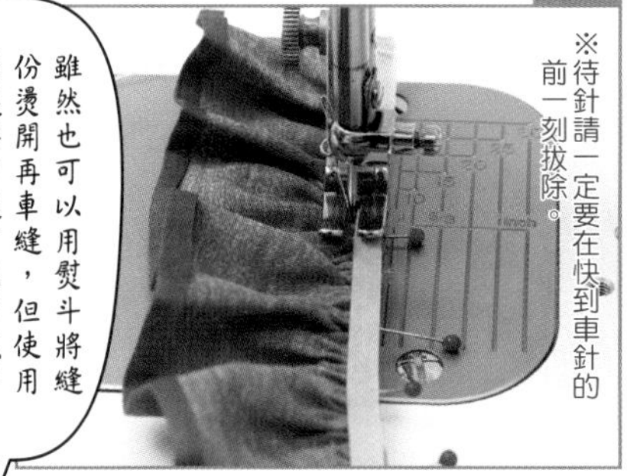
※待針請一定要在快到車針的前一刻拔除。

將上段裙片與下段裙片車縫。如果碎褶一直動來動去不好縫的話，可以裁切成0.5cm寬的保護膠帶貼住縫份固定，然後再以膠帶為導引線進行車縫。

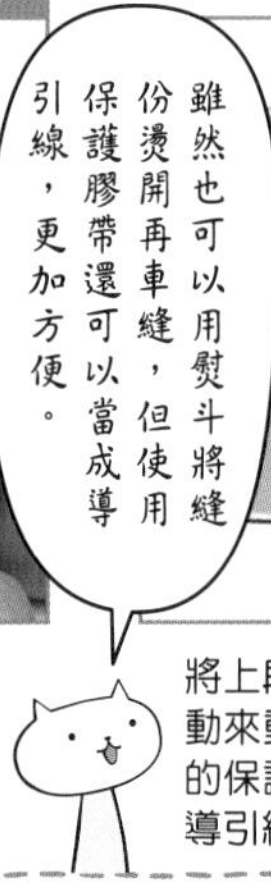
雖然也可以用熨斗將縫份燙開再車縫，但使用保護膠帶還可以當成導引線，更加方便。

6

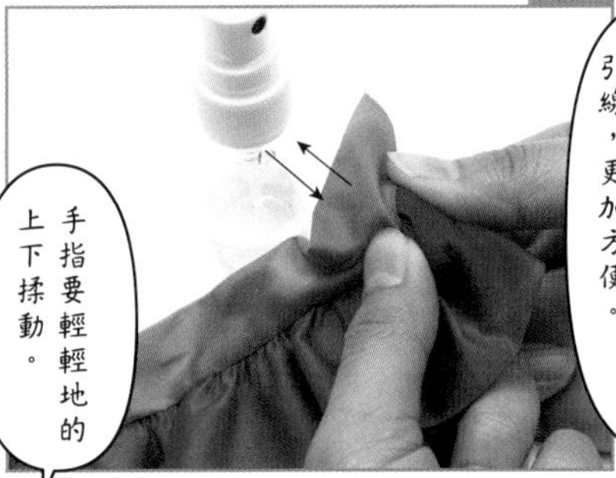

將抽碎褶用的平針縫線抽掉。然後以噴霧器濕潤布片，輕輕地揉動，針孔就會變得較不明顯。

手指要輕輕地的上下揉動。

7

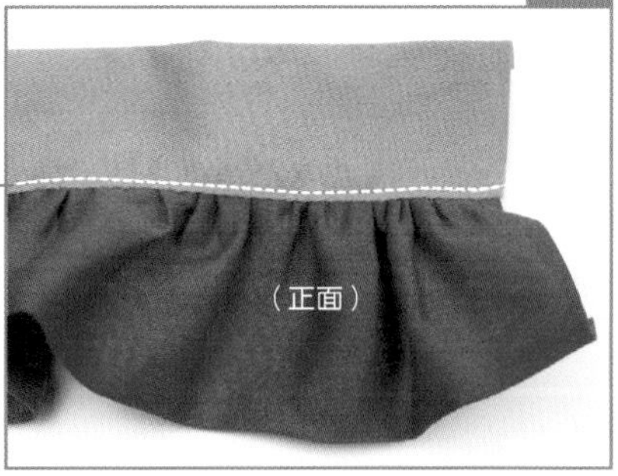
（正面）

將縫份向上方燙平，然後在接縫處車縫。

星點縫法(手工縫製時)

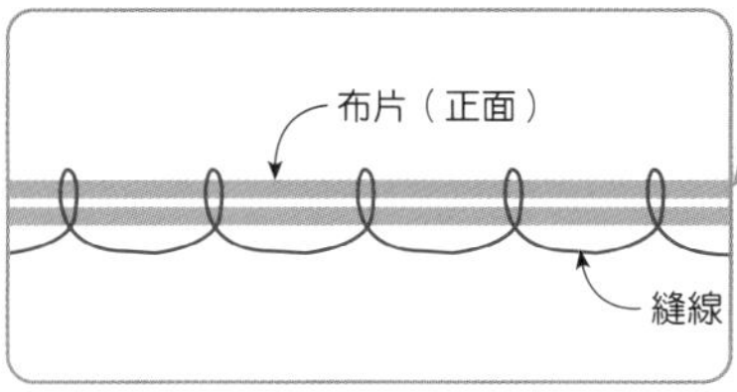
布片（正面）
縫線

沒有縫紉機的人，請在接縫處以「星點縫法」這種針腳距離較小的回針縫來縫合即可。如果使用的素材是以熨斗就能燙出明顯摺痕的話，那麼只要摺疊即可。

8

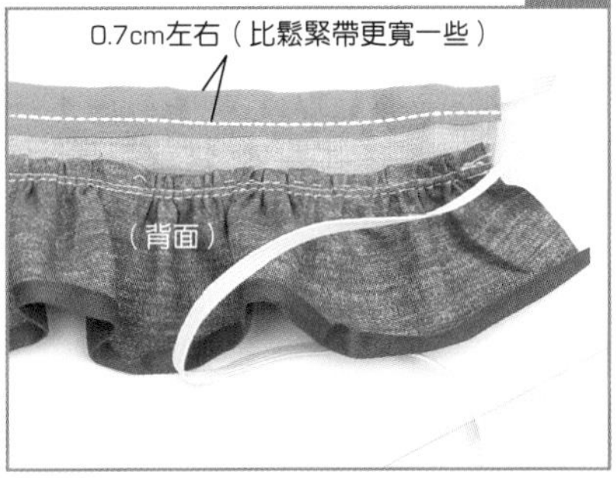
0.7cm左右（比鬆緊帶更寬一些）
（背面）

將平面鬆緊帶（3~4mm寬）挾入腰圍後車縫。如果這樣不好縫的話，也可以先車縫後再以安全別針穿過鬆緊帶。

9

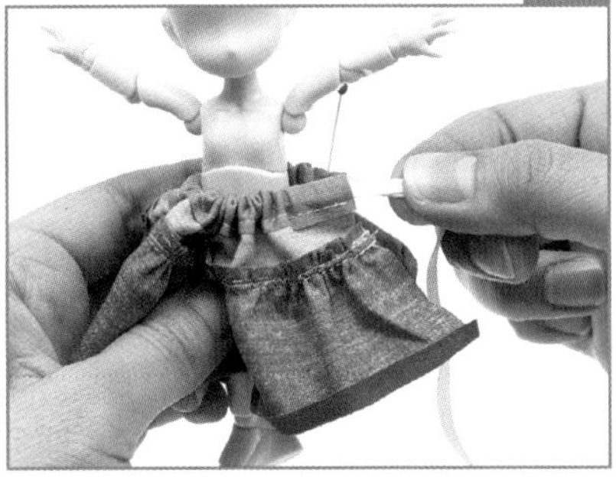

將裙子圍在娃娃腰上，調整鬆緊帶符合腰圍的尺寸，以待針固定。待針拔掉後鬆緊帶就容易位移，所以要先以裁縫筆畫上記號。

10

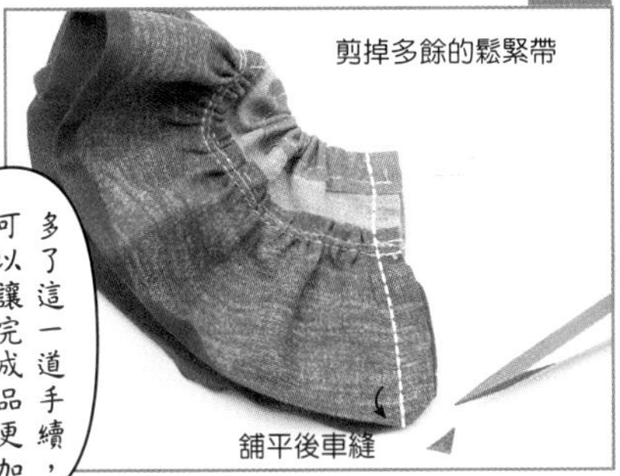
剪掉多餘的鬆緊帶
鋪平後車縫
多了這一道手續，可以讓完成品更加美觀哦！

注意不要讓鬆緊帶變鬆，將布端車縫。剪掉裙襬的邊緣，塗抹防綻液（如果這裡不剪掉的話，縫份就會外露）。

11

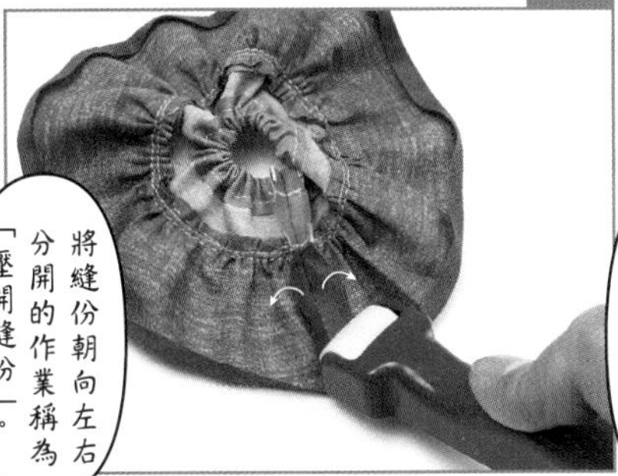
將縫份朝向左右分開的作業稱為「壓開縫份」。

使用熨斗或是滾輪骨筆將縫份壓開，並摺起裙襬縫上一圈。

12

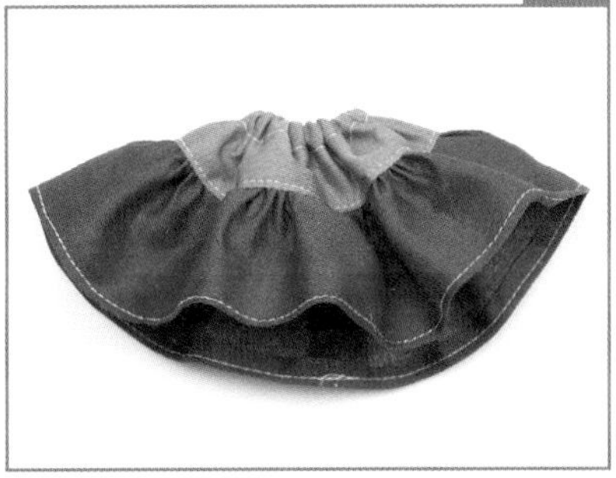

蛋糕裙完成了（不同布料的厚度及彈性會使得裙子的分量感有所不同）。

除了將圓形鬆緊帶以手工縫製的方式直接固定在腰圍，再拉緊到想要的尺寸的方法之外，還有在腰圍製作鬆緊帶孔的方法。

將圓形鬆緊帶拉緊固定的方法

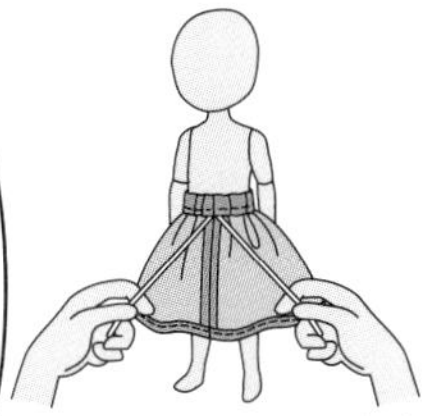

在腰圍製作鬆緊帶孔的方法

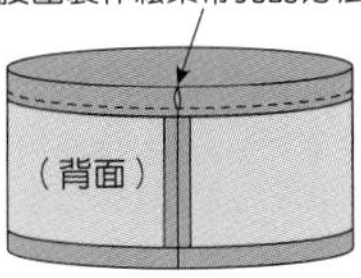
（背面）
詳細的製作方法，請參考簡易款裙子的頁面吧！

上層與下層之間也可以加上細蕾絲裝飾

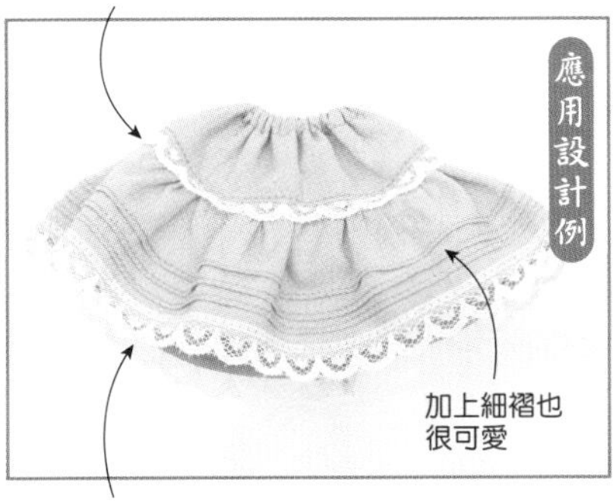
應用設計例
加上細褶也很可愛

下層的裙片可以先加上蕾絲再與上層縫合（請參考腰圍鬆緊帶裙的頁面說明）。

製作細褶的訣竅

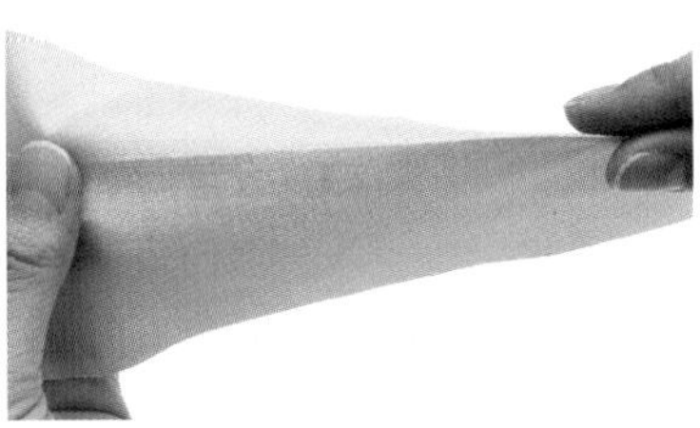

有抽線的部分可以摺得很直。

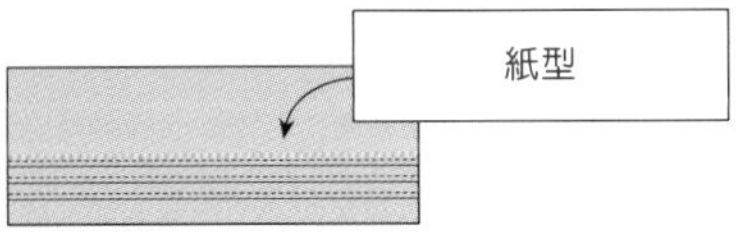
紙型

重點在於將布料先裁剪成比紙型稍大，縫好細褶後，再放上紙型裁剪成正確的大小。

裁剪一塊比紙型稍大的布，在想要加上細褶的位置附近抽掉一根橫線（使用待針將織線挑出來會比較好拆線）。

細褶好難縫得漂亮哦~

人家明明用熨斗仔細燙摺過了，怎麼還是歪七扭八的？

只要抽掉一根橫線就好啦！

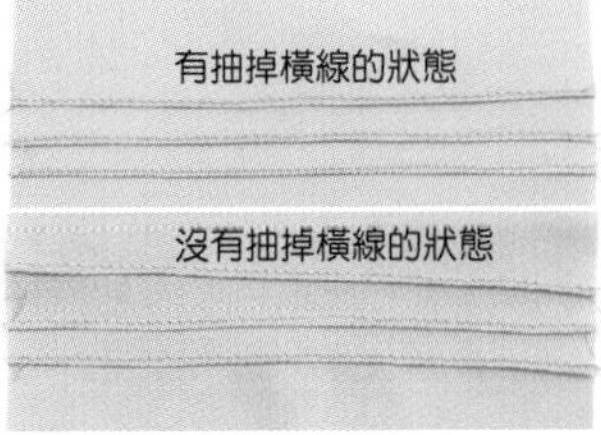
有抽掉橫線的狀態
沒有抽掉橫線的狀態

試著將鬆緊帶裙
應用設計成腰帶
裙吧！

關於加上腰帶的方法

在長方形裙子、蛋糕裙加上腰帶的情形

1

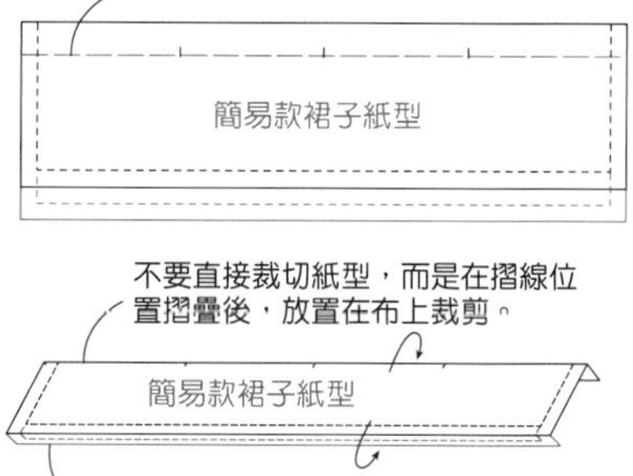
如果是連衣裙或有腰帶設計的情形，
腰圍要在摺線位置裁切下來。
簡易款裙子紙型
不要直接裁切紙型，而是在摺線位置摺疊後，放置在布上裁剪。
簡易款裙子紙型
想要將裙襬縮短時，一樣不要裁剪紙型，
而是要摺疊起來。

2

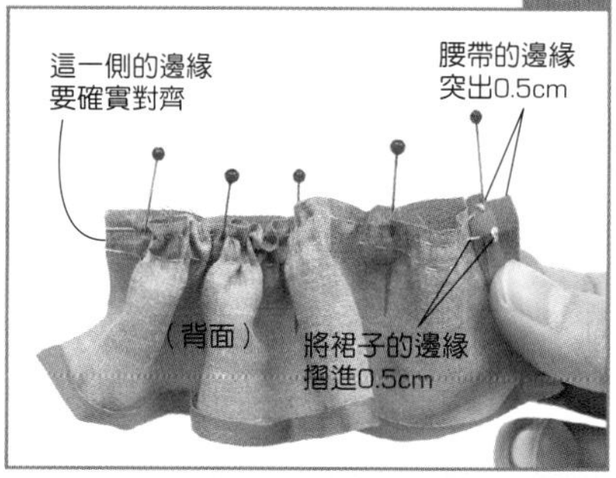
這一側的邊緣
要確實對齊
腰帶的邊緣
突出0.5cm
（背面）
將裙子的邊緣
摺進0.5cm

將裙子與腰帶的兩側邊緣、脇邊、中心的合印記號以正面相對的方式重疊。裙子的其中一側的縫份摺疊0.5cm。

3

接下來就和縫上喇叭裙腰帶的步驟相同。

將平面鬆緊帶當作腰帶使用 ※這裡是以7mm寬的平面鬆緊帶做解說

1

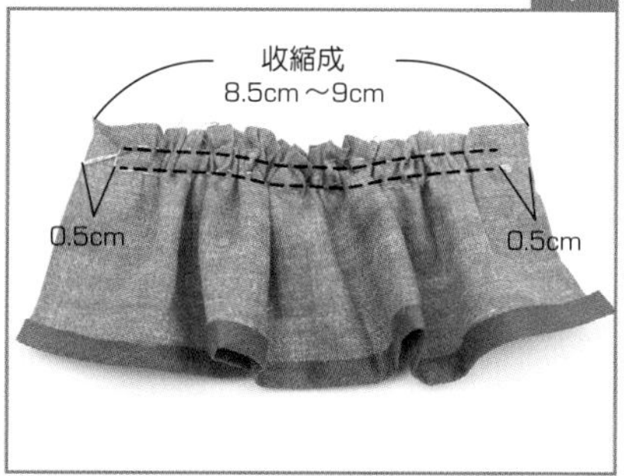
收縮成
8.5cm～9cm
0.5cm
0.5cm

在距離腰圍兩端0.5cm內側的位置縫上抽碎褶用的平針縫，使整體收縮成8.5cm～9cm左右（以手工縫紉安裝鬆緊帶時，要使整體收縮成7.5cm）。

2

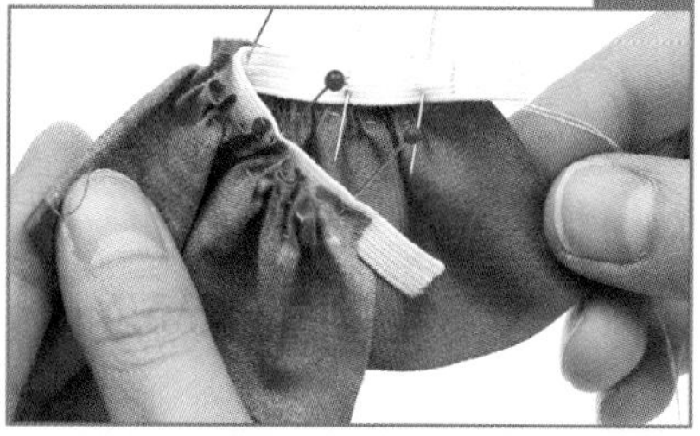

在鬆緊帶加上記號，將兩端、脇邊、中心以待針固定在裙子（正面）上。

7.5cm

在鬆緊帶的中心位置
也標上合印記號

3

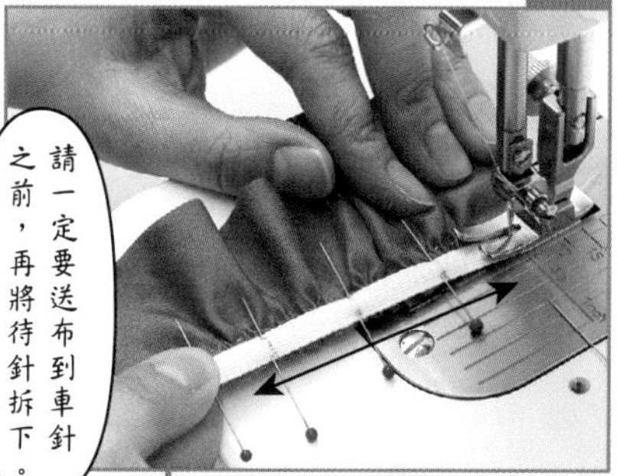

一邊拉長鬆緊帶，一邊以縫紉機車縫。

請一定要送布到車針之前，再將待針拆下。

如果是手工縫製的話，那就不要拉長鬆緊帶，以針織布用的針紗回針縫固定即可。

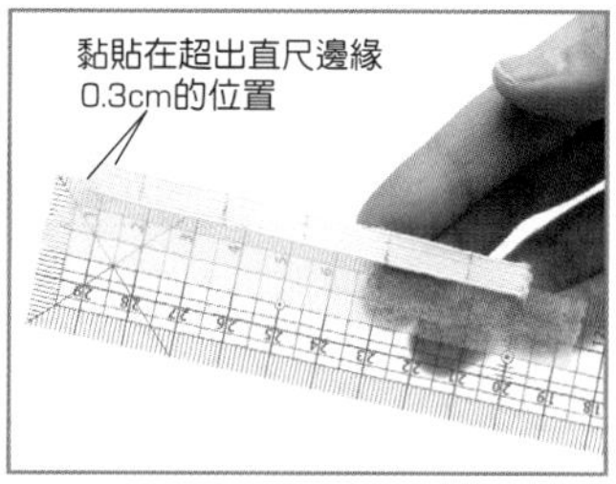
黏貼在超出直尺邊緣
0.3cm的位置

在直尺貼上雙面膠布。不要拉長鬆緊帶（0.8cm寬），黏貼固定在超出直尺邊緣0.3cm的位置。

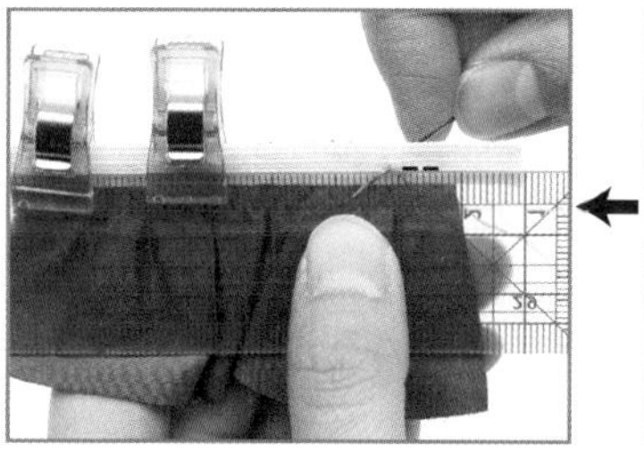

用夾子固定在裙片上，然後以直尺的邊緣為導引線，回針縫在裙片上。

4

拉長布片縫合

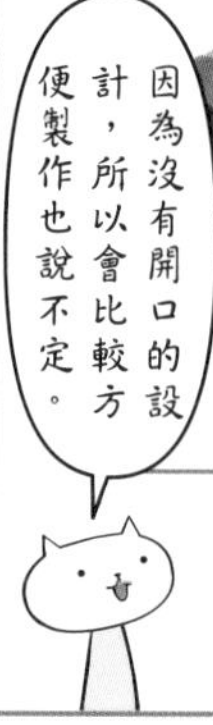
因為沒有開口的設計，所以會比較方便製作也說不定。

以正面相對的方式對半摺疊，沿著後中心車縫。將多餘的鬆緊帶與裙襬角裁掉後，再將裙襬也車縫。

Chapter 3.

喇叭裙

— SKIRT Ⅲ —

＊原寸大＊

喇叭裙

有腰帶的裙子

（以7mm的腰帶寬度進行解說）

與長方形版型相較下裙襬較寬哦！
這是扇形版型，附有腰帶的裙子款式！

1

→紙型28頁

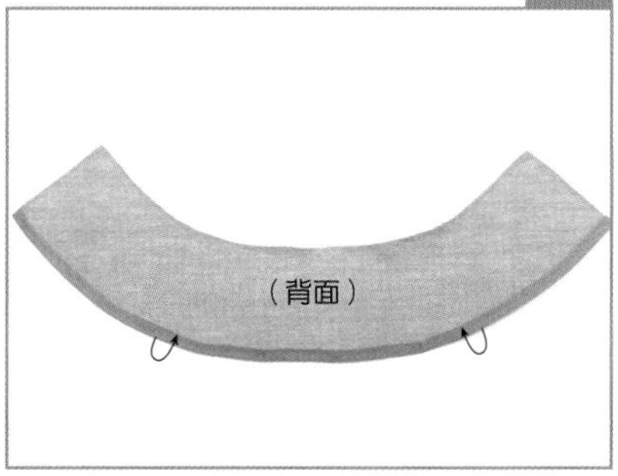
（背面）

以熨斗將裙襬燙摺起來。如果裙襬是有蕾絲的設計，這時候請將蕾絲裝上。
（安裝蕾絲的方法請參考簡易款裙子的說明頁面）

2

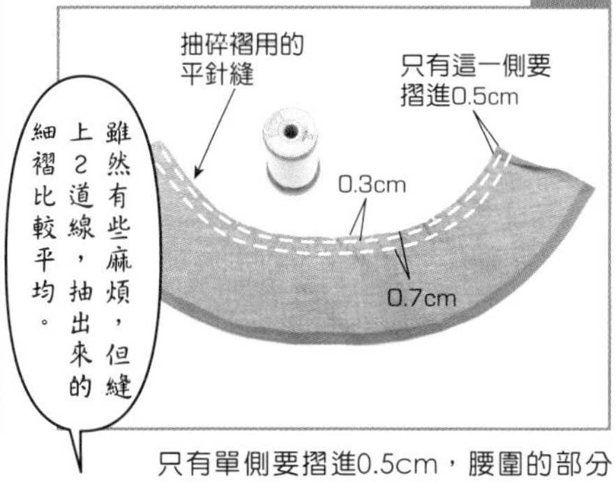
抽碎褶用的平針縫
只有這一側要摺進0.5cm
0.3cm
0.7cm
雖然有些麻煩，但縫上2道線，抽出來的細褶比較平均。

只有單側要摺進0.5cm，腰圍的部分要縫上2道用來抽碎褶的平針縫。
（距離上端0.3cm與0.7cm左右的位置）

3

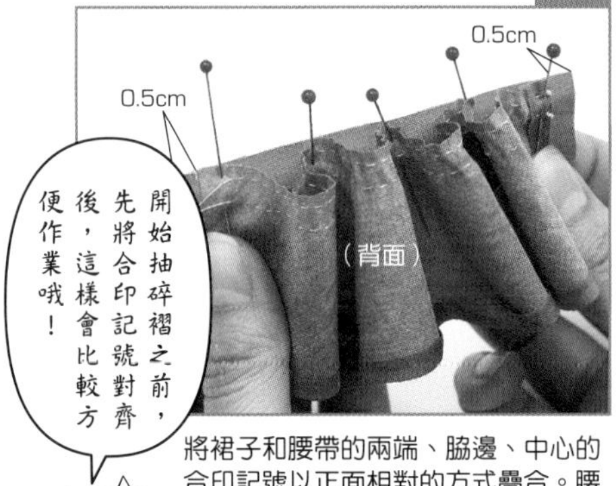
0.5cm
0.5cm
（背面）
開始抽碎褶之前，先將合印記號對齊後，這樣會比較方便作業哦！

將裙子和腰帶的兩端、脇邊、中心的合印記號以正面相對的方式疊合。腰帶的兩端要超出0.5cm。

4

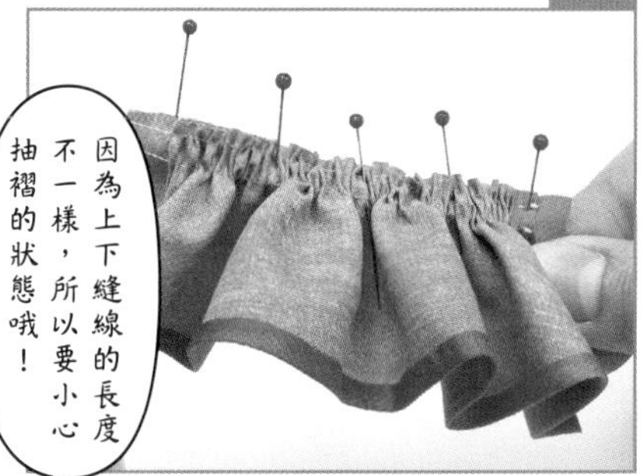
因為上下縫線的長度不一樣，所以要小心抽褶的狀態哦！

拉緊縫線抽出細褶。

5

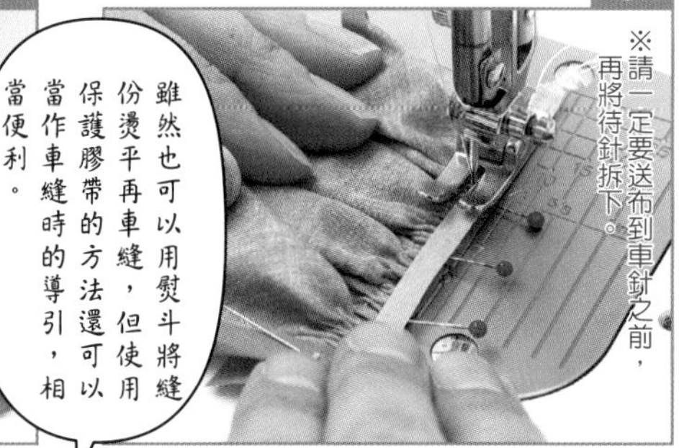
※請一定要送布到車針之前，再將待針拆下。
雖然也可以用熨斗將縫份燙平再車縫，但使用保護膠帶時的方法還可以當作車縫時的導引，相當便利。

縫合腰圍。此時如果碎褶不好固定難以縫合的話，可以將裁切成0.5cm寬的保護膠帶貼在碎褶的縫份位置固定，並以此為導引來車縫。

6

用熨斗確實燙摺起來更好哦！

把腰帶的兩端摺疊後，並將腰圍的縫份摺疊包覆起來。這時要注意腰帶寬幅必須保持平均。

7

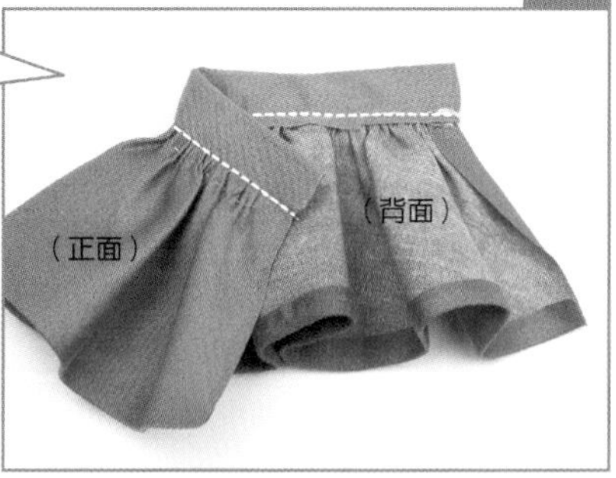
（正面）
（背面）

由正面將腰帶與裙片的連接部位縫合起來。

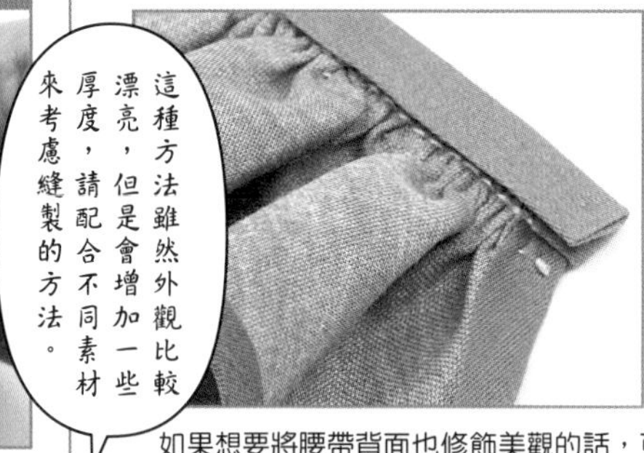
這種方法雖然外觀比較漂亮，但是會增加一些厚度，請配合不同素材來考慮縫製的方法。

如果想要將腰帶背面也修飾美觀的話，可以像這樣將縫份包覆起來，以手工縫合。

8

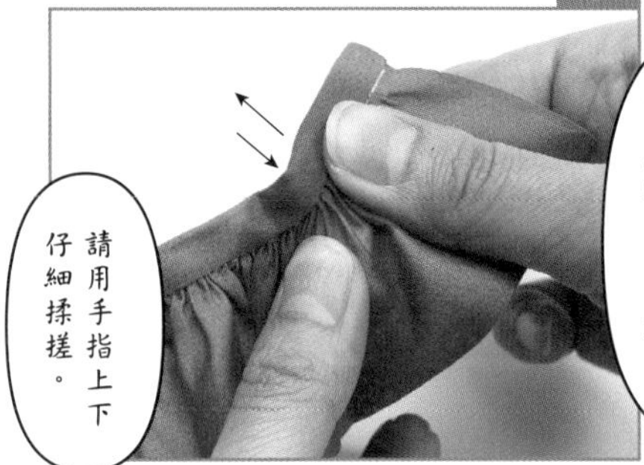
請用手指上下仔細揉搓。

將抽碎褶用的平針縫拆開。針孔的部分使用噴霧器濕潤後仔細揉搓就會變得不明顯。

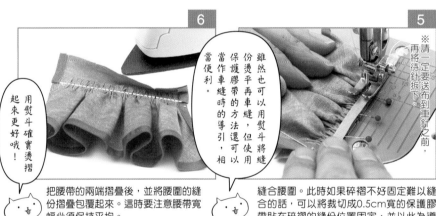

9

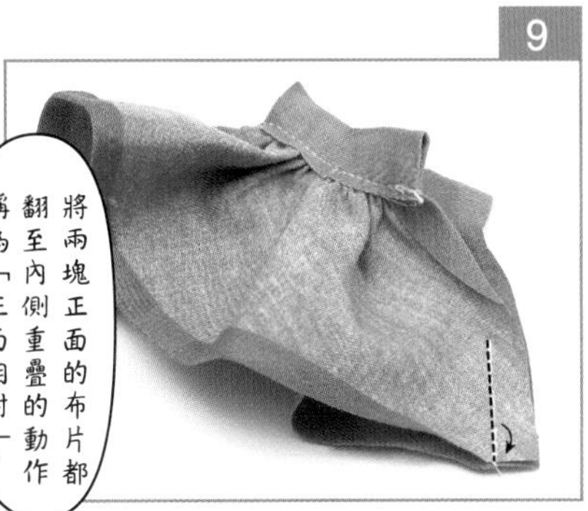
將兩塊正面的布片都翻至內側重疊的動作稱為「正面相對」。

以正面相對的方式對摺，裙襬伸展開來，然後將後中心車縫至開口止點。

10

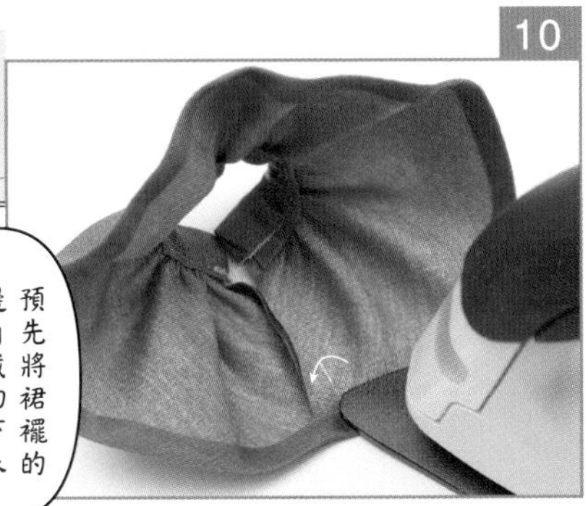
預先將裙襬的邊角裁切下來較好作業哦！

將縫份倒向左側（鉤扣的那一側），再將裙襬車縫。如果是布料較厚或是裙襬有蕾絲的設計，可以將縫份燙開，而不是倒向其中一側。

裙襬有蕾絲的話，可以將縫份燙開後線縫，或是用接著劑黏貼固定。

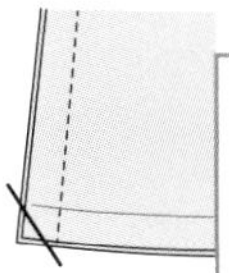

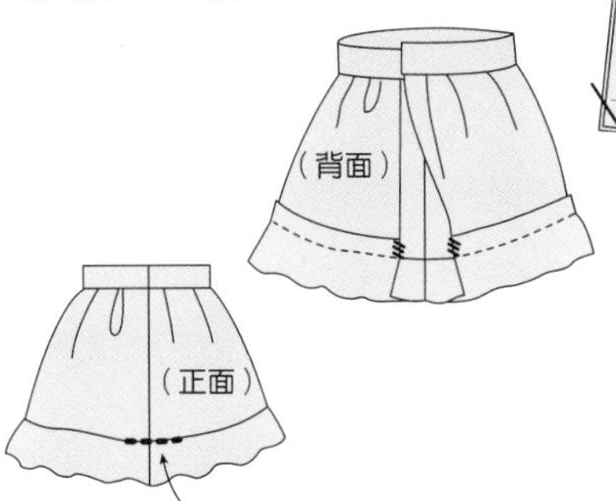
（背面）
（正面）

或者是在蕾絲與裙子的接縫上方，以縫紉機回針縫固定縫份也可以。

11

在開口部分裝上鉤扣，另一側縫上線圈（裝上暗釦也可以）。

採用鉤扣+線圈的設計時，可以縫上兩個不同位置的線圈，分別給上衣穿在裙子外面時用，或是上衣套在裙子裏面時用，這樣比較方便。

比較容易調整腰圍尺寸。

12

喇叭裙完成了。

如果要在裙子上縫上蕾絲或是蒂羅爾繡帶時，可以使用噴霧器潤濕蕾絲布，再以熨斗燙出弧度。

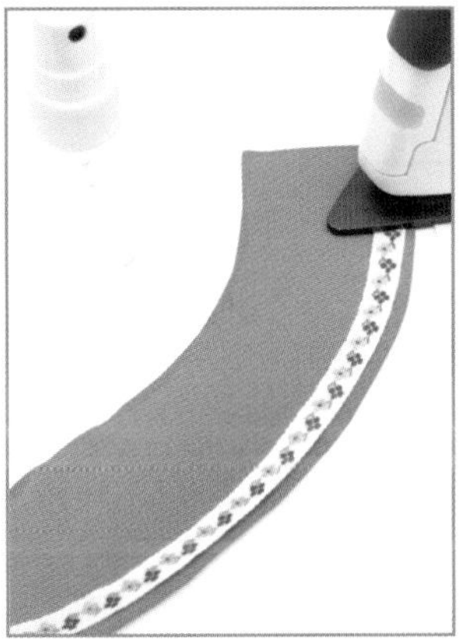

裙襬的弧度不容易摺得漂亮時

裁切一張具有和緩曲線的厚紙，製作成下襬改短用的尺規，再用熨斗燙摺即可。或者是可以在形成皺褶的部分縫上細小的平針縫，再將縫線拉緊。

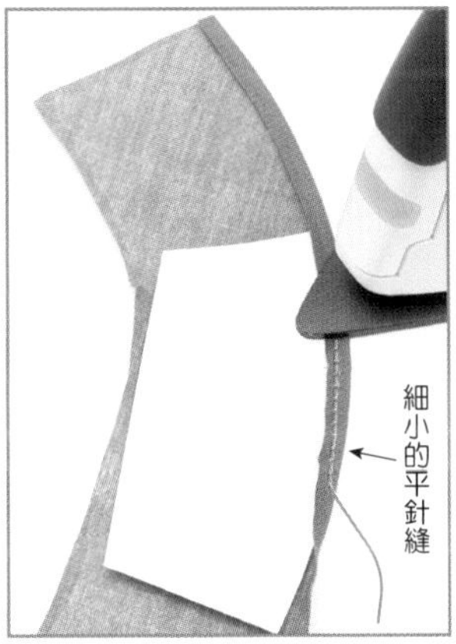
細小的平針縫

在裙襬加上細小的蕾絲。（縫份要配合蕾絲的寬幅並仔細的調整）

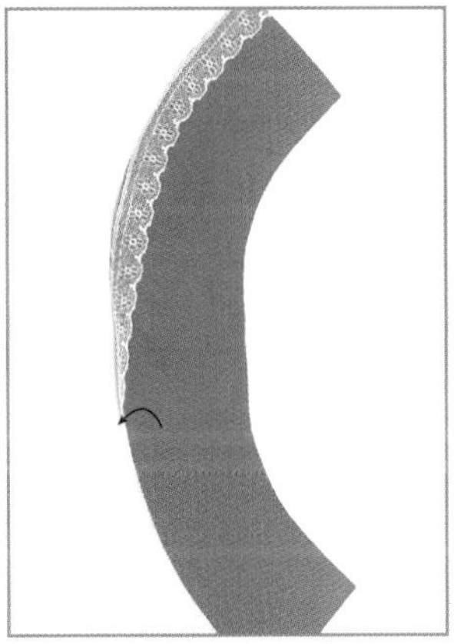

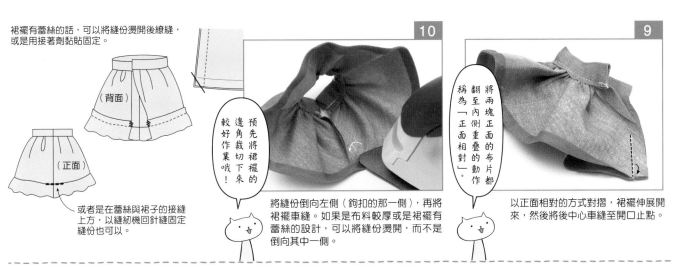

※腰帶的製作方法與「簡易款裙子」、「蛋糕裙」、「喇叭裙」共通。

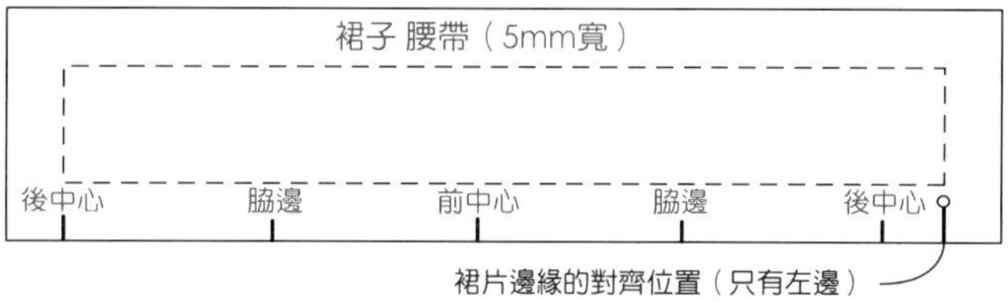
裙子 腰帶（5mm寬）
後中心
脇邊
前中心
脇邊
後中心
裙片邊緣的對齊位置（只有左邊）

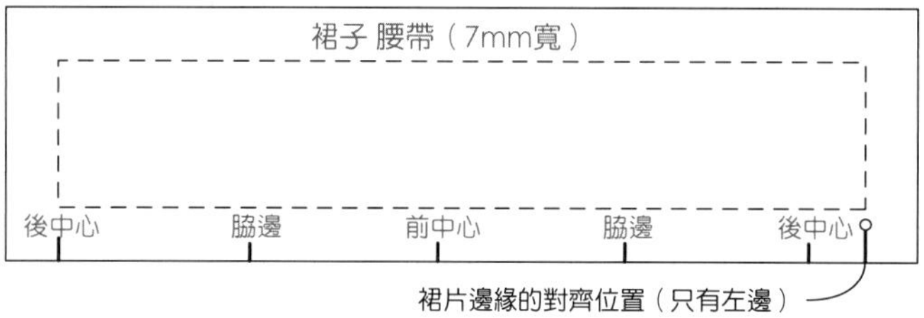
裙子 腰帶（7mm寬）
後中心
脇邊
前中心
脇邊
後中心
裙片邊緣的對齊位置（只有左邊）

布紋（依照花紋不同，可以調整上下左右方向）

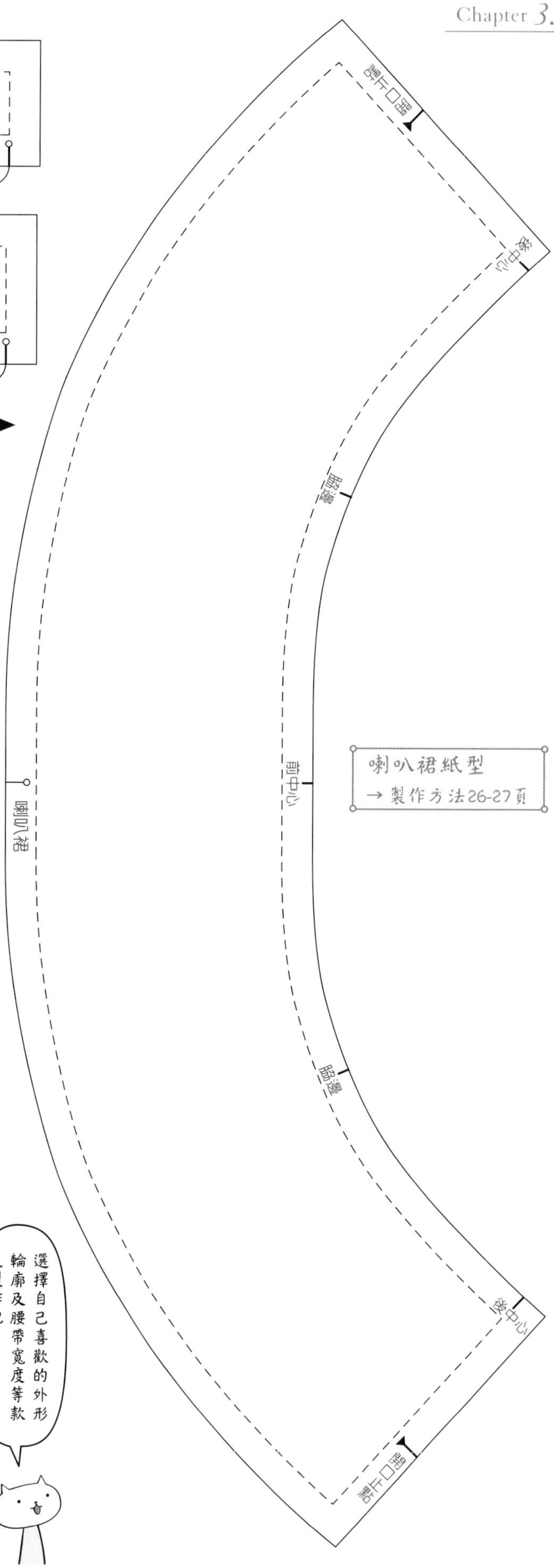
開口止點
後中心
脇邊
前中心
喇叭裙
脇邊
後中心
開口止點

喇叭裙紙型
→製作方法26-27頁

不同紙型產生的外形輪廓差異及腰圍腰帶的寬幅差異

5mm寬

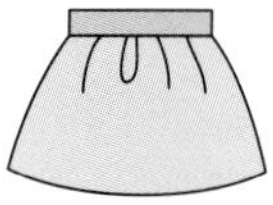

7mm寬

腰圍腰帶有5mm寬和7mm寬這兩種不同的紙型。

長方形版型的裙子

《特徵》
・裙子下襬向外擴張的程度不如喇叭裙
・可以加上細褶

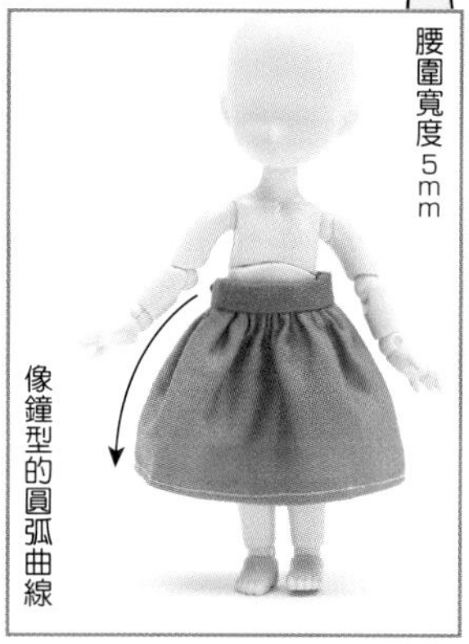
腰圍寬度5mm
像鐘型的圓弧曲線

喇叭裙

《特徵》
・裙襬向外擴張的幅度比長方形版型更寬
・因為裙襬呈現曲線形狀，比較不容易摺邊

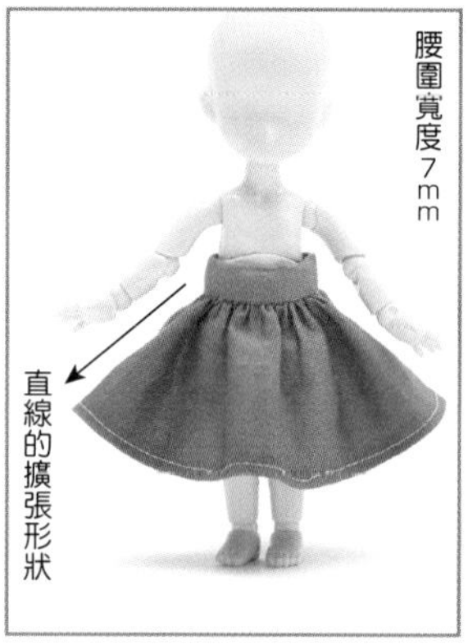
腰圍寬度7mm
直線的擴張形狀

選擇自己喜歡的外形輪廓及腰帶寬度等款式製作吧！

請複印後裁切下來使用吧！

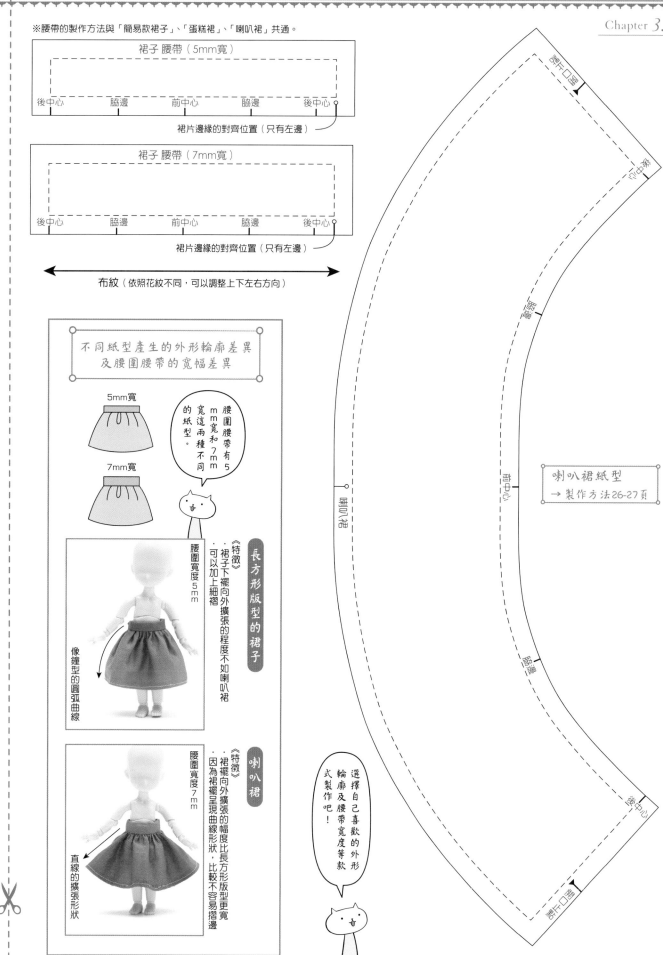

Chapter *4.*

百褶裙

— SKIRT Ⅳ —

原寸大

百褶裙

（以5mm的腰帶寬度進行解說）

我們要使用紙型
摺出褶襉哦！
一起來製作裙襬
有些向外擴張的
百褶裙吧！

1

→紙型32頁

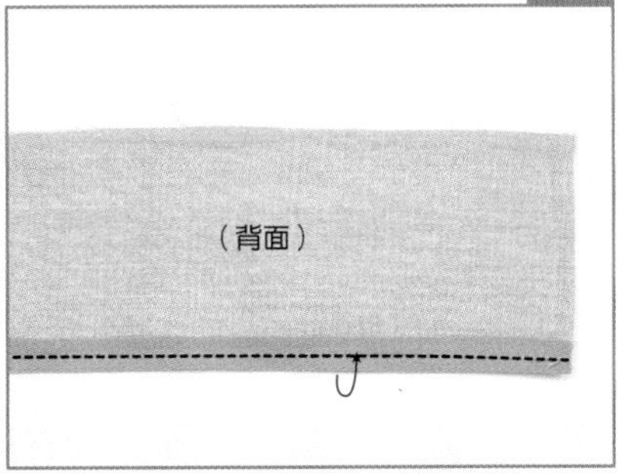
（背面）

將裙子的下襬摺起來車縫。

2

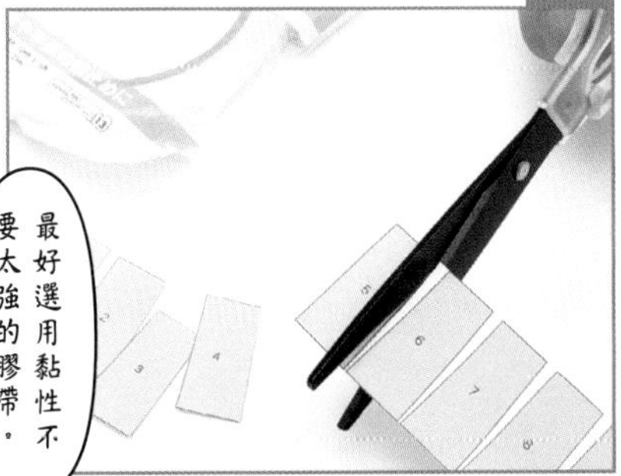

將複印後的褶襉專用紙型的背面整個貼上雙面膠帶後，裁切下來。

最好選用黏性不要太強的膠帶。

3

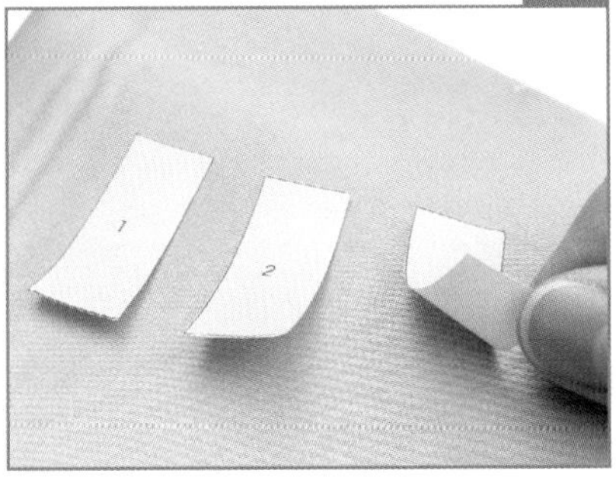

在其他布料上重覆黏貼、撕下，讓膠帶附著纖維，減弱黏性。

將裙襬縫好的裙片放置於褶襉導引用紙型上

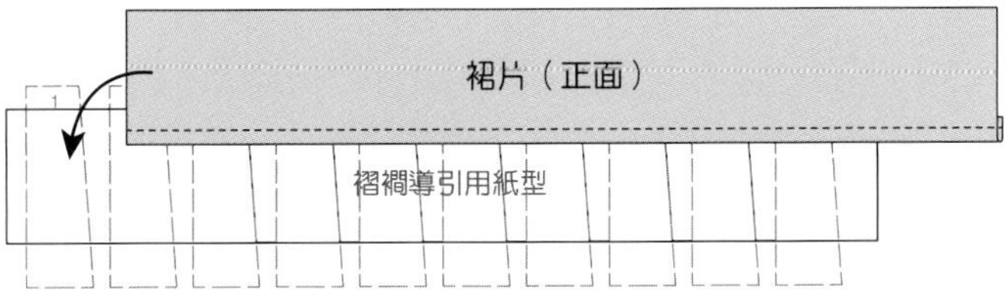
裙片（正面）
褶襉導引用紙型

※如果直接放在書上不好作業的話，
請將紙型複印下來再放置其上即可。

沿著導引用紙型，將褶襉專用紙型黏貼在裙片上。
如果在裙片背面以摺成環狀的保護膠帶黏貼固定的話，會更不容易錯位。

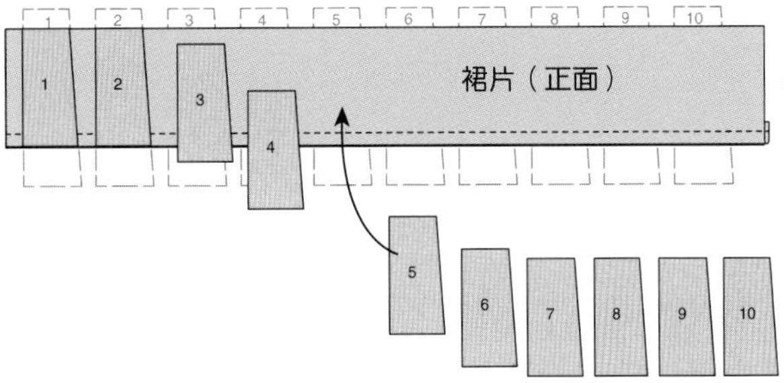
裙片（正面）
1
2
3
4
5
6
7
8
9
10

4

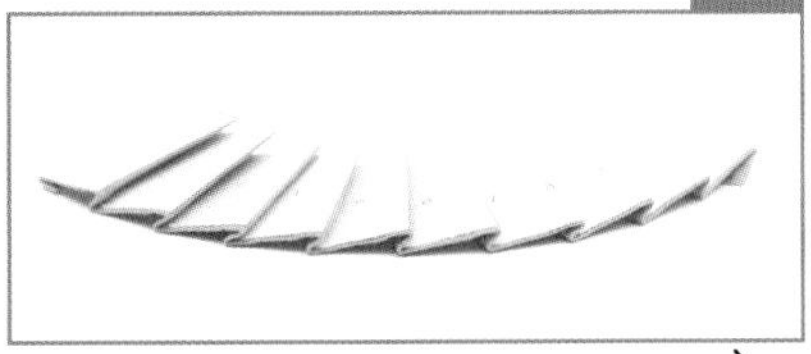

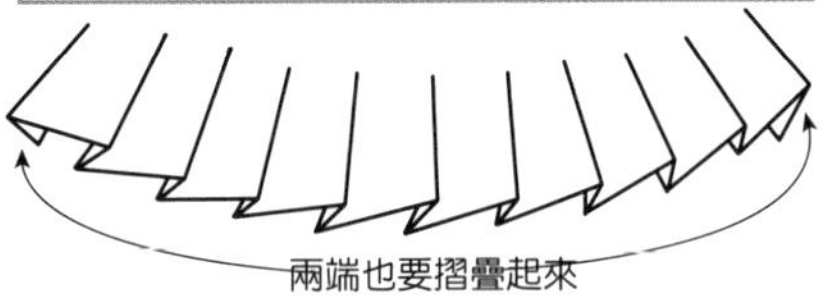
兩端也要摺疊起來

沿著導引紙型，以熨斗燙摺褶襉。
※先在零散布片上測試雙面膠會不會因為熨斗的高溫而變得黏乎乎的！

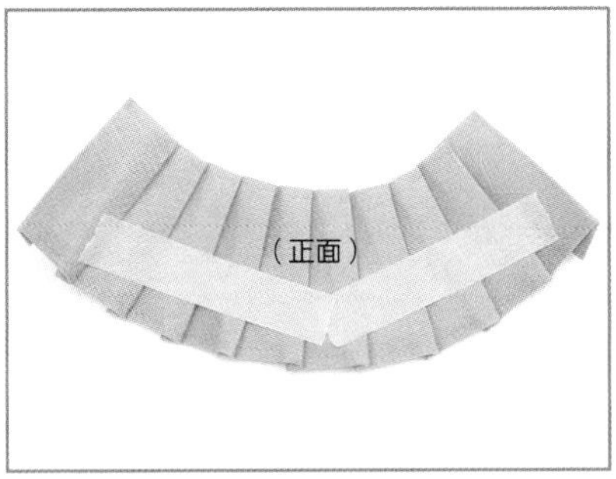
（正面）

將紙型拆下時，小心不要破壞褶襉的形狀，再用雙面膠將褶襉固定起來。

6

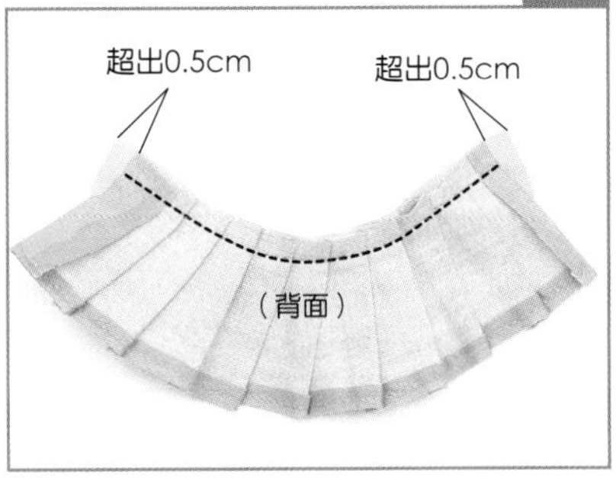
超出0.5cm
超出0.5cm
（背面）

讓裙片和腰帶的兩端各超出0.5cm，以正面相對的方式對齊後車縫。

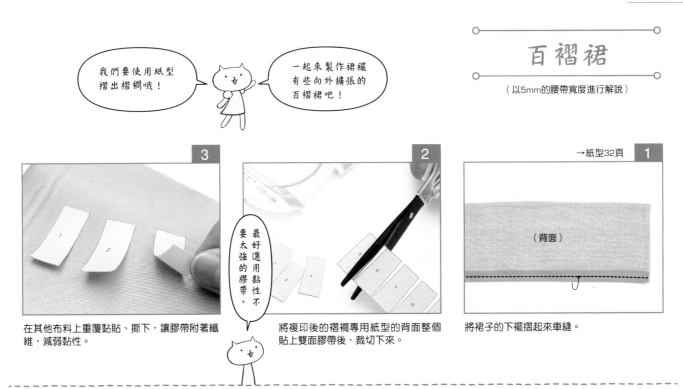

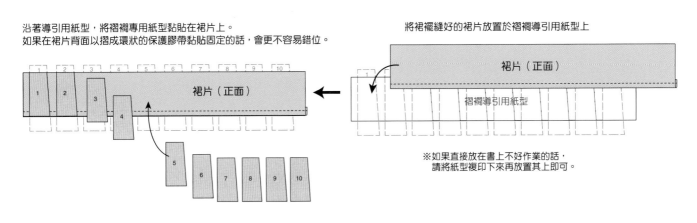

7

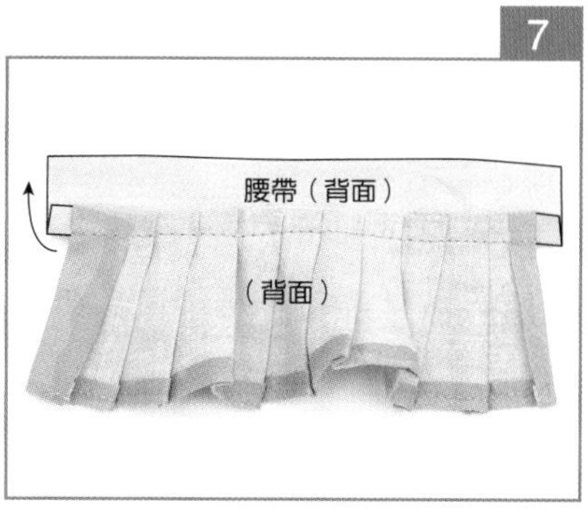
腰帶（背面）
（背面）

將腰帶向上摺疊。

8

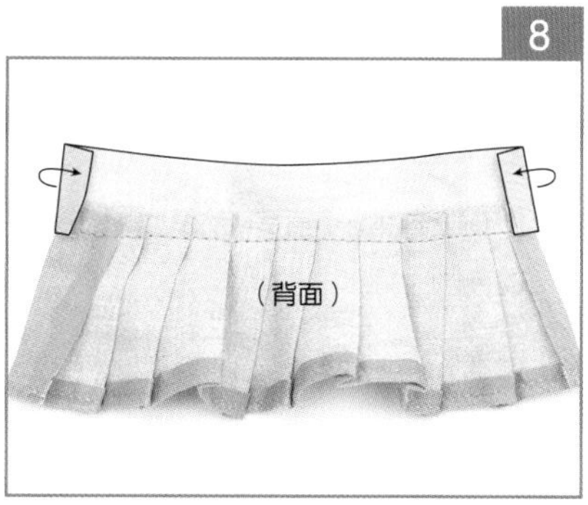
（背面）

再將腰帶的兩端向內摺。

9

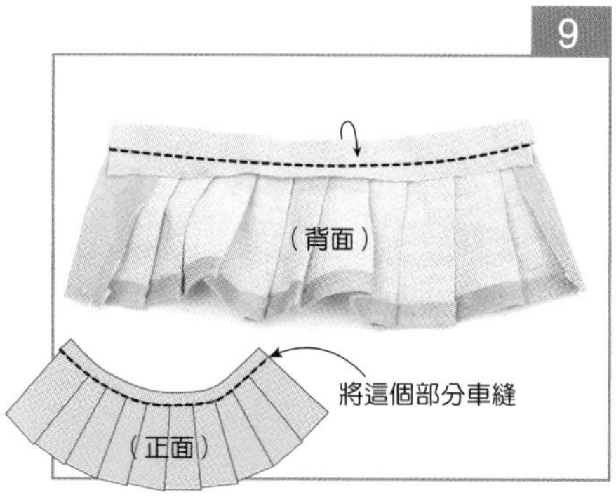
（背面）
將這個部分車縫
（正面）

腰帶布片如同將縫份包覆起來一樣的摺疊，再由正面將腰帶與裙片的接縫處車縫起來。

10

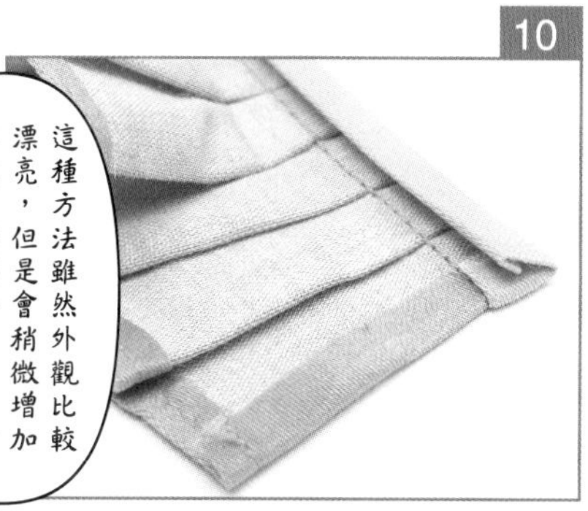

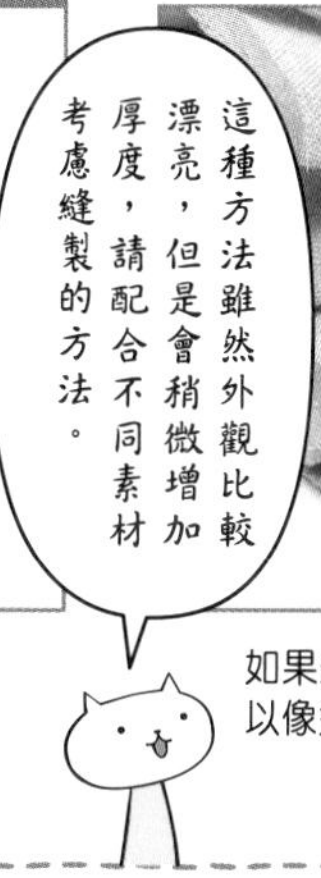
這種方法雖然外觀比較漂亮，但是會稍微增加厚度，請配合不同素材考慮縫製的方法。

如果想要將腰帶背面也修飾美觀的話，可以像這樣將縫份包覆起來，以手工縫合。

11

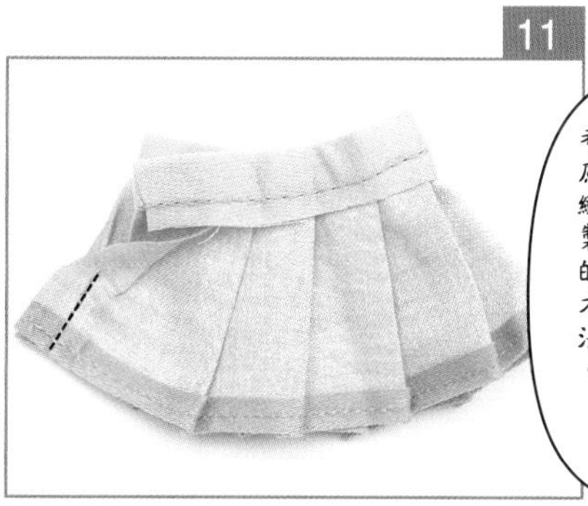

將後中心車縫至開口止點，並將縫份燙開。

12

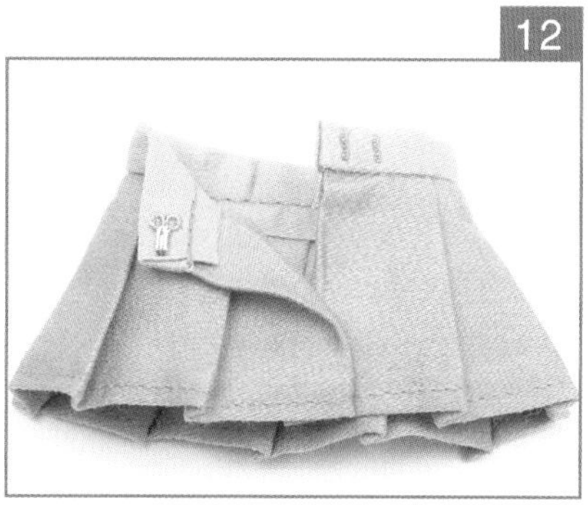

開口部分可以裝上鉤扣與線圈，或者是裝上暗釦。

13

百褶裙完成了。

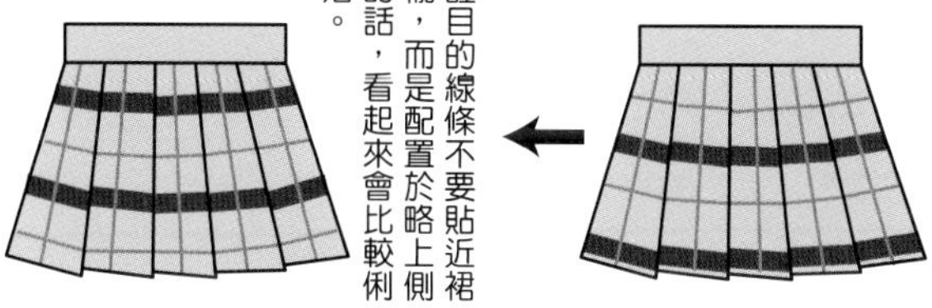

為大家說明一下使用花呢格紋布製作時的重點。也可以參考市售的裙子哦！
原來如此～

格紋布的裙子如果最醒目的花紋位在下側的話，看起來就會很厚重。

醒目的線條不要貼近裙襬，而是配置於略上側的話，看起來會比較俐落。

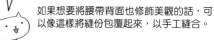

百褶裙 腰帶（5mm寬）

百褶裙 腰帶（7mm寬）

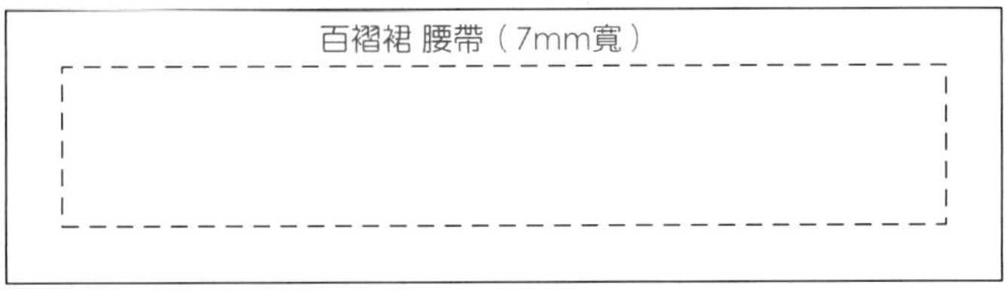

布紋（依照花紋不同，可以調整上下左右方向）

褶襴導引用紙型（裙片放在上面）

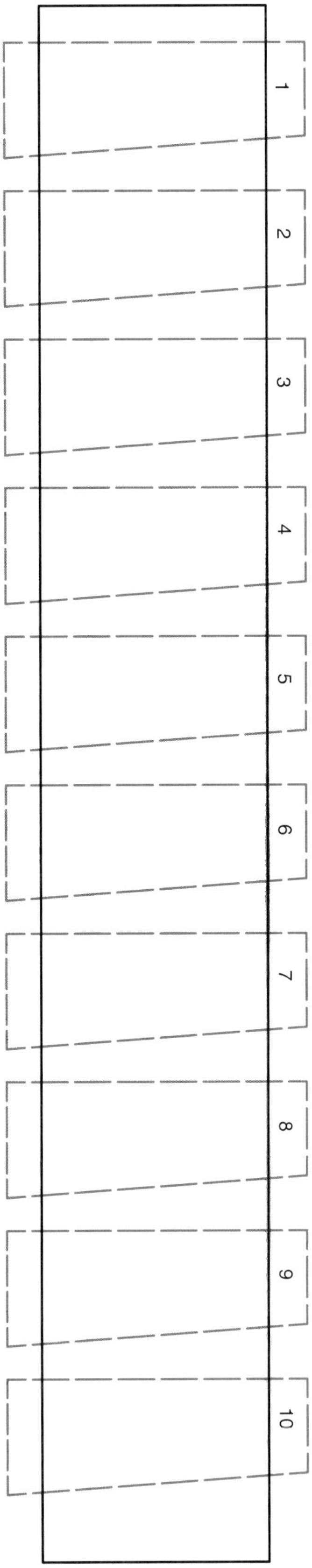
1
2
3
4
5
6
7
8
9
10

將兩側半圓形對齊後摺疊
（斜線較高的那一側在上面）

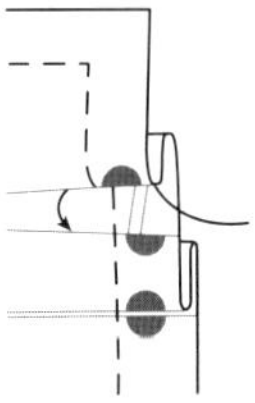

如果是具備洋裁製版知識的人，可以不使用這個導引紙型，直接依製版方法摺出褶襴也不要緊。

導引用紙型（請複印下來，背面貼上雙面膠並黏貼在布片上）

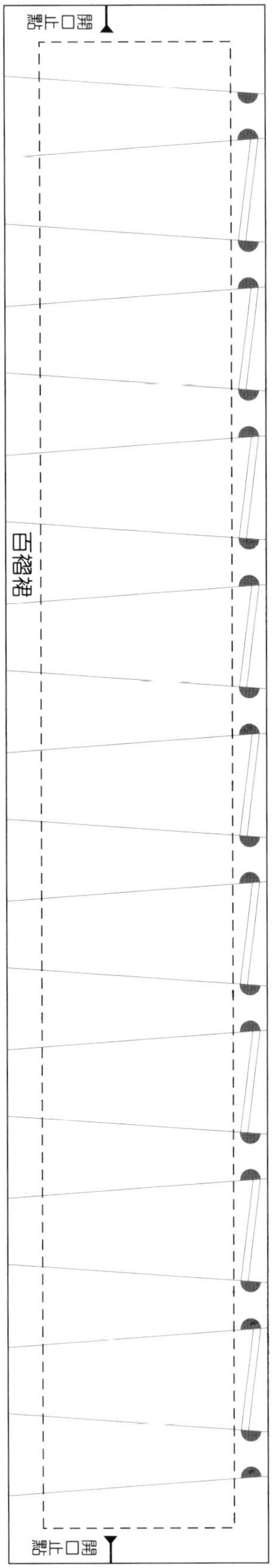
開口止點
百褶裙
開口止點

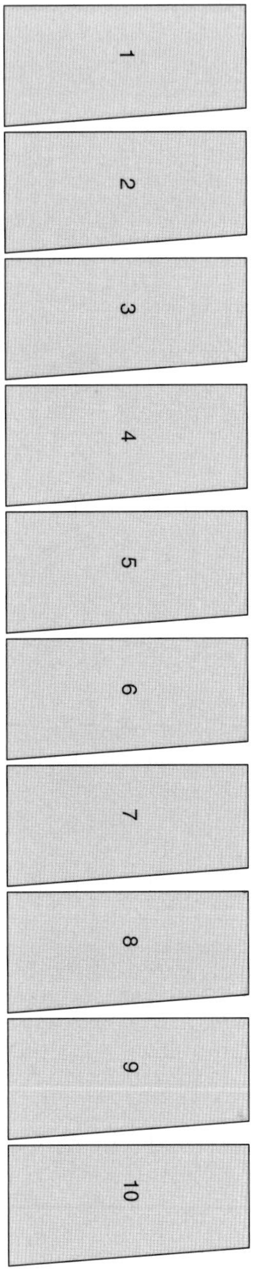
1
2
3
4
5
6
7
8
9
10

※先在零散布片上測試雙面膠會不會因為熨斗的高溫而變得黏乎乎的。

百褶裙紙型
→製作方法30-31頁

請複印後裁切下來使用吧！

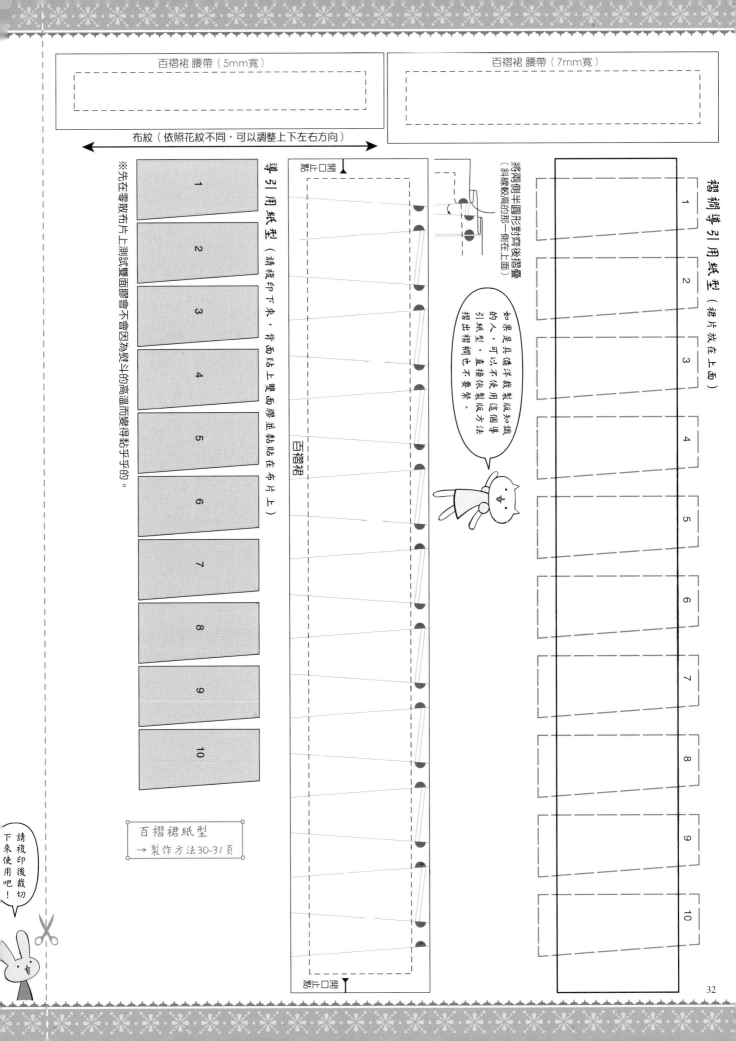

Chapter 5.

連身裙

— DRESS —

原寸大

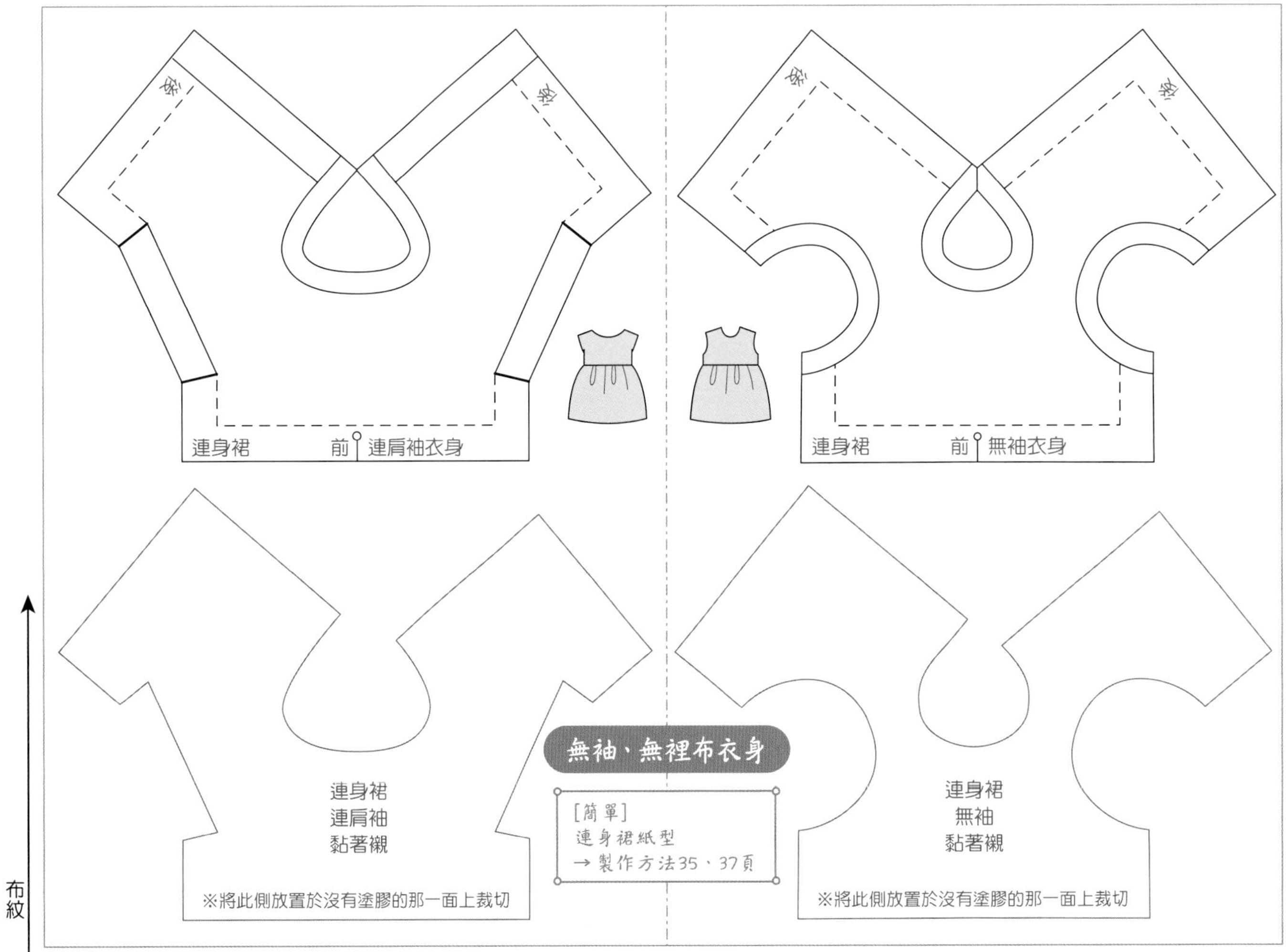
連身裙
前
連肩袖衣身
連身裙
前
無袖衣身
連身裙
連肩袖
黏著襯
※將此側放置於沒有塗膠的那一面上裁切
連身裙
無袖
黏著襯
※將此側放置於沒有塗膠的那一面上裁切
布紋

無袖、無裡布衣身

[簡單]
連身裙紙型
→製作方法35、37頁

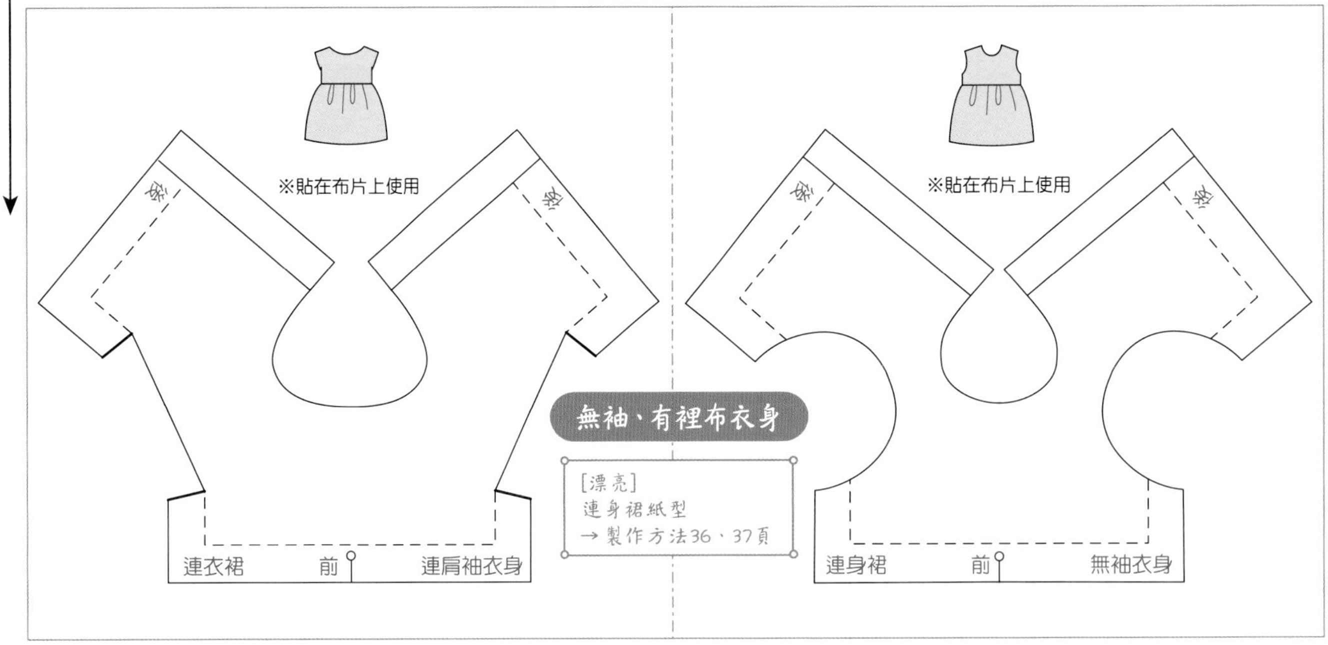
※貼在布片上使用
※貼在布片上使用
連衣裙
前
連肩袖衣身
連身裙
前
無袖衣身

無袖、有裡布衣身

[漂亮]
連身裙紙型
→製作方法36、37頁

請複印後裁切下來使用吧！

這裡是如何簡單摺出袖襬、領圍的方法。

衣身的製作方法有2種。請在「簡單」或是「漂亮」選擇自己喜歡的方法吧！

無衣領、無袖連身裙

衣身的製作方法

以[簡單]黏著襯為導引的方法

→紙型34頁

1

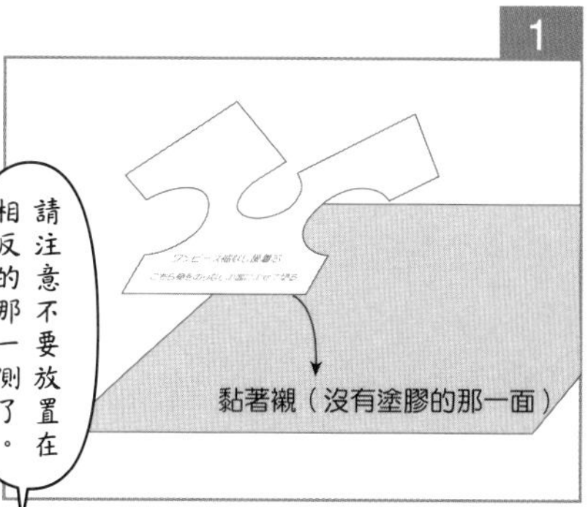
黏著襯（沒有塗膠的那一面）

請注意不要放置在相反的那一側了。

將黏著襯的紙型放置在沒有塗膠的那一面，裁剪下來。

2

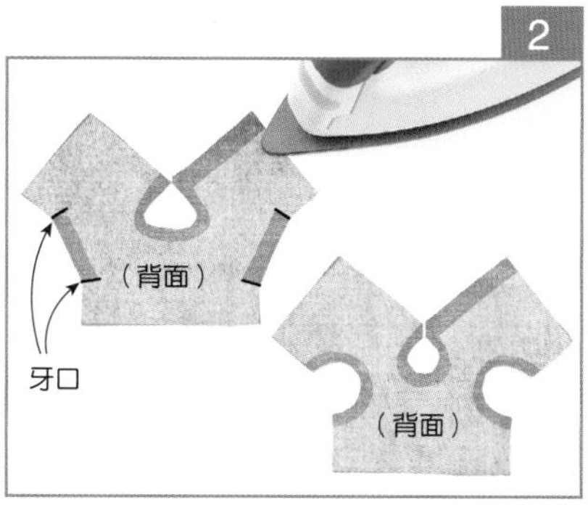
（背面）
牙口
（背面）

將黏著襯放在裁剪下來的布片背面，再以熨斗燙貼。

3

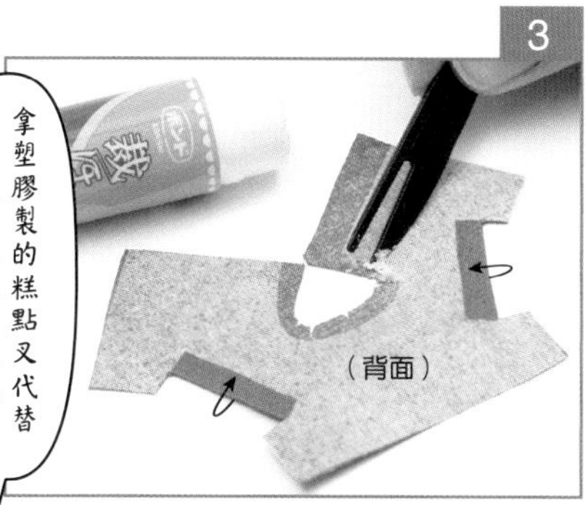
（背面）

拿塑膠製的糕點叉代替刮刀使用也很方便哦！

在彎弧處及連肩袖的脇邊下側位置剪出牙口。以黏著襯為導引，只在領圍、袖襬處以布用接著劑黏貼起來。

4

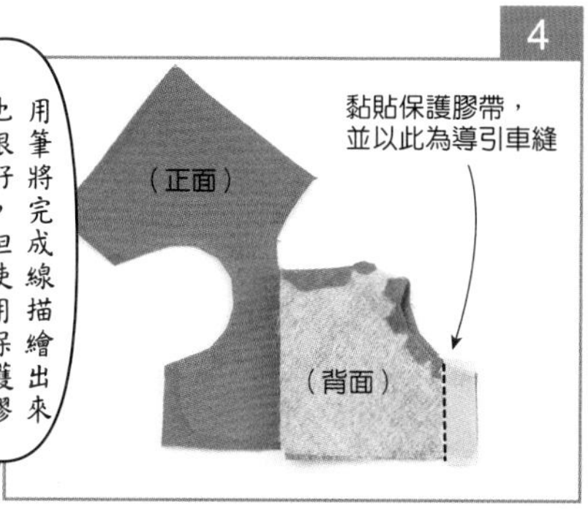
黏貼保護膠帶，
並以此為導引車縫
（正面）
（背面）

用筆將完成線描繪出來也很好，但使用保護膠帶更方便哦！

車縫脇邊。此時如果黏貼裁切成0.5cm寬的保護膠帶來當作導引的話會更好作業。

5

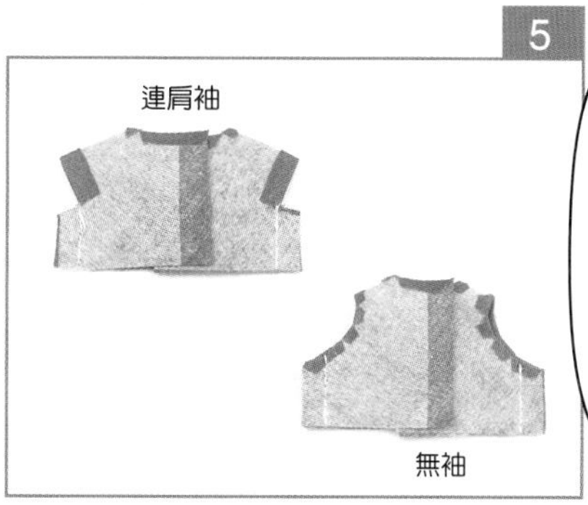
連肩袖
無袖

無領、無袖款式的連身裙衣身完成了。

紙型有「無袖」及「有袖」這2種類型。形狀看起來很相似，請小心哦！

如果弄錯使用有袖的紙型製作的話，脇邊就會太過寬鬆了

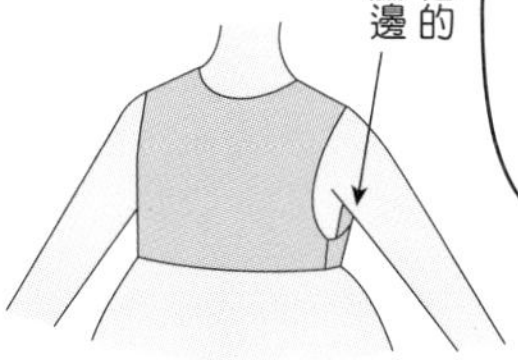

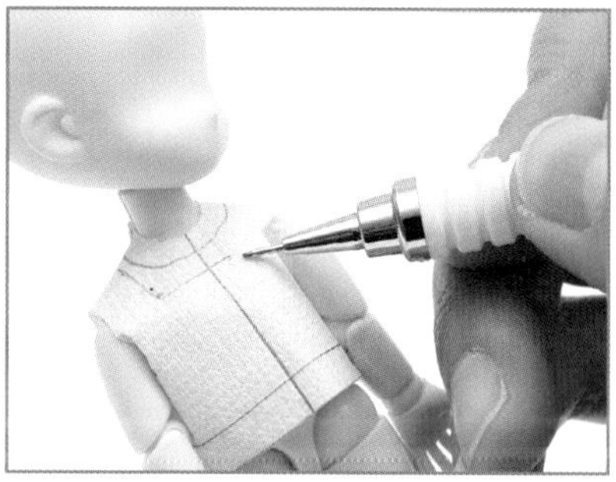

將紙型複寫至廚房紙巾，穿在娃娃身上，再重新描繪出想要的領圍線。

領圍可以應用設計成自己喜歡的樣式。

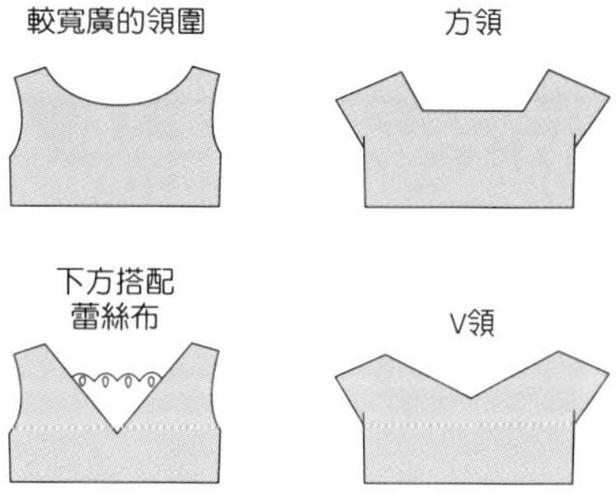
較寬廣的領圍
方領
下方搭配
蕾絲布
V領

中級程度的朋友們可以挑戰看看自己的原創設計哦！

將薄布、軟薄紗或黏著襯作為裡布使用。

[漂亮]將黏著襯及薄布作為裡布使用的方法

→紙型34頁

1

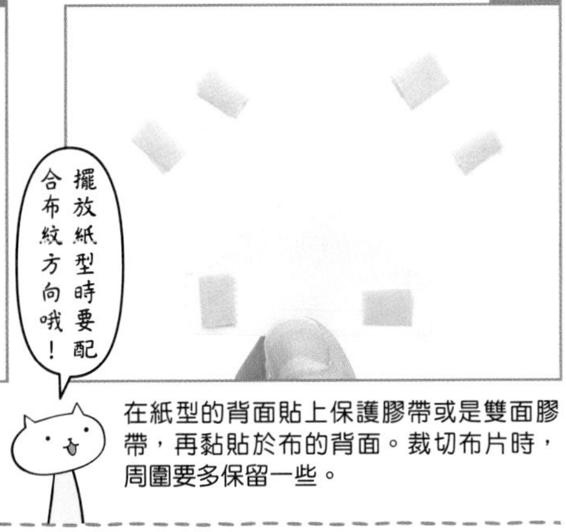
擺放紙型時要配合布紋方向哦！

在紙型的背面貼上保護膠帶或是雙面膠帶，再黏貼於布的背面。裁切布片時，周圍要多保留一些。

2

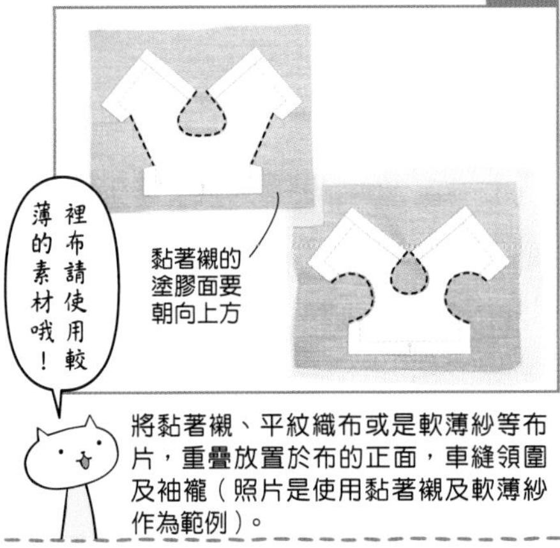
黏著襯的塗膠面要朝向上方
裡布請使用較薄的素材哦！

將黏著襯、平紋織布或是軟薄紗等布片，重疊放置於布的正面，車縫領圍及袖襱（照片是使用黏著襯及軟薄紗作為範例）。

3

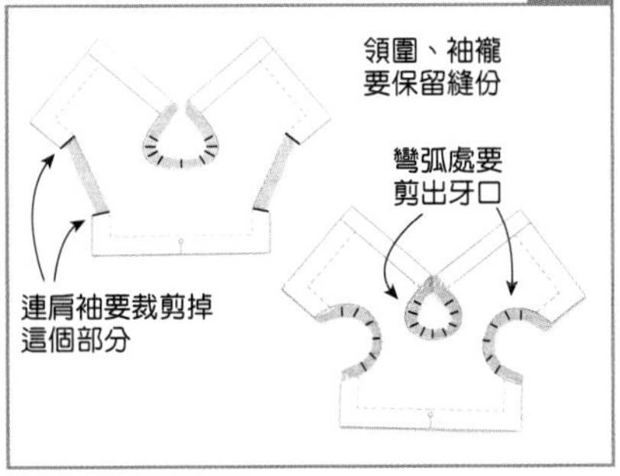
領圍、袖襱要保留縫份
彎弧處要剪出牙口
連肩袖要裁剪掉這個部分

將袖襱、領圍保留0.3cm的縫份裁剪下來，並加上牙口。下襬和脇邊則依照紙型裁剪。

4

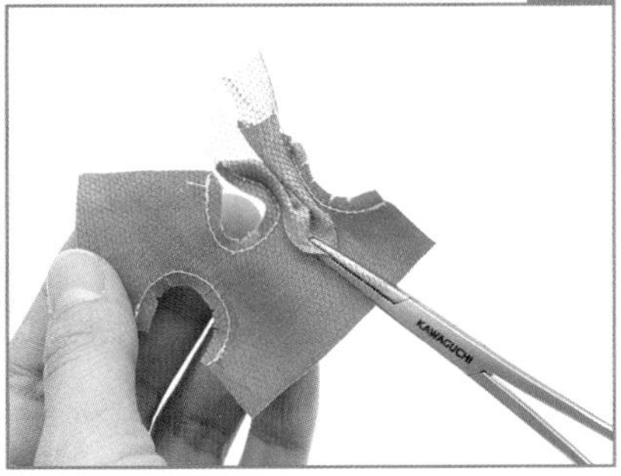

將紙型拆下，確實在周圍塗上防綻液。乾燥後一邊注意不要扯破布片，一邊翻回正面。使用鉗子的話會比較方便作業。

5

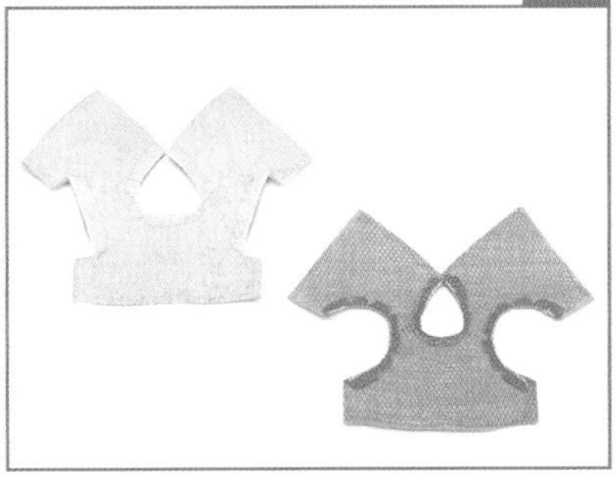

以熨斗整理形狀，並將黏著襯確實黏貼固定。

6

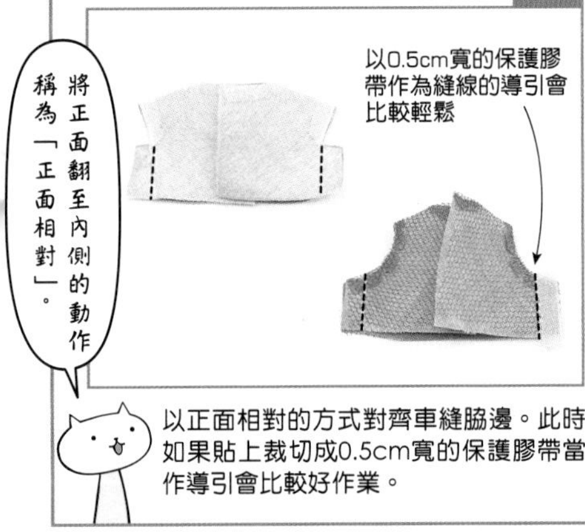
以0.5cm寬的保護膠帶作為縫線的導引會比較輕鬆
將正面翻至內側的動作稱為「正面相對」。

以正面相對的方式對齊車縫脇邊。此時如果貼上裁切成0.5cm寬的保護膠帶當作導引會比較好作業。

方便的道具

Sewline Series

可以在布上描繪細線，相當建議使用。記號筆的線條不會自然消失，但只要使用消除筆即可馬上消除線條。

布用自動筆

DUO記號消除筆

裁縫上手

這是許多娃娃服製作者愛用的裁縫布用接著劑。口紅膠狀的產品是不容易滲液到正面。使用刮刀等輔助工具，可以輕易塗抹在細小的部位。

ボンド
裁ほう上手

滾輪骨筆

雖然效果不如熨斗，但想要在布片簡單加上摺線時是很好用的工具。

彎弧錐子

前端呈現彎弧狀的錐子。用來將圓領這類的彎弧部分翻到正面時使用的方便工具。

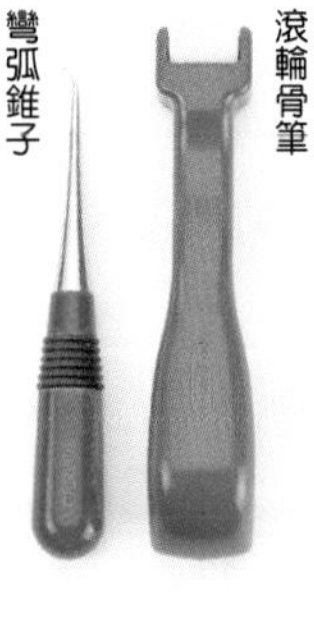

滾輪骨筆

彎弧錐子

鉗子

用來將小尺寸布片翻至正面時非常好用的工具。建議使用裁縫用的小鉗子。

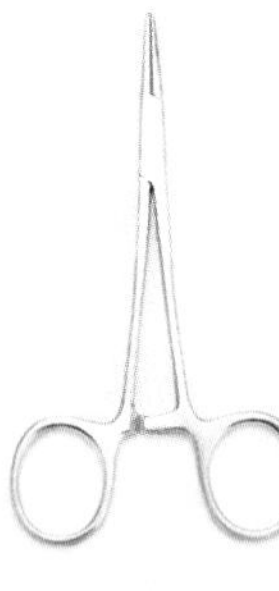

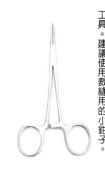

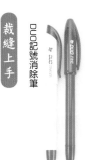

縫上裙子的方法

無袖、有袖有領、插肩袖共通

介紹 2 種不同的開口方式的製作過程。
後面全開
車縫至開口止點

這裡的頁面會以簡易款裙子進行解說。
長方形版型裙子、蛋糕裙、喇叭裙的製作順序都是共通的。

1

→紙型17、21、28頁

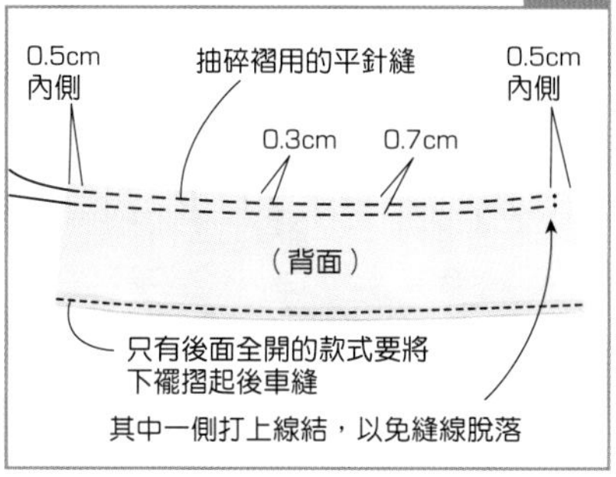
0.5cm
內側
抽碎褶用的平針縫
0.5cm
內側
0.3cm
0.7cm
（背面）
只有後面全開的款式要將下襬摺起後車縫
其中一側打上線結，以免縫線脫落

由腰圍部分的兩端0.5cm內側縫上2道抽碎褶用的平針縫（距離上側0.3cm與0.7cm左右的位置）。後續還要抽褶，因此只在單側打上線結。

2

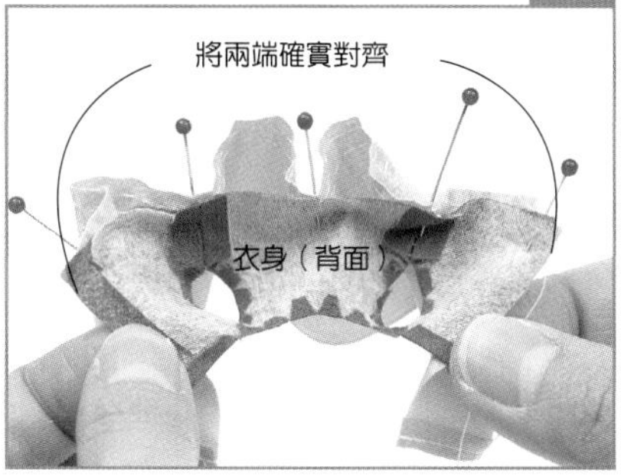
將兩端確實對齊
衣身（背面）

將裙片與衣身以正面相對的方式對齊，並將兩端、脇邊、中心的合印記號以正面相對的方式對齊。

3

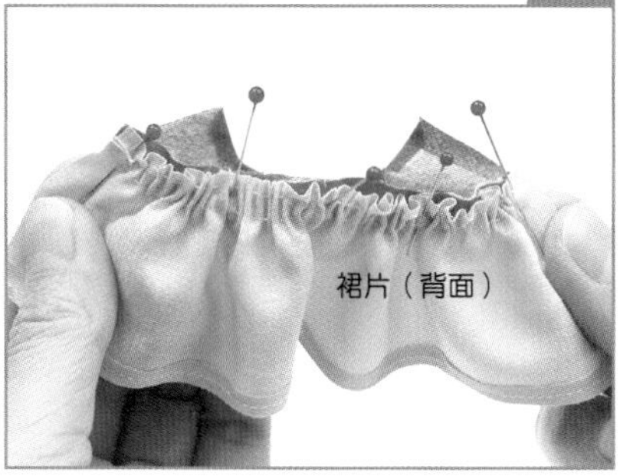
裙片（背面）

拉緊縫線，抽出碎褶。

4

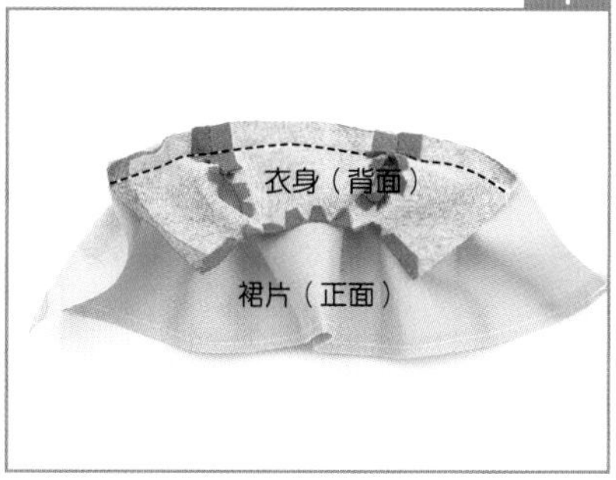
衣身（背面）
裙片（正面）

車縫腰圍。

5

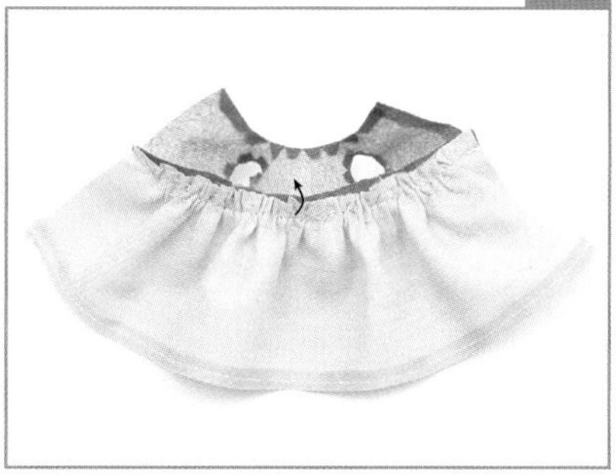

將縫份倒向上方。如果有縫紉機的話，也可以在接縫處的邊緣加上一道車縫。

6 背面全開的情形

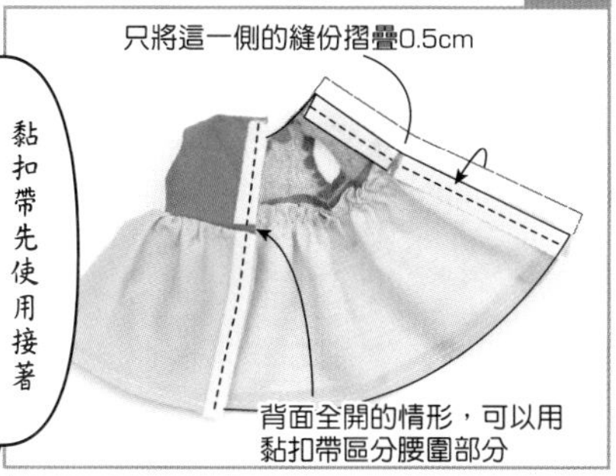
只將這一側的縫份摺疊0.5cm
背面全開的情形，可以用黏扣帶區分腰圍部分

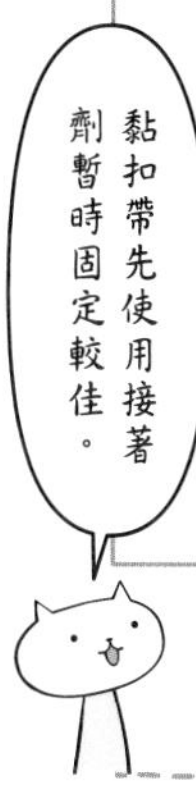
黏扣帶先使用接著劑暫時固定較佳。

背面全開的情形，將右衣身的縫份摺入內側，再縫上裁切成0.5cm寬的黏扣帶。

7 後中心縫合的情形

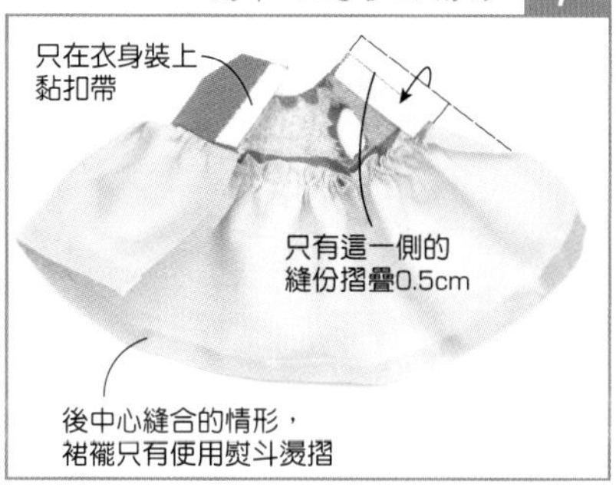
只在衣身裝上黏扣帶
只有這一側的縫份摺疊0.5cm
後中心縫合的情形，裙襬只有使用熨斗燙摺

後中心縫合的情形，只有在衣身以接著劑暫時固定上黏扣帶。裙子的下襬則還不需要縫合，以熨斗燙摺即可。

8 後中心縫合的情形

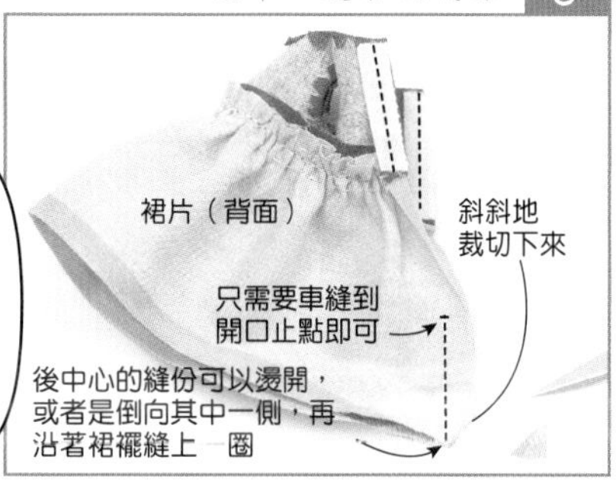
裙片（背面）
斜斜地裁切下來
只需要車縫到開口止點即可
後中心的縫份可以燙開，或者是倒向其中一側，再沿著裙襬縫上一圈

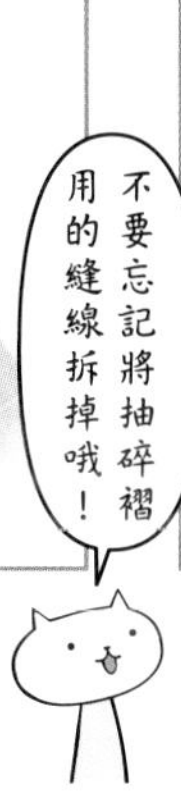
不要忘記將抽碎褶用的縫線拆掉哦！

縫上黏扣帶。裙片的後中心車縫至開口止點，將縫份的邊角斜斜地裁切下來。後中心的縫份可以熨開或是倒向其中一側，然後再沿著裙襬縫上一圈。

9

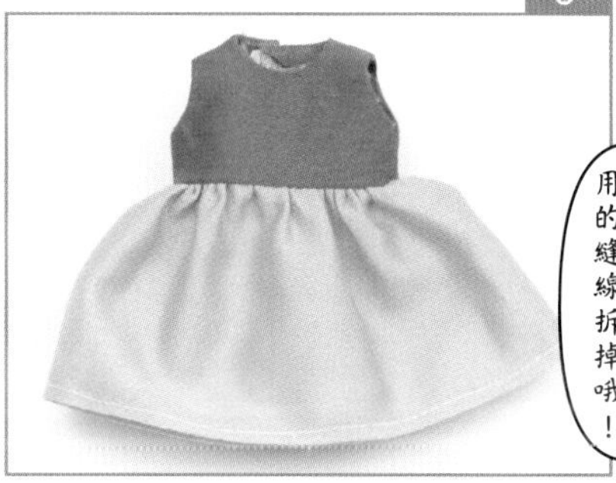

連身裙完成了。

※如果是左右相同或者只是左右翻轉的紙型會加上＊記號。

袖子紙型

連身裙、罩衫、水手服共通

→製作方法42-44頁

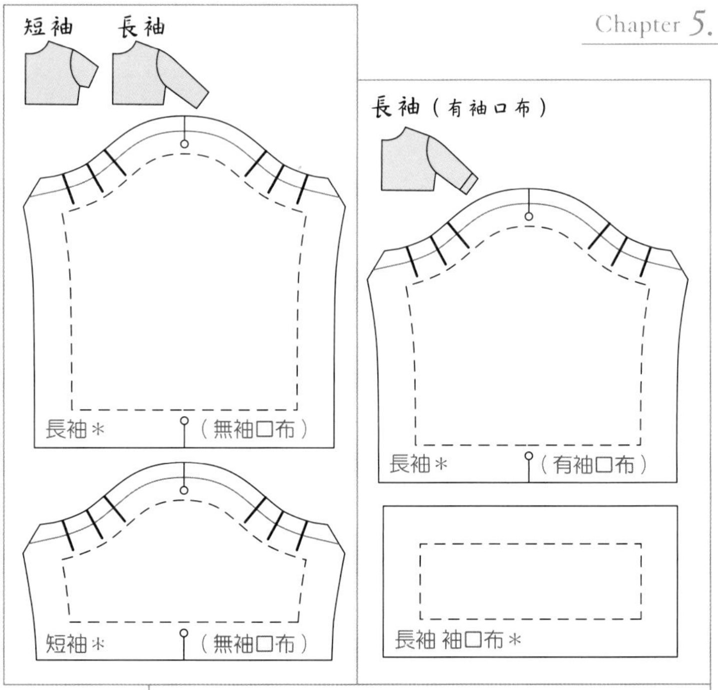

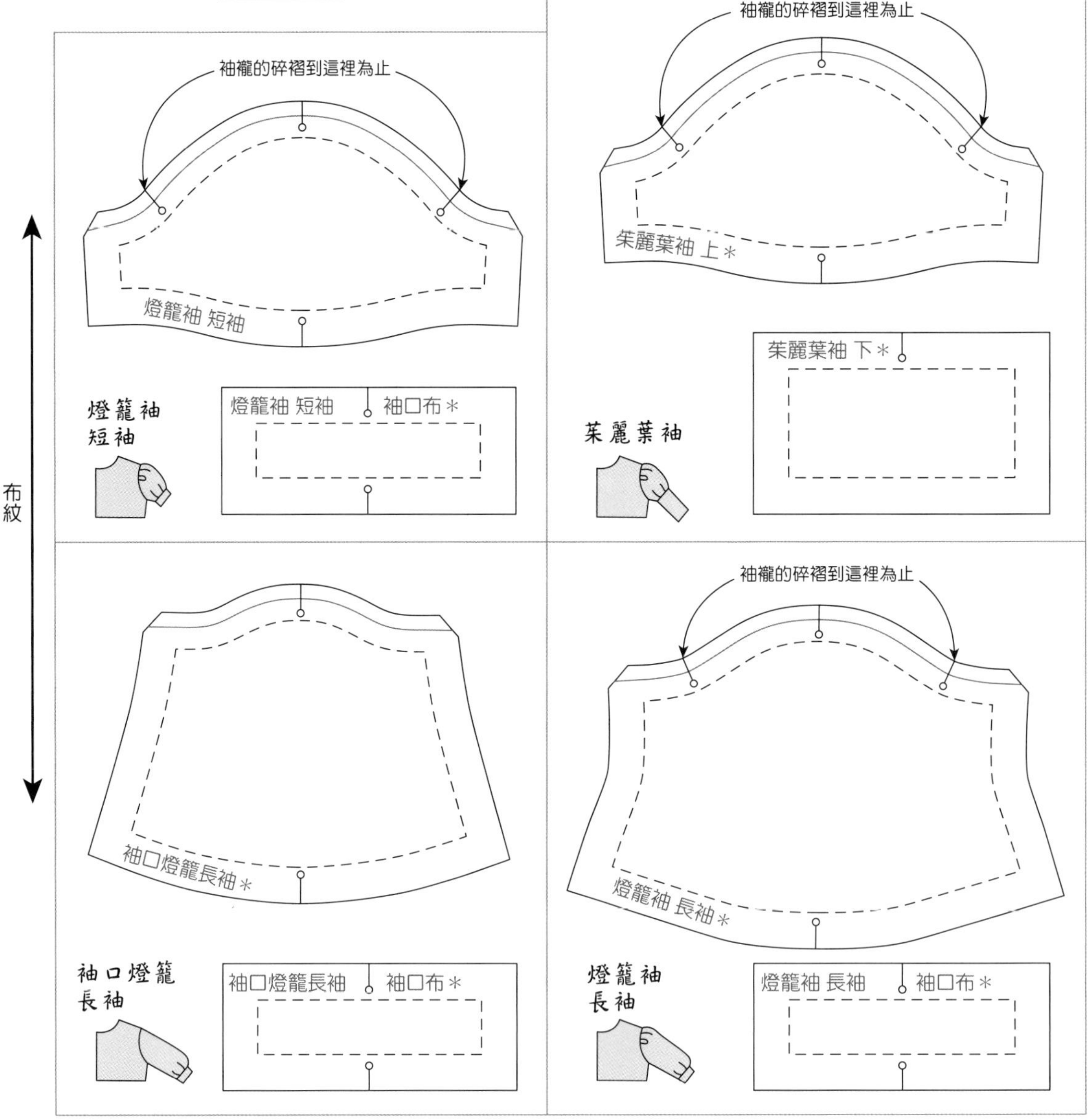

有袖、有領
連身裙紙型
→製作方法40-45頁

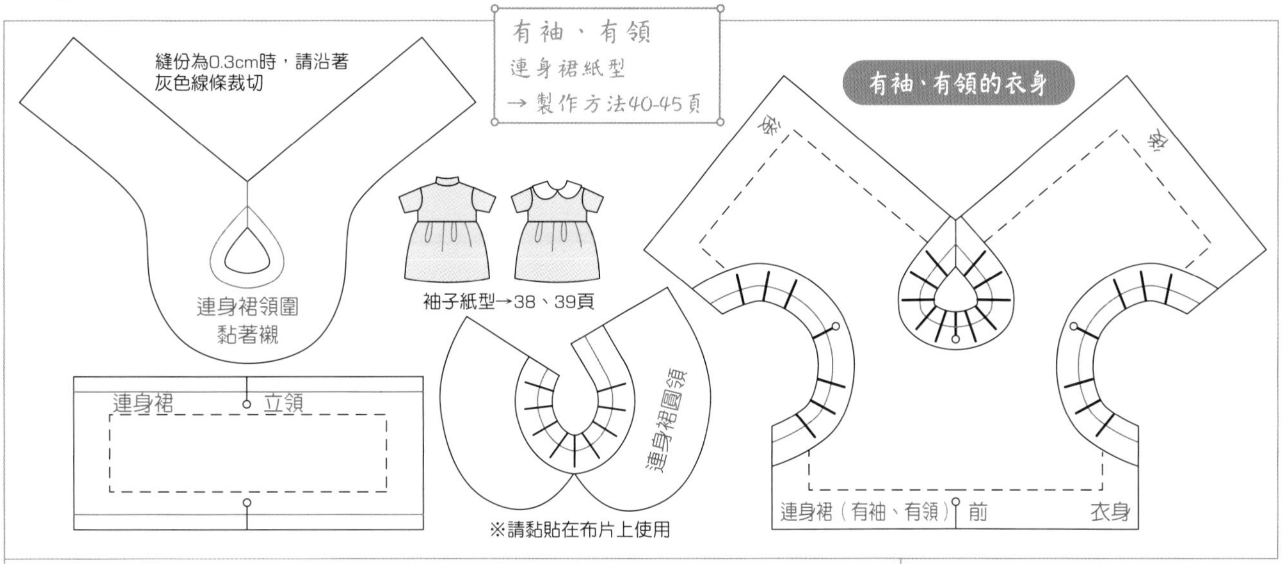
縫份為0.3cm時，請沿著
灰色線條裁切
連身裙領圍
黏著襯
袖子紙型→38、39頁
連身裙
立領
連身裙圓領
※請黏貼在布片上使用
有袖、有領的衣身
連身裙（有袖、有領）前
衣身

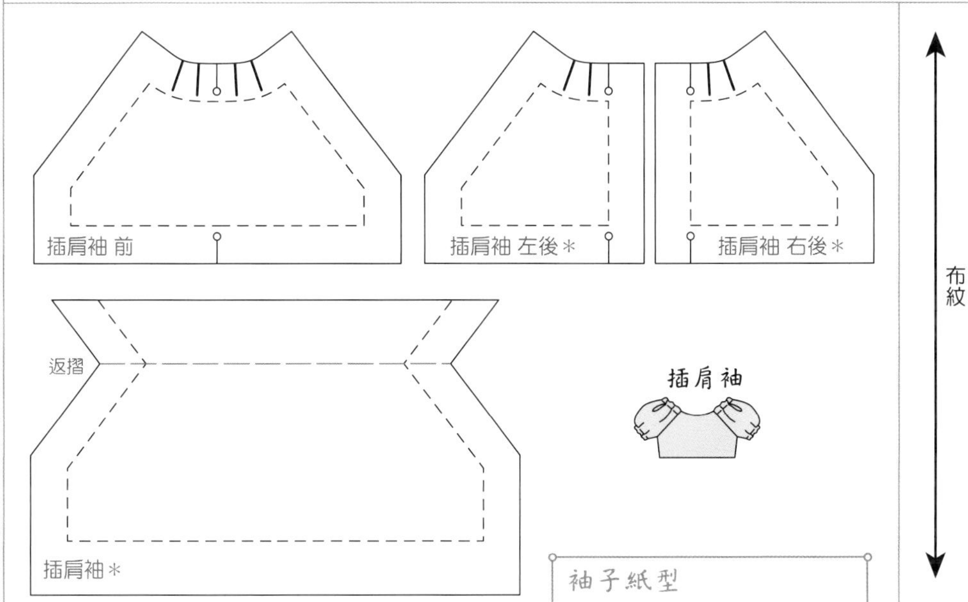
插肩袖 前
插肩袖 左後＊
插肩袖 右後＊
返摺
插肩袖＊
插肩袖
布紋

袖子紙型
連身裙、罩衫、水手服共通
→製作方法42-45頁

半摺燈籠袖

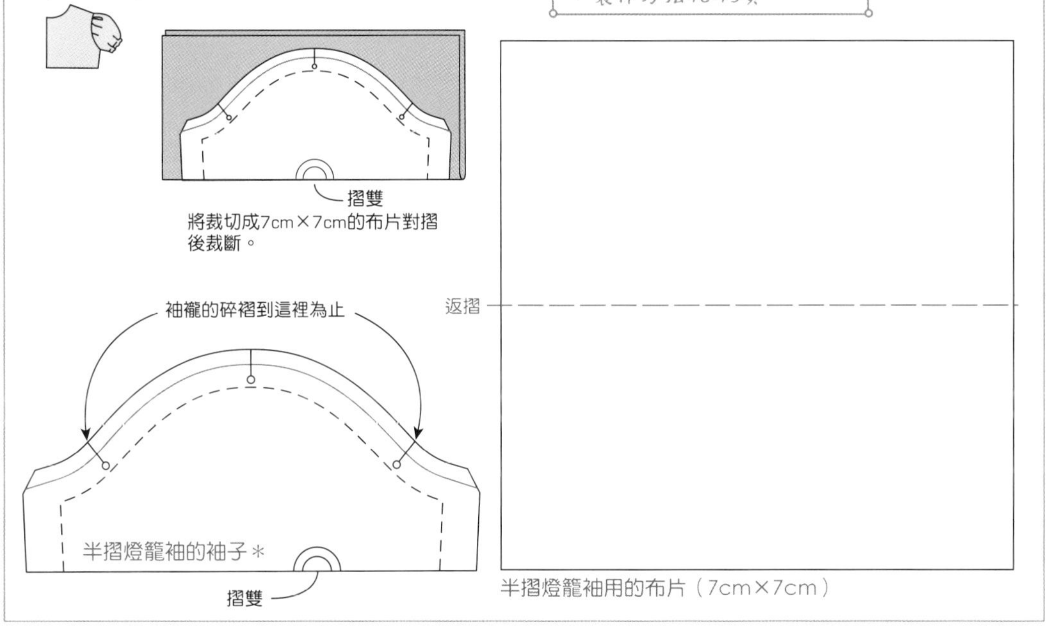
摺雙
將裁切成7cm×7cm的布片對摺
後裁斷。
袖襱的碎褶到這裡為止
半摺燈籠袖的袖子＊
摺雙
返摺
半摺燈籠袖用的布片（7cm×7cm）

※如果是左右相同或者只是左右翻轉的紙型會加上＊記號。

模特兒：
HJ×OB「TYR
假髮：麝香百
（白金色）

這是插肩袖搭配雙層喇叭裙的連身裙款式。底下的裙子還加上了蕾絲裝飾。

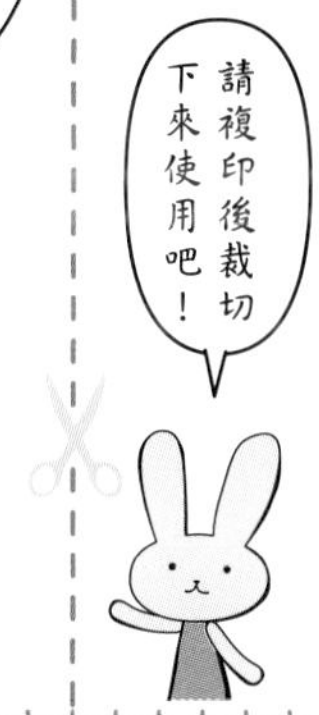
請複印後裁切下來使用吧！

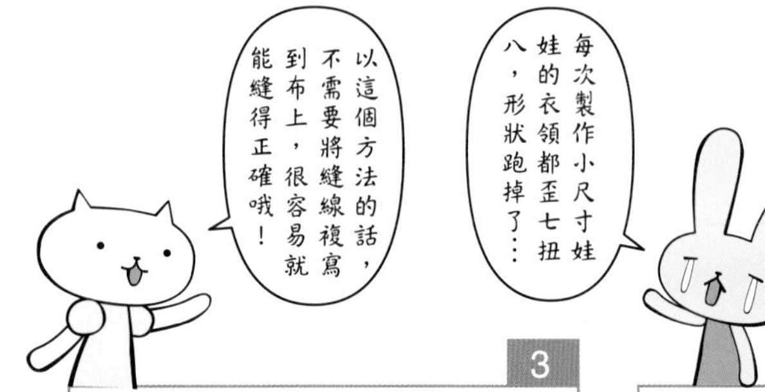

圓領的製作方法、縫製法

（領圍的縫份以0.3cm為例進行解說）

每次製作小尺寸娃娃的衣領都歪七扭八，形狀跑掉了…

以這個方法的話，不需要將縫線複寫到布上，很容易就能縫得正確哦！

1

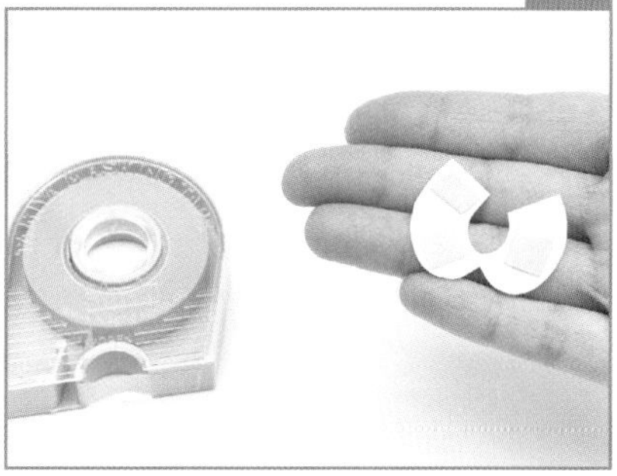

在衣領的紙型背面貼上保護膠帶或是雙面膠帶（使用雙面膠帶時，建議先在布料上重覆黏貼，讓黏著力降低一些較好）。

2

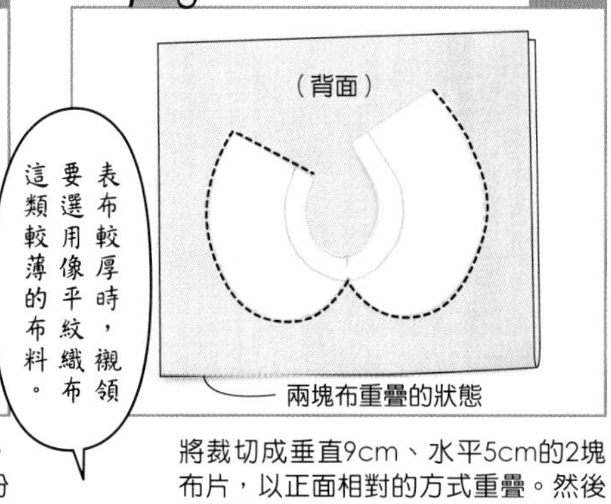
（背面）
兩塊布重疊的狀態
表布較厚時，襯領要選用像平紋織布這類較薄的布料。

將裁切成垂直9cm、水平5cm的2塊布片，以正面相對的方式重疊。然後將紙型黏貼在布上，再以其為導引車縫。

3

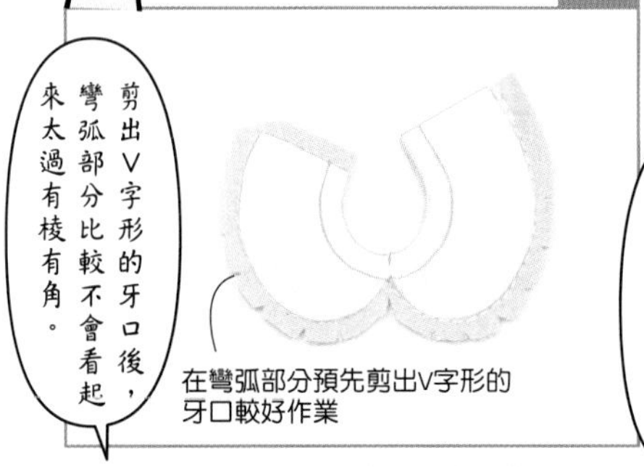
在彎弧部分預先剪出V字形的牙口較好作業
剪出V字形的牙口後，彎弧部分比較不會看起來太過有稜有角。

周圍保留0.3cm左右的縫份裁切下來。領圍則是沿著紙型線條裁切即可。縫份確實塗抹上防綻液。

4

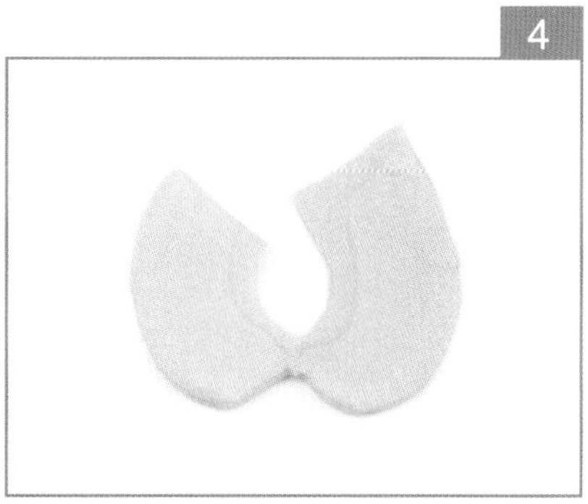

將衣領翻回正面，以熨斗整理形狀。

5

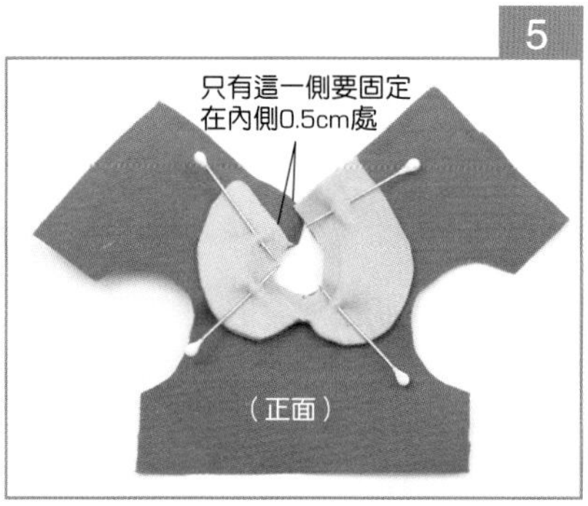
只有這一側要固定在內側0.5cm處
（正面）

將衣領放置在衣身的正面，並以待針固定。其中一側要對齊衣領邊緣內側0.5cm的位置。

6

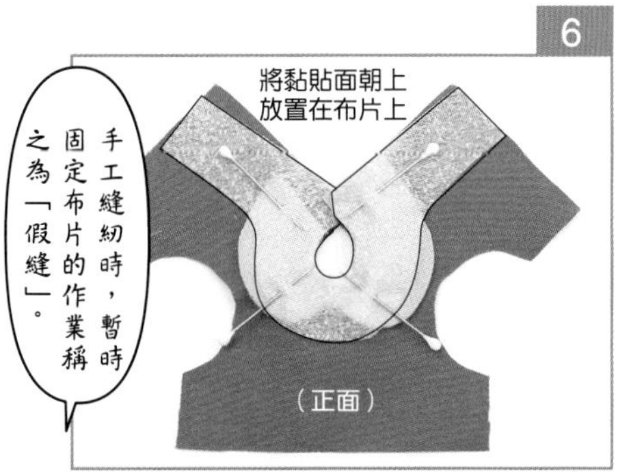
將黏貼面朝上放置在布片上
（正面）
手工縫紉時，暫時固定布片的作業稱之為「假縫」。

接著將黏著襯放在布片上，以待針固定。如果是以縫紉機縫，有待針會不好車縫的時候，可以在完成線稍微外側的位置先進行假縫。

7

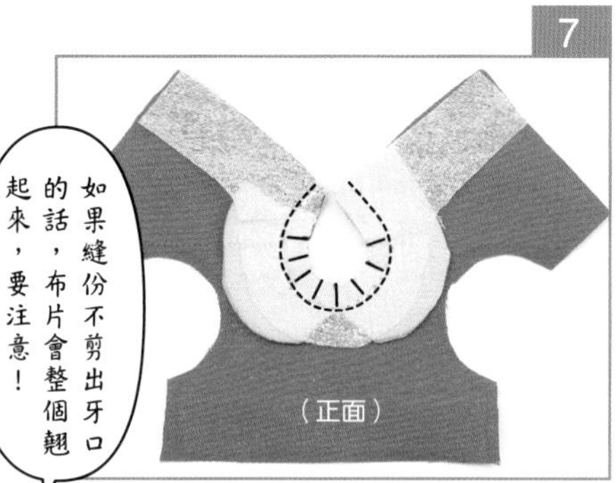
（正面）
如果縫份不剪出牙口的話，布片會整個翹起來，要注意！

車縫衣領。若以縫份保留0.5cm的狀態進行作業時，先將縫份剪成0.3cm。縫份的彎弧部分要剪出牙口。

8

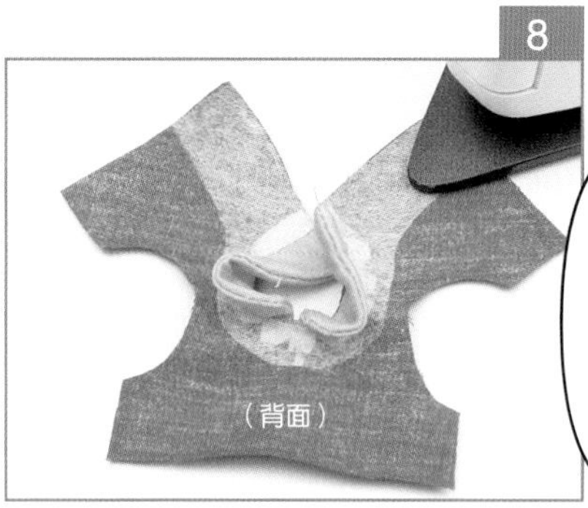
（背面）

將黏著襯翻回內側，以熨斗加熱黏貼。

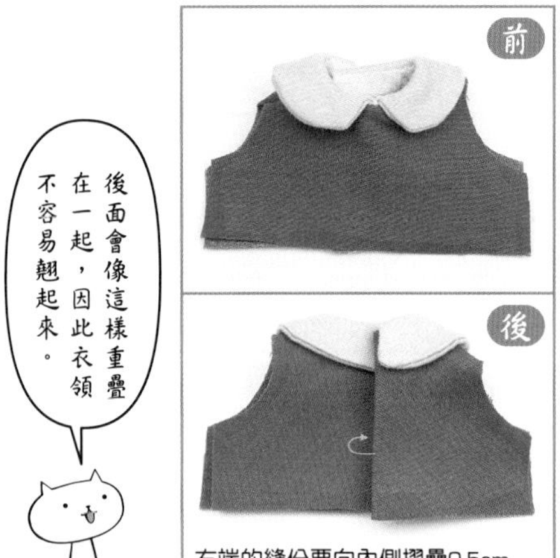
前
後
後面會像這樣重疊在一起，因此衣領不容易翹起來。

右端的縫份要向內側摺疊0.5cm

立領的製作方法、縫製法

（領圍的縫份以0.3cm為例進行解說）

→紙型34頁

1

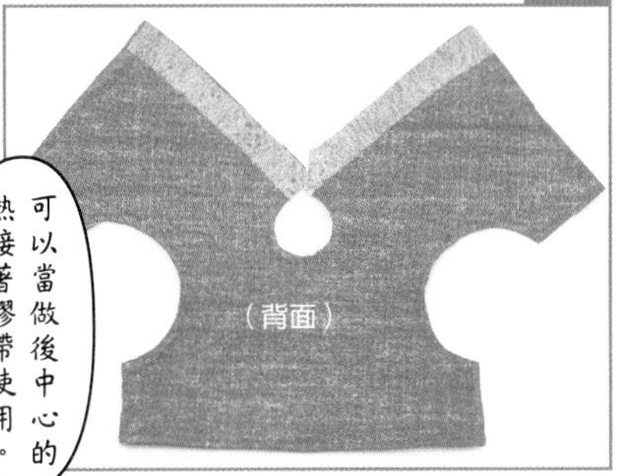
（背面）

可以當做後中心的熱接著膠帶使用。

製作立領時，要在後面邊緣的內側黏貼裁切成0.5cm寬的黏著襯。

2

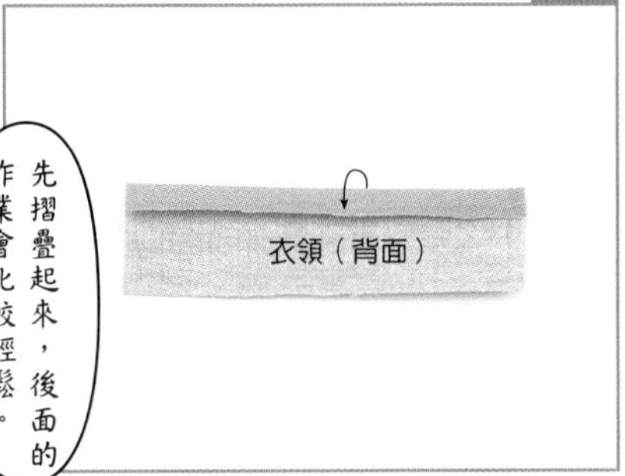
衣領（背面）

先摺疊起來，後面的作業會比較輕鬆。

先將衣領其中一側的縫份摺疊來。

3

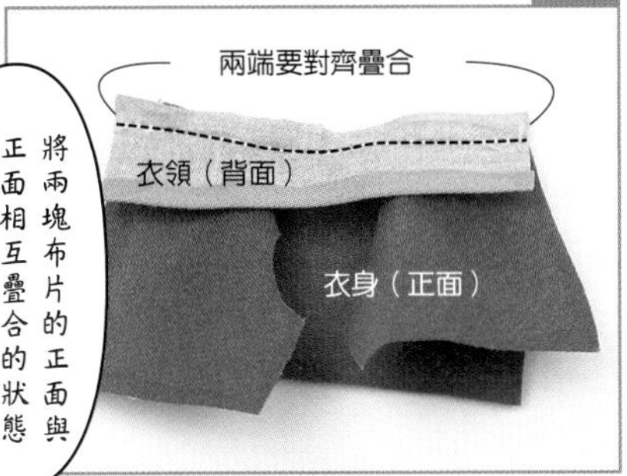
兩端要對齊疊合
衣領（背面）
衣身（正面）

將兩塊布片的正面與正面相互疊合的狀態稱為「正面相對」。

將衣領與衣身以正面相對的方式對齊後車縫。

4

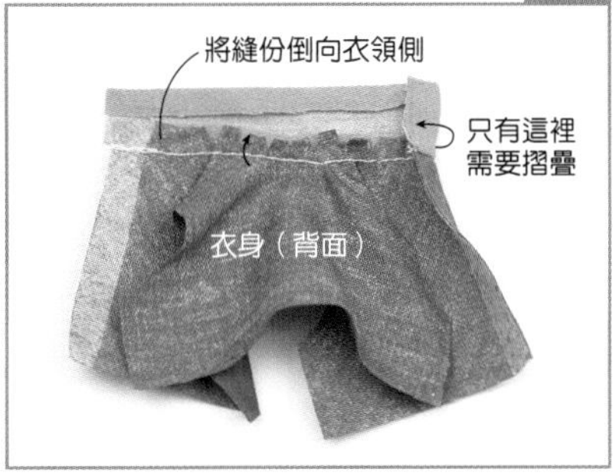
將縫份倒向衣領側
只有這裡需要摺疊
衣身（背面）

將衣領立起後翻回正面，其中一側連同衣身一併摺疊。

5

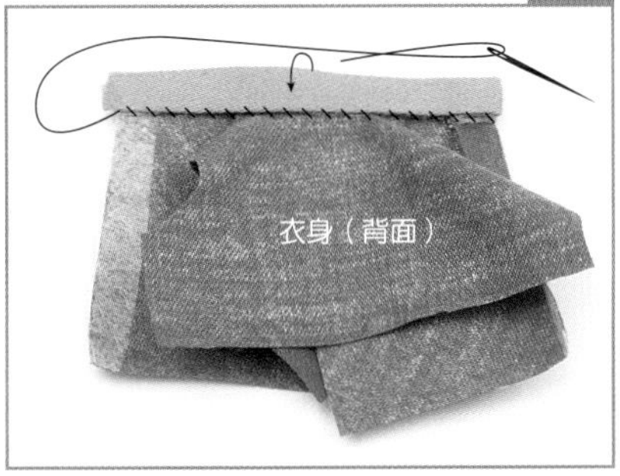
衣身（背面）

摺疊衣領，像是要將縫份包覆起來，然後繚縫領圍。也可以用接著劑固定。

6

立領完成了。

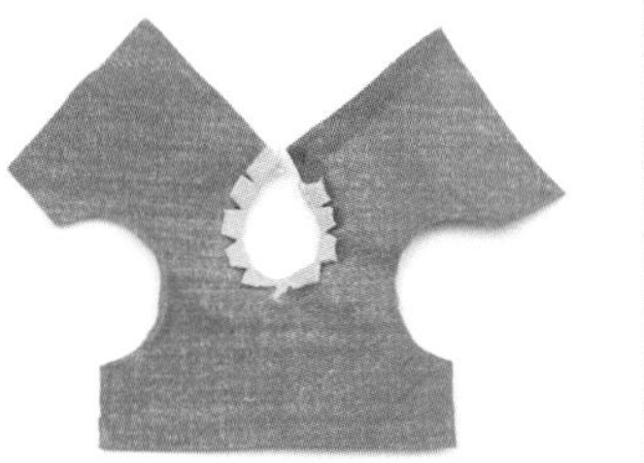

想要簡單製作的話，也可以不使用黏著襯，而是將縫份以接著劑黏貼起來即可。不過使用黏著襯的話，內側看起來比較漂亮。

如果不是用黏著襯，而是用布或是軟薄紗將領圍貼邊的話可以嗎？

當然可以！只是用布的話要注意一下厚度哦！

另外就是軟薄紗無法用黏貼的，如果會浮動的話，請用縫紉機沿著領圍的邊緣車縫一圈吧！

不習慣製作衣領的初學者，也可以使用毛巾布等布邊不會綻開的布料製作。

毛巾布

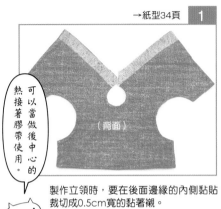

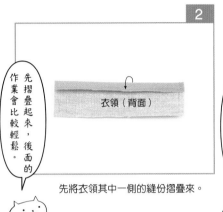

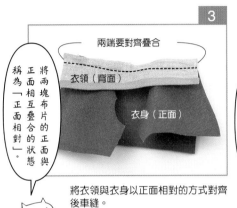

衣領的形狀也可以有各種應用設計

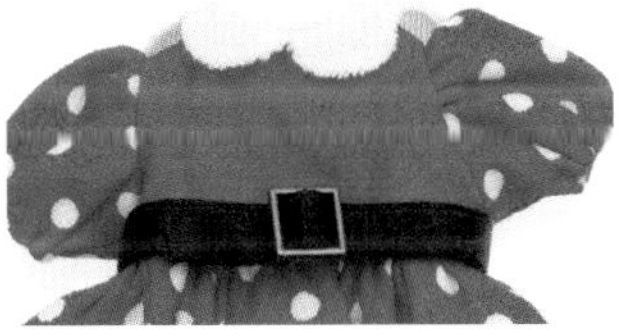

毛巾布也經常使用在市售的娃娃衣的衣領上呢！

袖子的製作方法

連身裙、罩衫、水手服共通

紙型的製作方法是連身裙、罩衫、水手服都共通的。

袖子的種類有許多，請選擇自己喜歡的吧！

→紙型38、39頁

基本袖款・有袖口布的袖款

這是沒有碎褶的簡單袖款。

1

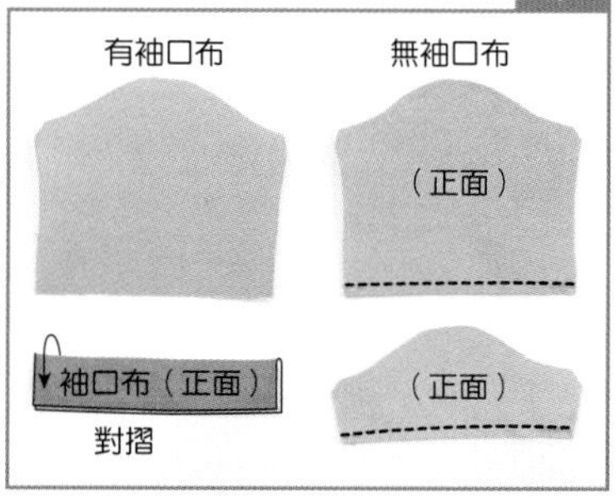
有袖口布
無袖口布
（正面）
袖口布（正面）
對摺
（正面）

無袖口布的袖子，請將袖口摺疊後車縫。袖口布則是要對摺。

2

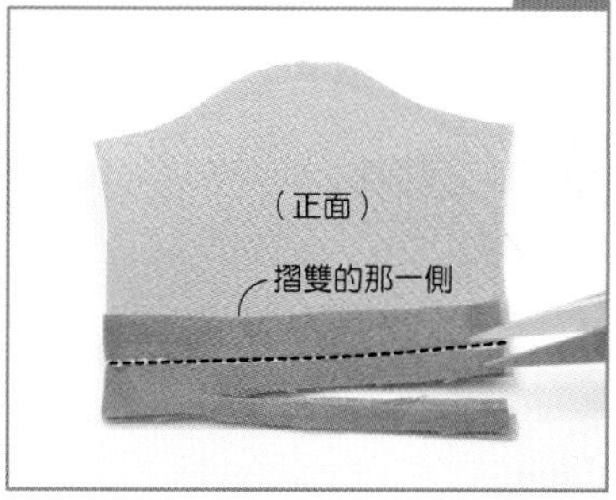
（正面）
摺雙的那一側

將袖口布重疊至袖口後車縫，縫份裁切至0.3cm左右，並且塗上防綻液。

3

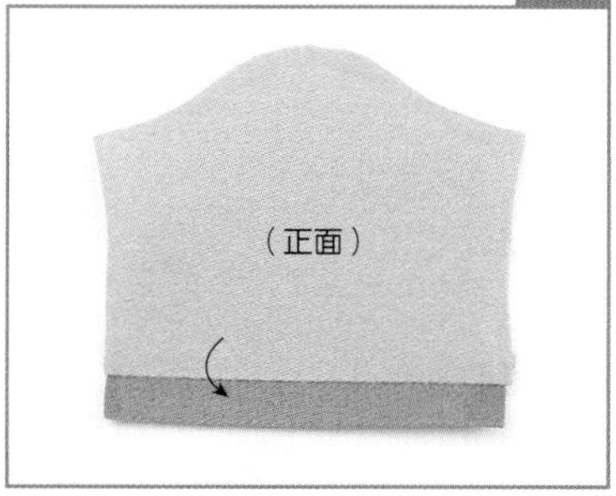
（正面）

將袖口布的縫份倒向袖身那一側，縫份要以熨斗燙平。

燈籠袖

可愛又蓬鬆的袖子款式。

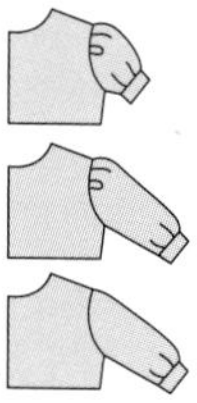

1

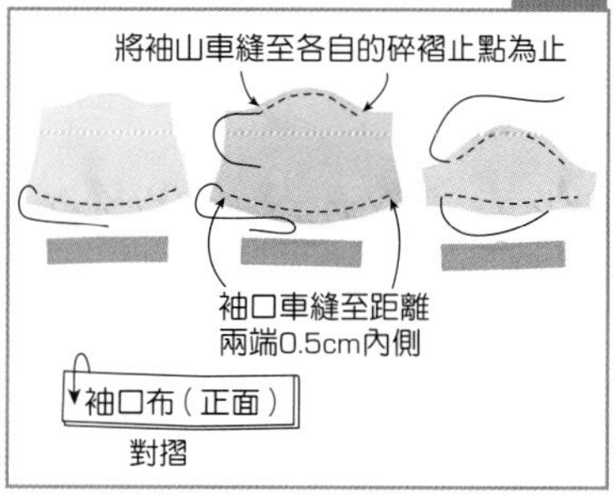
將袖山車縫至各自的碎褶止點為止
袖口車縫至距離兩端0.5cm內側
袖口布（正面）
對摺

將袖口布對摺。袖山縫至碎褶止點，袖口則是以平針縫至距離兩端0.5cm內側的位置（袖山沒有碎褶的袖款，只需要車縫袖口）。

2

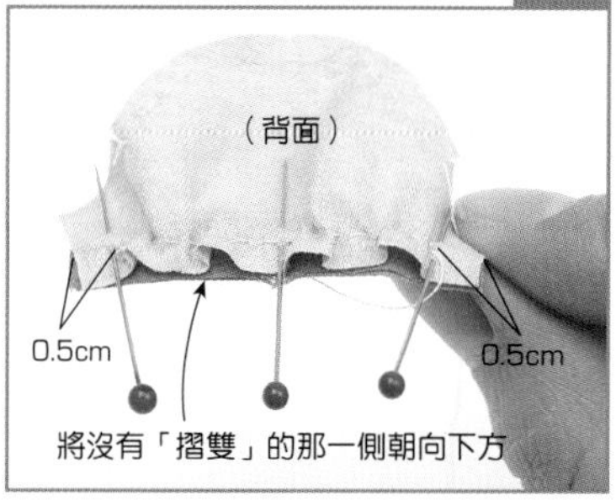
（背面）
0.5cm
0.5cm
將沒有「摺雙」的那一側朝向下方

將袖口布的兩端及中心以待針固定後，抽出袖口的碎褶，然後打上線結，以免抽好的碎褶又再次鬆開。

3

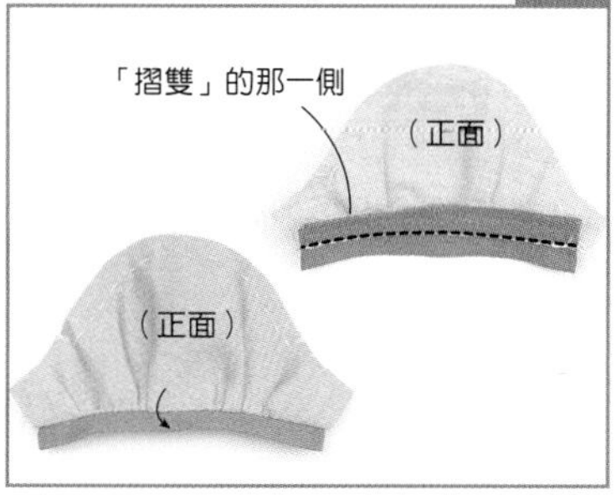
「摺雙」的那一側
（正面）
（正面）

車縫袖口，將縫份裁切至0.3cm左右，再塗上防綻液，然後將袖口布的縫份倒向袖身側，拆下抽碎褶用的平針縫線。

半摺燈籠袖

這是沒有袖口布的燈籠袖。

1

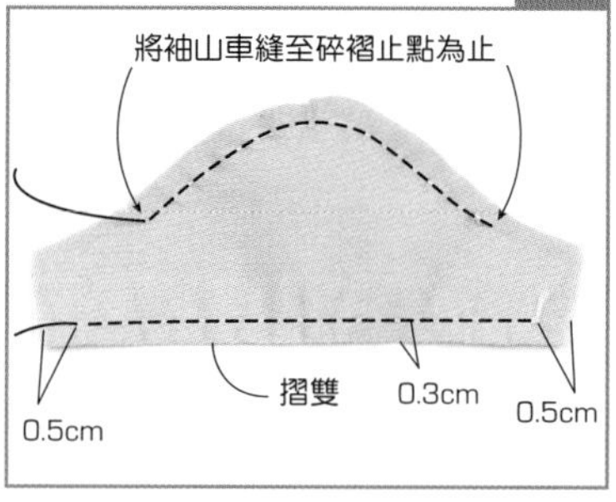
將袖山車縫至碎褶止點為止
摺雙
0.3cm
0.5cm
0.5cm

袖山縫至碎褶止點，袖口則是以平針縫至距離兩端0.5cm內側的位置。

2

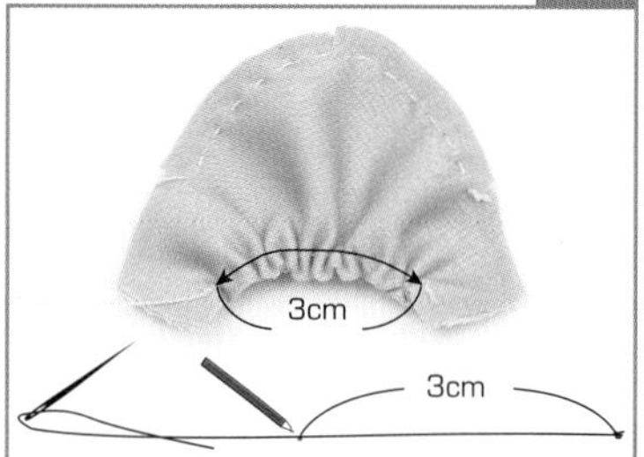
3cm
3cm

在袖口抽碎褶用的縫線上標記，並在位置打上線結，就能抽出正確長度的碎褶。

將袖口碎褶部位抽至大約3cm的長度。

3

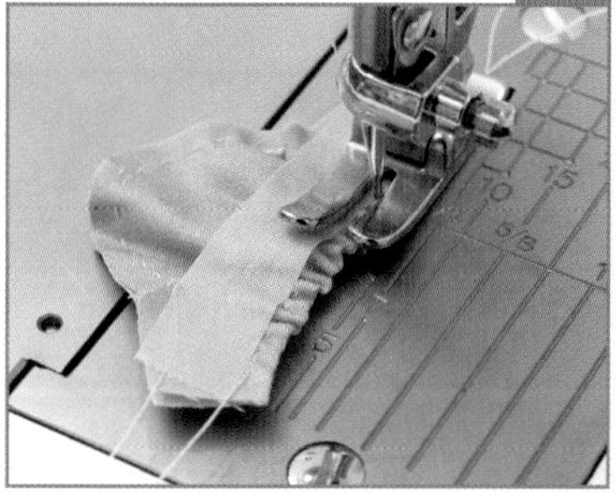

使用保護膠帶固定，以免碎褶部位移動或是鬆開，再由上方車縫，或者以手縫的方式回針縫固定碎褶也可以。

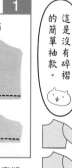

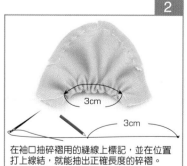

茉麗葉袖

這是附帶燈籠袖的長袖款式。

1

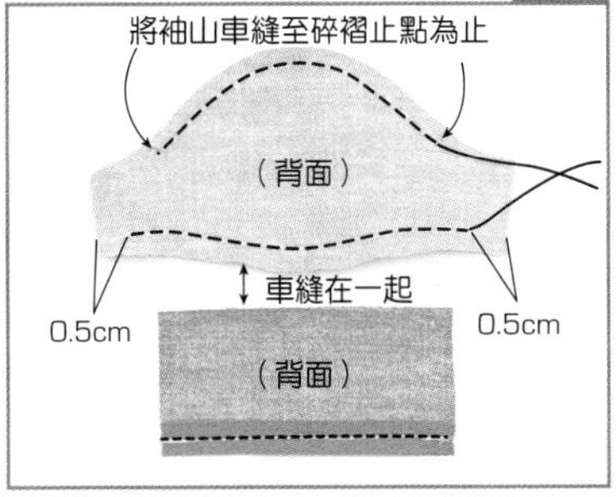
將袖山車縫至碎褶止點為止
（背面）
車縫在一起
0.5cm
0.5cm
（背面）

將燈籠袖的袖襱與袖身下半部以碎褶用的平針縫固定。摺疊下袖的袖口後車縫（此時在袖口加上蕾絲會更加可愛）。

2

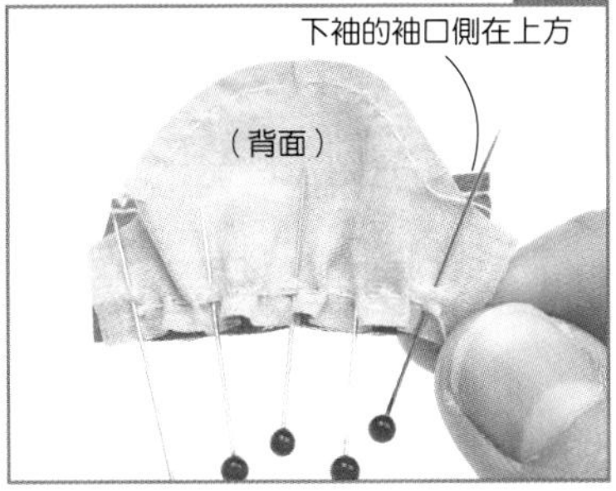
下袖的袖口側在上方
（背面）

將上下袖片以正面相對的方式重疊。先以待針將下袖的兩脇邊、中心固定後，再抽碎袖。

3

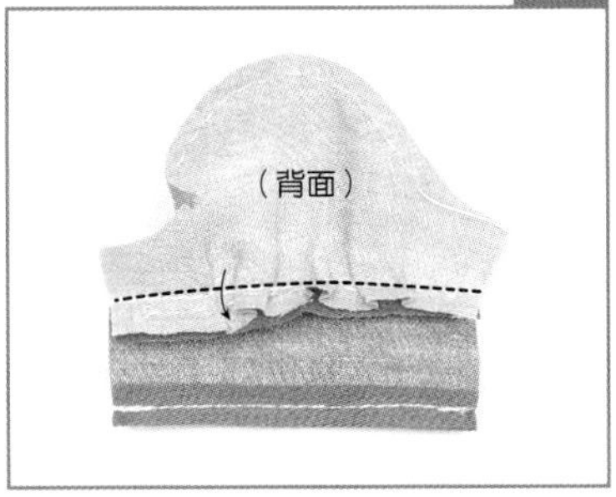
（背面）

將燈籠袖與下袖片車縫，縫份倒向下側。再將抽碎褶用的平針縫線拆掉。

袖子的車縫方式

連身裙、罩衫、水手服的基本製作順序都相同。

（袖襱的縫份以0.3cm為例進行解說）

1

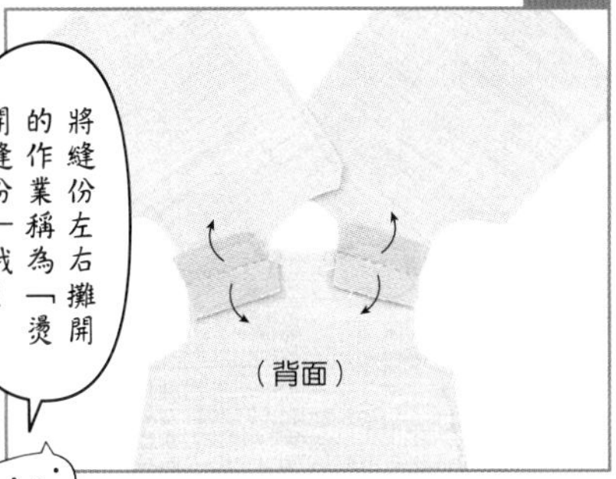
（背面）

將縫份左右攤開的作業稱為「燙開縫份」哦！

縫線位在肩部的情形，先將前後衣身的肩部車縫，然後再將縫份燙開。

2

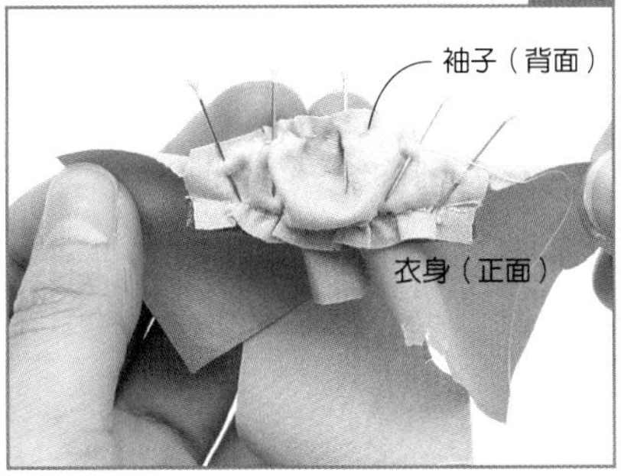
袖子（背面）
衣身（正面）

袖山的碎褶先不要拉攏，將袖子與衣身以正面相對的方式重疊後，用待針固定。

3

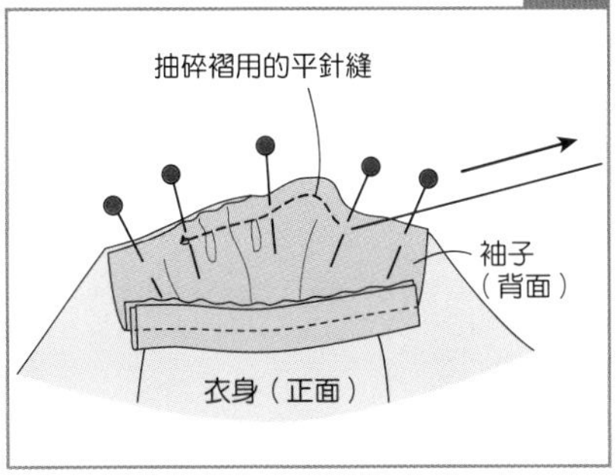
抽碎褶用的平針縫
袖子
（背面）
衣身（正面）

以待針固定後，拉攏縫線抽碎褶。

4

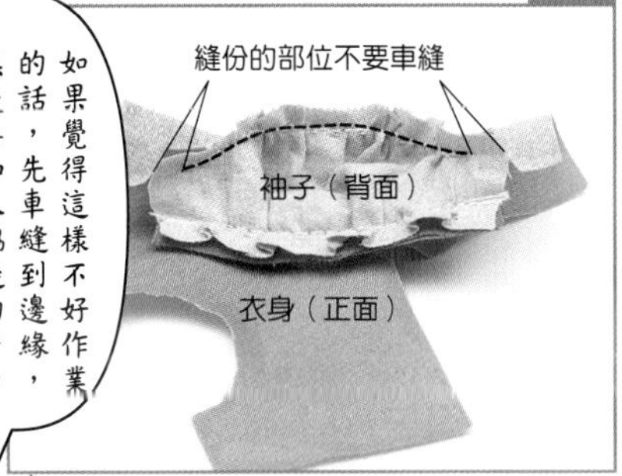
縫份的部位不要車縫
袖子（背面）
衣身（正面）

如果覺得這樣不好作業的話，先車縫到邊緣，然後再加入脇邊的牙口也可以。

車縫袖襱。兩端的縫份部位不車縫（沒有車縫的部位可以代替牙口，讓布片不容易起皺）。

袖山沒有抽碎褶的袖款

除了不抽碎褶之外，其他縫製順序都相同。

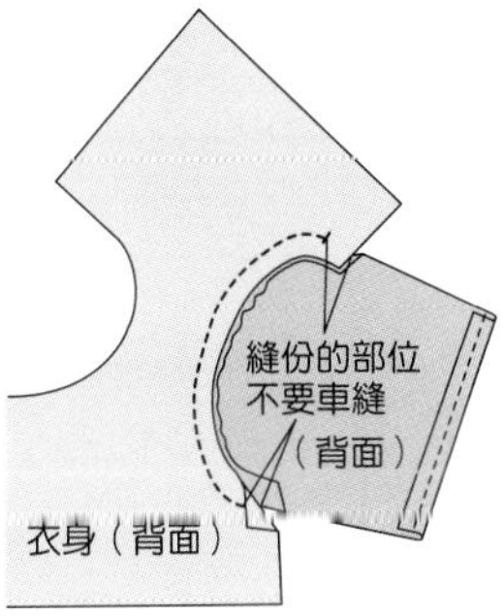
縫份的部位
不要車縫
（背面）
衣身（背面）

車縫袖襱。不過兩端的縫份部位不車縫。

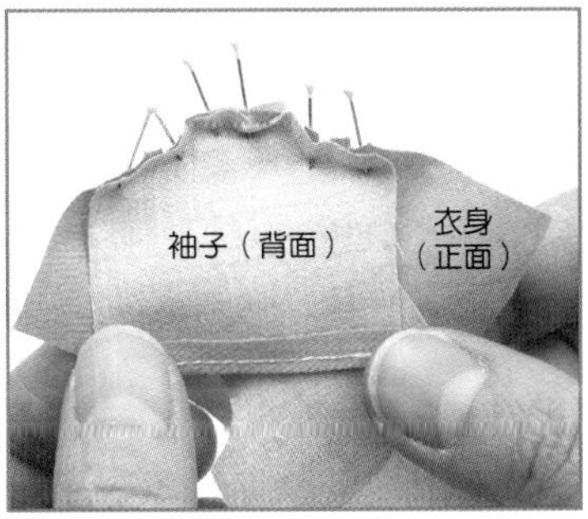
袖子（背面）
衣身
（正面）

將整個袖襱以待針固定。

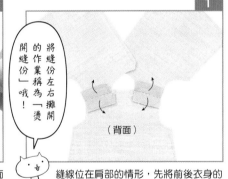

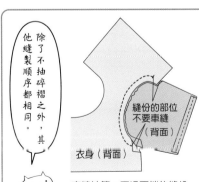

5

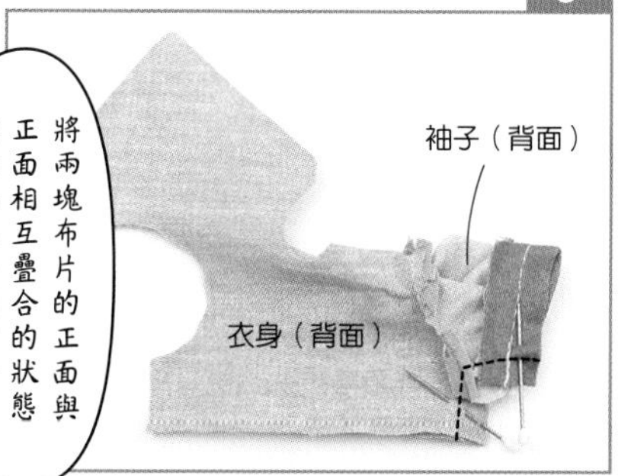
袖子（背面）
衣身（背面）

將抽碎褶用的平針縫線拆開。脇邊下方的縫份燙開，以正面相對的方式重疊後車縫袖下～脇邊。

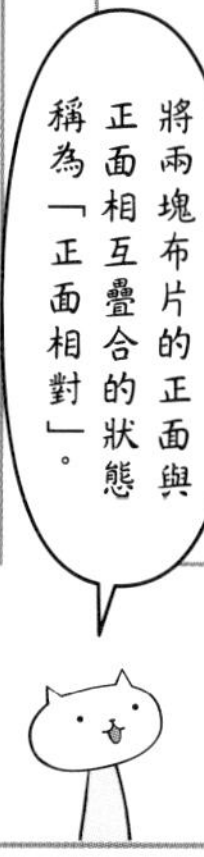
將兩塊布片的正面與正面相互疊合的狀態稱為「正面相對」。

6

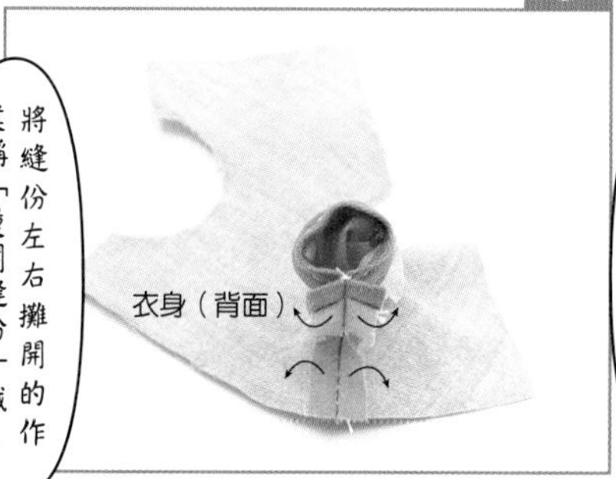
衣身（背面）

將袖下與脇邊的縫份以熨斗確實燙開。

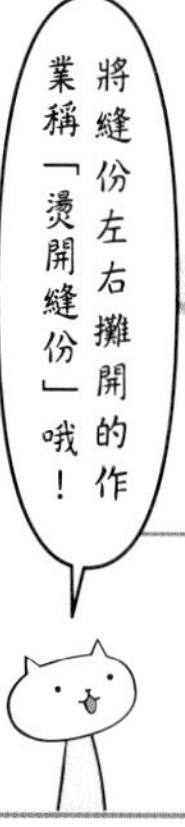
將縫份左右攤開的作業稱「燙開縫份」哦！

7

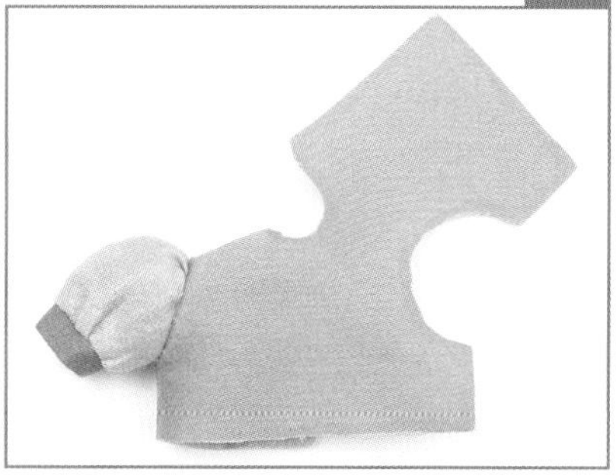

翻回正面。袖山有抽碎褶的袖款，視縫份倒向袖身側或是衣身側，隆起的狀態會產生變化。請依自己的喜好，決定要將縫份倒向何處。

方便的道具

將衣領、袖子與衣身車縫等細微的作業部分，
使用像這樣的小型待針會很方便哦！

普通的大型待針
APPLIQUÉ PIN
CLOVER
小型待針

如果說插著待針會不方便以縫紉機車縫袖襱的話，
可以在縫份稍微外側的位置假縫暫時固定。

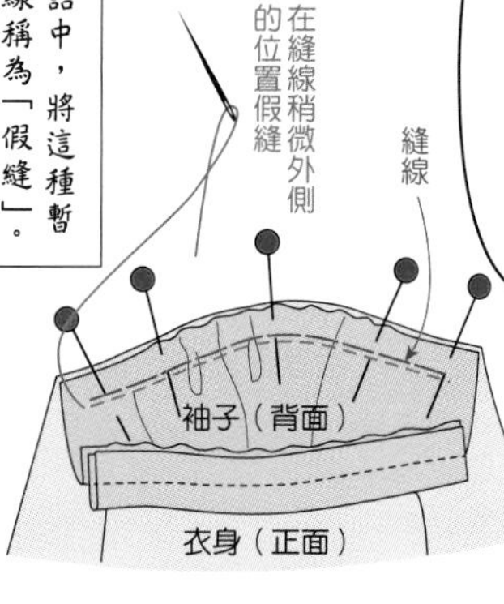
在縫線稍微外側的位置假縫
縫線
袖子（背面）
衣身（正面）

在裁縫的術語中，將這種暫時固定的縫線稱為「假縫」。

如果有些地方實在不好車縫的話，乾脆以手工縫製也是一個辦法。

人家本來想用熨斗將袖下的縫份燙開，
結果整個袖子都被熨斗燙平，變得沒有立體感了⋯
製作一個像這樣的道具會很方便哦！

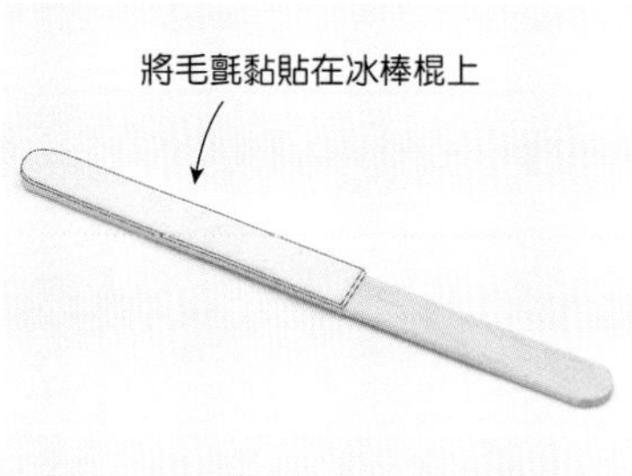
將毛氈黏貼在冰棒棍上

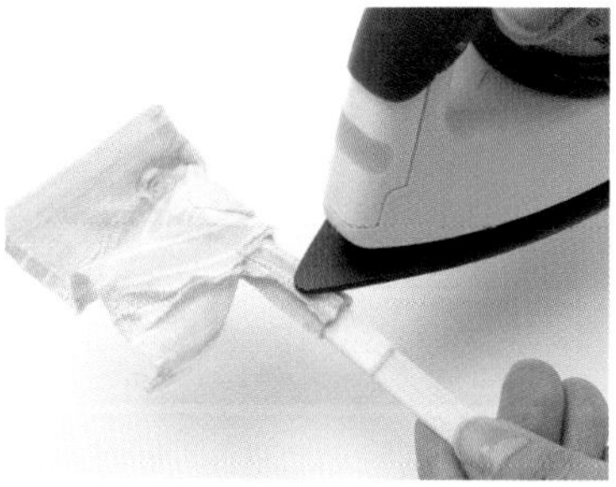

將棍子穿入袖中，再使用熨斗，這樣就能將袖下的縫份確實燙開。

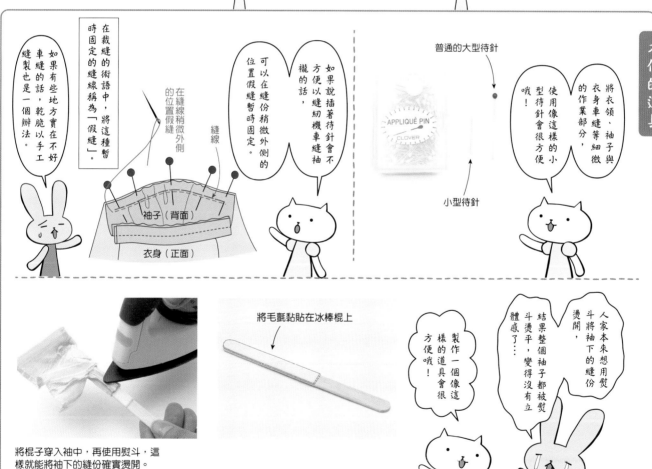

插肩袖的車縫方式

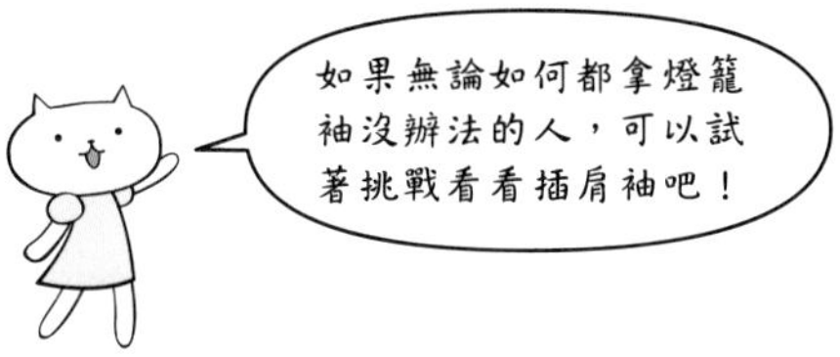
如果無論如何都拿燈籠袖沒辦法的人，可以試著挑戰看看插肩袖吧！

燈籠袖的袖襱好難縫哦～

→紙型39頁

1

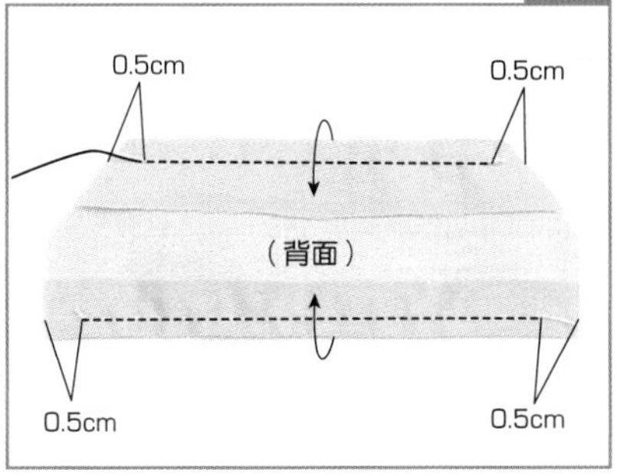
0.5cm
0.5cm
（背面）
0.5cm
0.5cm

將袖子的上下側摺疊，在距離上下兩端0.5cm內側的位置，縫上抽碎褶用的平針縫。其中一側請確實打上一個線結。

2

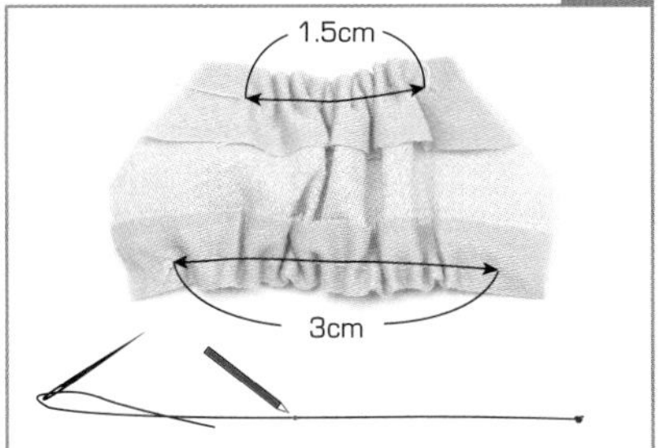
1.5cm
3cm

在袖口抽碎褶用的縫線上做出標記，並打上線結，即可抽出正確長度的碎褶。

在上側的碎褶收攏後是1.5cm，袖口則是3cm左右的位置打上線結。

3

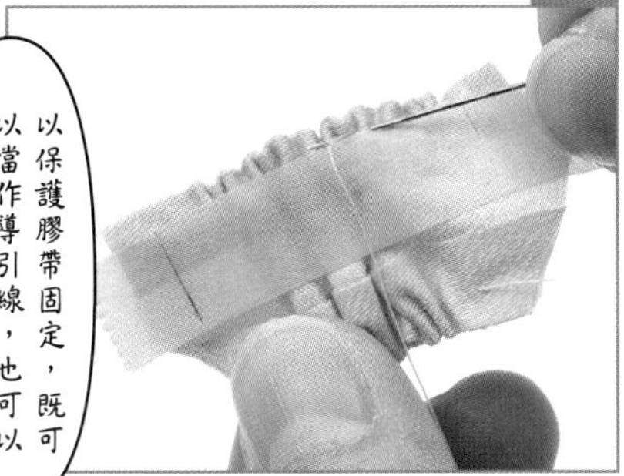

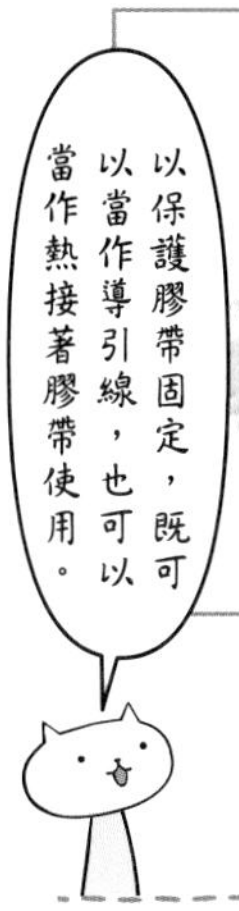
以保護膠帶固定，既可以當作導引線，也可以當作熱接著膠帶使用。

使用保護膠帶固定，以免碎褶部位移動，再由上方車縫，或者以回針縫固定碎褶也可以。

4

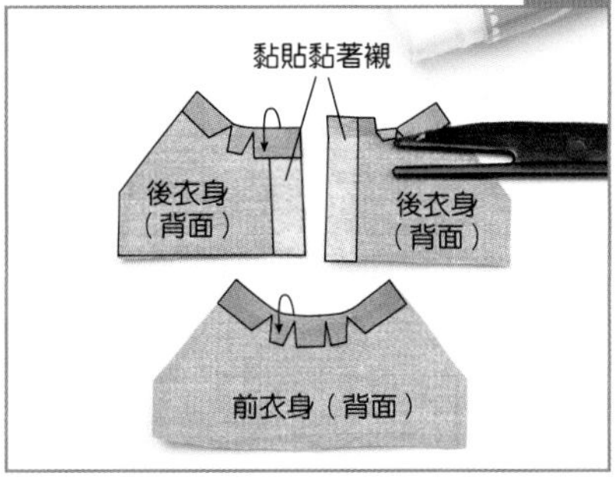
黏貼黏著襯
後衣身（背面）
後衣身（背面）
前衣身（背面）

在衣身後側邊緣的縫份黏貼黏著襯作為補強。再將前後衣身上半部（領圍）的縫份摺疊後以布用接著劑固定或者以車縫固定也可以。

5

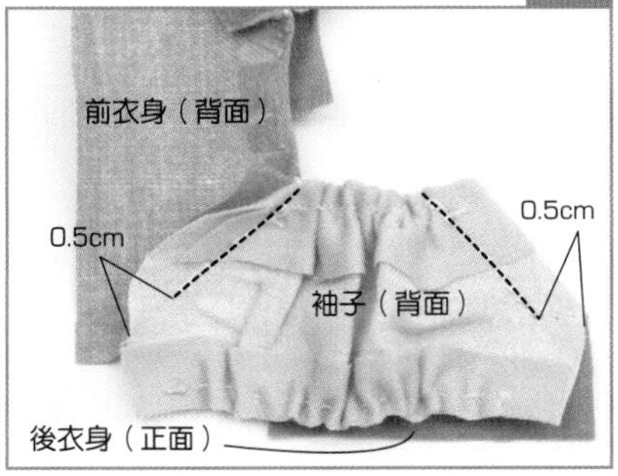
前衣身（背面）
0.5cm
0.5cm
袖子（背面）
後衣身（正面）

將袖子與衣身車縫。此時脇邊的下半部縫份保留0.5cm不要縫（如果不好作業的話，也可以先縫到邊緣，之後再剪出脇邊的牙口也可以）。

6

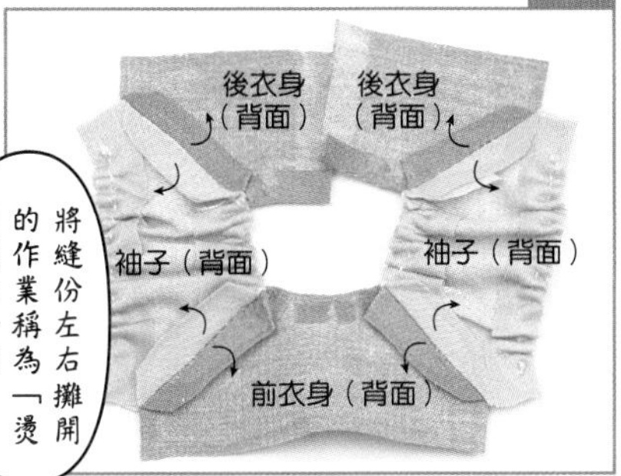
後衣身（背面）
後衣身（背面）
袖子（背面）
袖子（背面）
前衣身（背面）

將縫份左右攤開的作業稱為「燙開縫份」哦！

燙開縫份（一般只要讓縫份倒向一邊即可，但這次的布料較厚，因此決定將其燙開）。

7

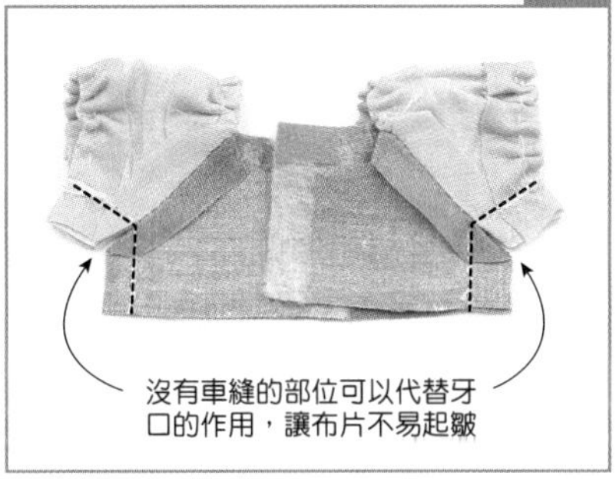
沒有車縫的部位可以代替牙口的作用，讓布片不易起皺

將衣身以正面相對的方式重疊，接著車縫袖下～脇邊。

8

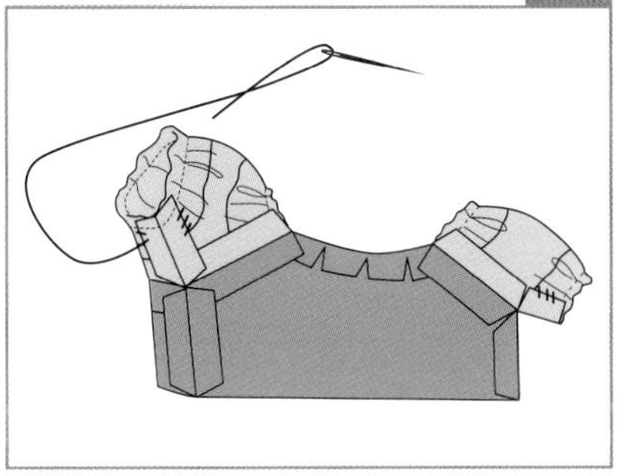

將袖下～脇邊的縫份燙開。袖口的縫份看是以不完全閉合的繚縫方式，或者是使用接著劑固定，後面會比較方便穿在娃娃身上。

9

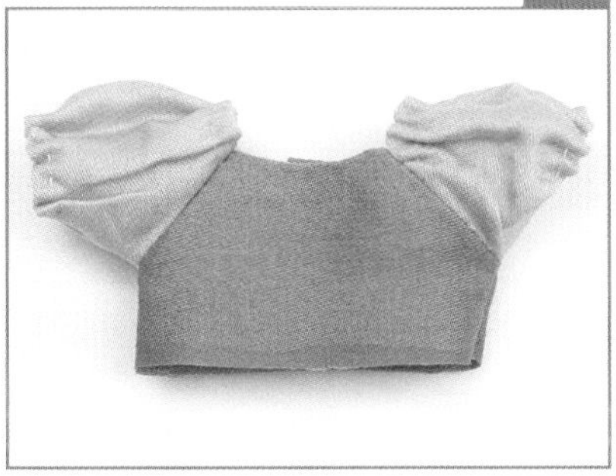

插肩袖完成了。

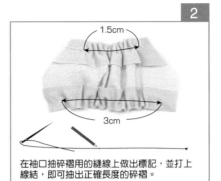

Chapter 6.

罩衫·水手服

— BLOUSE / SAILOR —

原寸大

罩衫紙型
→製作方法48-49頁

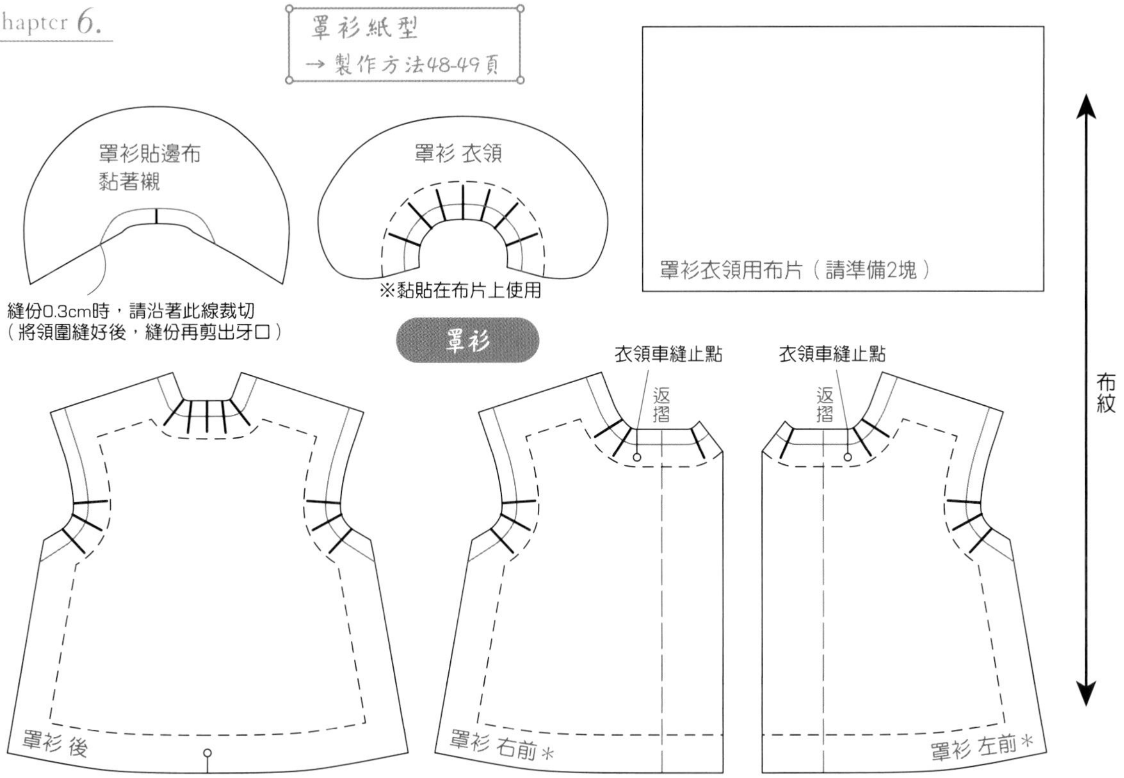
罩衫貼邊布
黏著襯
縫份0.3cm時，請沿著此線裁切
（將領圍縫好後，縫份再剪出牙口）
罩衫 衣領
※黏貼在布片上使用
罩衫衣領用布片（請準備2塊）
罩衫
衣領車縫止點
返摺
衣領車縫止點
返摺
布紋
罩衫 後
罩衫 右前＊
罩衫 左前＊

水手服

水手服紙型
→製作方法50-52頁

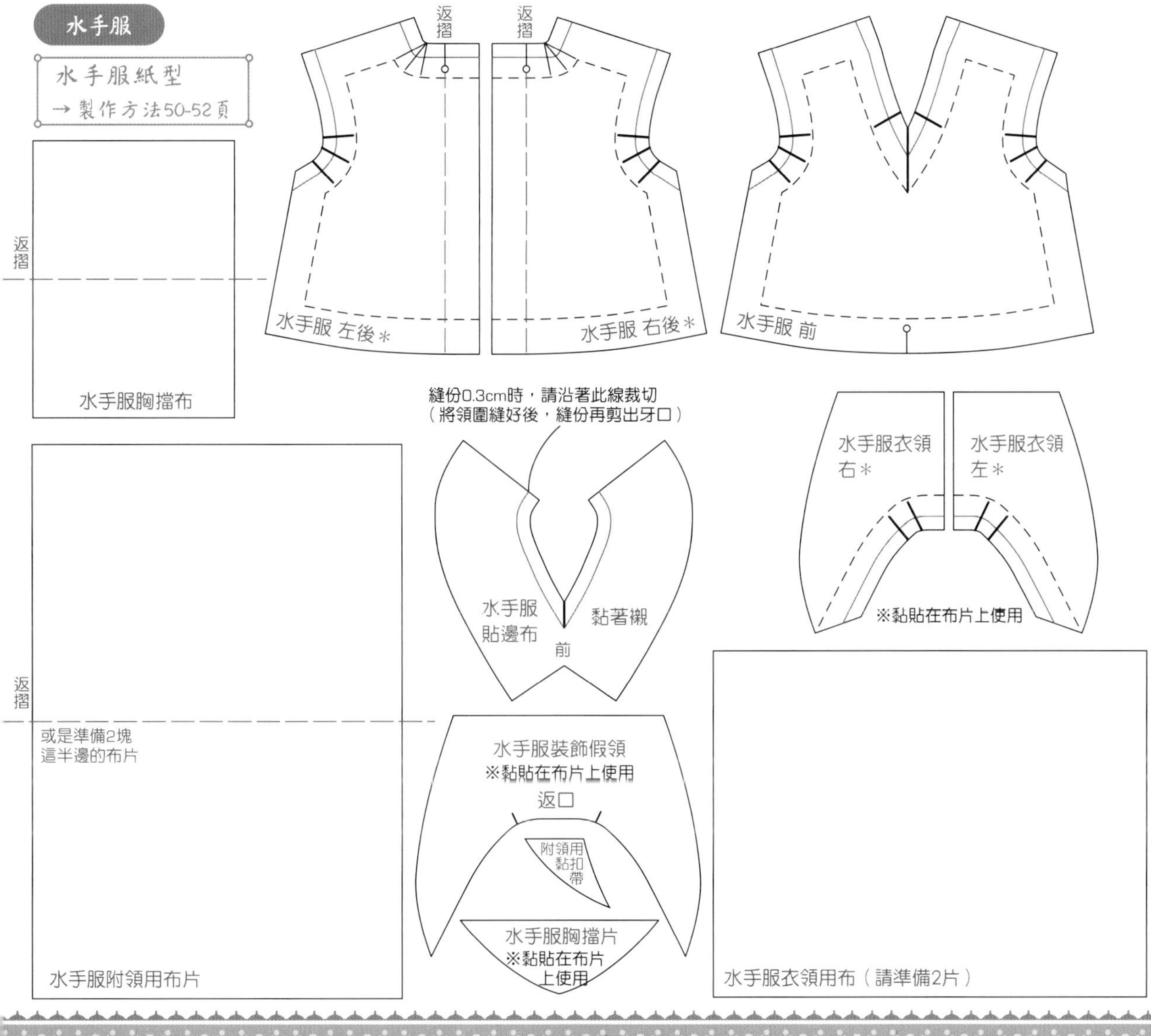
返摺
返摺
返摺
水手服 左後＊
水手服 右後＊
水手服 前
水手服胸擋布
縫份0.3cm時，請沿著此線裁切
（將領圍縫好後，縫份再剪出牙口）
水手服衣領
右＊
水手服衣領
左＊
水手服
貼邊布
黏著襯
前
※黏貼在布片上使用
返摺
或是準備2塊
這半邊的布片
水手服裝飾假領
※黏貼在布片上使用
返口
附領用
黏扣
帶
水手服胸擋片
※黏貼在布片
上使用
水手服附領用布片
水手服衣領用布（請準備2片）

※如果是左右相同或者只是左右翻轉的紙型會加上＊記號。

請複印後裁切下來使用吧！

罩衫

（領圍、袖襱的縫份以0.3cm為例進行解說）

請挑選自己喜歡的
設計的袖子吧！

→紙型47頁

1

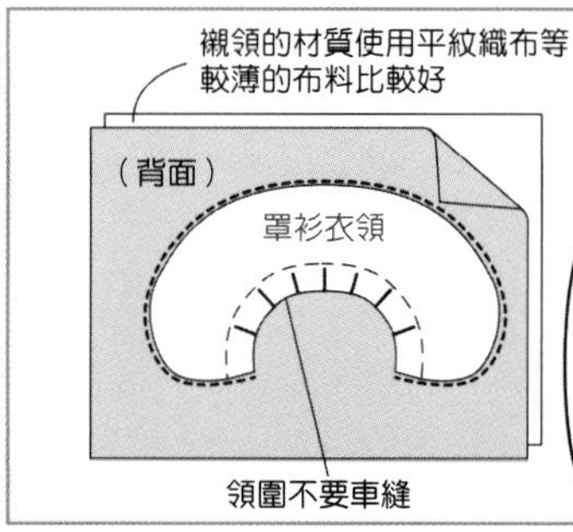
襯領的材質使用平紋織布等
較薄的布料比較好
（背面）
罩衫衣領
領圍不要車縫

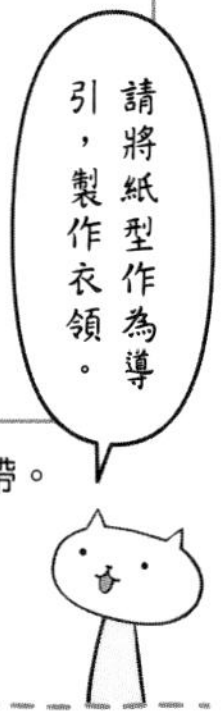
請將紙型作為導引，製作衣領。

在紙型的背面黏保護膠帶或是雙面膠帶。將衣領用布以正面相對的方式重疊，貼上紙型，再以此為導引進行車縫。

2

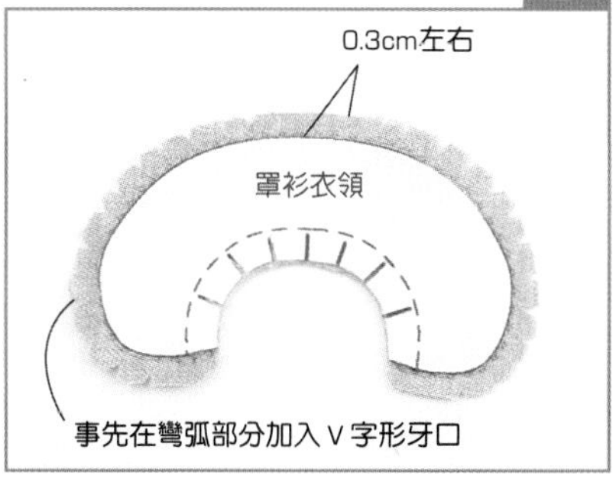
0.3cm左右
罩衫衣領
事先在彎弧部分加入V字形牙口

保留周圍的縫份0.3cm左右，然後裁切下來。領圍則是沿著紙型裁切即可。縫份要預先塗上防綻液。

3

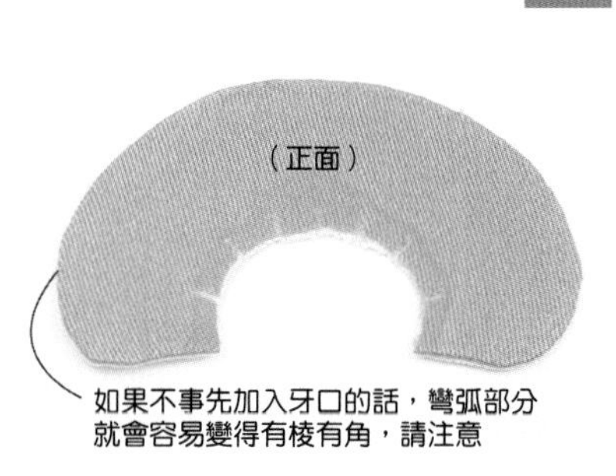
（正面）
如果不事先加入牙口的話，彎弧部分
就會容易變得有稜有角，請注意

翻回正面後，以熨斗整理形狀。

4

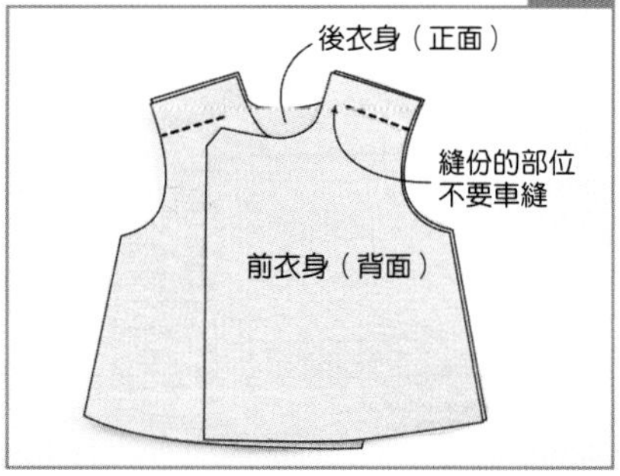
後衣身（正面）
縫份的部位
不要車縫
前衣身（背面）

將前後衣身以正面相對的方式重疊，車縫肩部。領圍側的縫份不要車縫（沒有車縫的部位可以代替牙口的作用）。

5

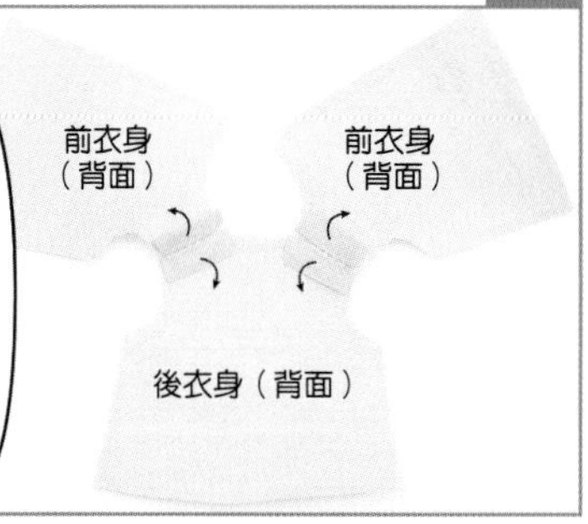
前衣身
（背面）
前衣身
（背面）
後衣身（背面）

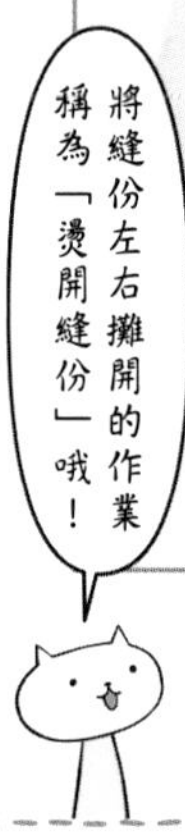
將縫份左右攤開的作業
稱為「燙開縫份」哦！

將肩部的縫份燙開。

6

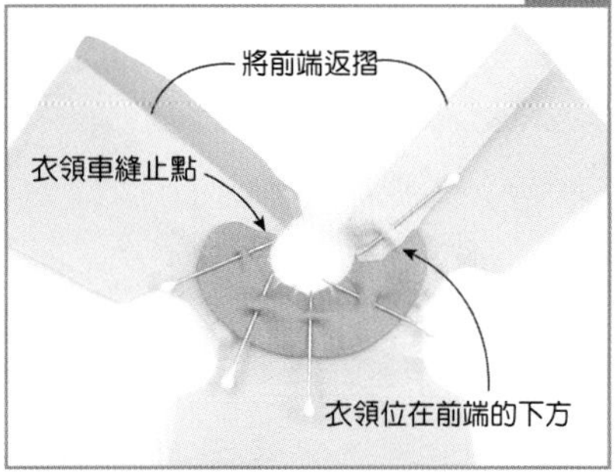
將前端返摺
衣領車縫止點
衣領位在前端的下方

將衣領置於衣身的正面，對齊領圍。衣領的邊緣與衣領車縫止點的位置對齊。

7

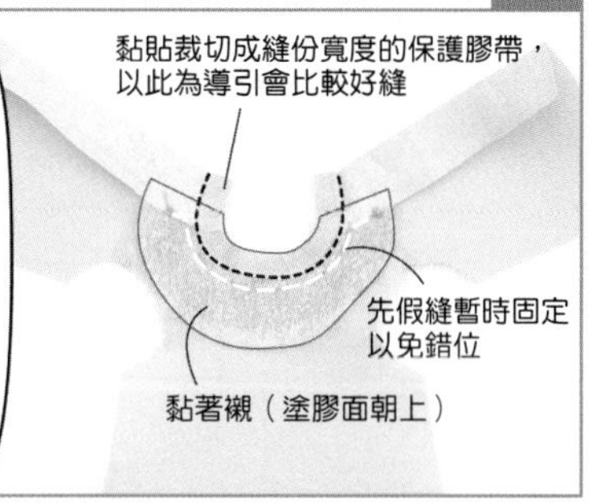
黏貼裁切成縫份寬度的保護膠帶，
以此為導引會比較好縫
先假縫暫時固定
以免錯位
黏著襯（塗膠面朝上）

撕下保護膠帶，並在
縫份加上牙口哦！

接下來要放置黏著襯並車縫。因為位置很容易錯開的關係，先以縫線在稍微外側的位置假縫固定較好作業。黏貼裁切成縫份寬度的保護膠帶，以此為導引即可縫得即正確又輕鬆。

8

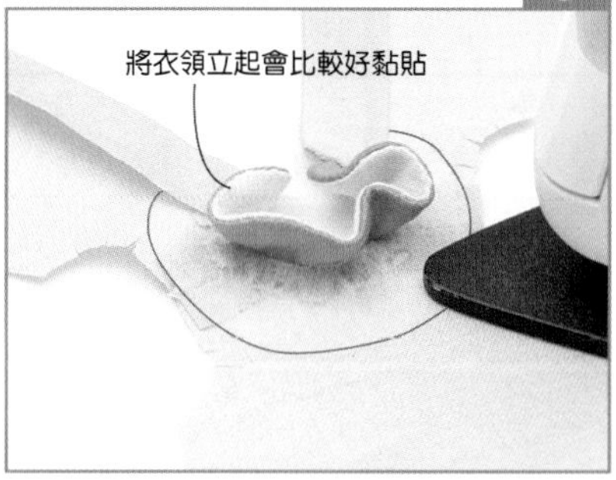
將衣領立起會比較好黏貼

在縫份加入牙口後，將黏著襯翻至背面，使用熨斗確實黏著固定（如果縫份為0.5cm時，請先裁切成0.3cm再翻回正面）。

9

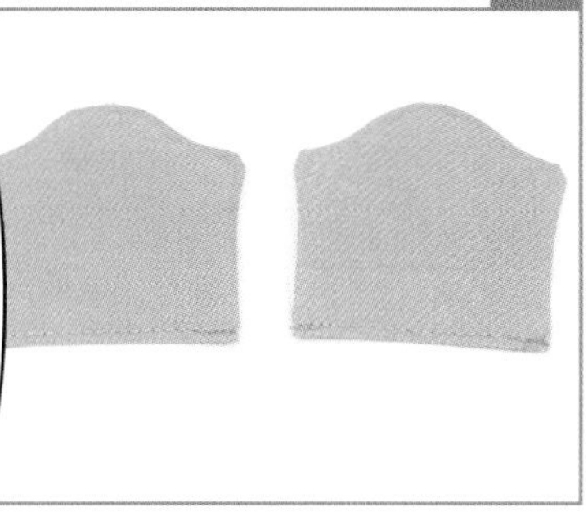

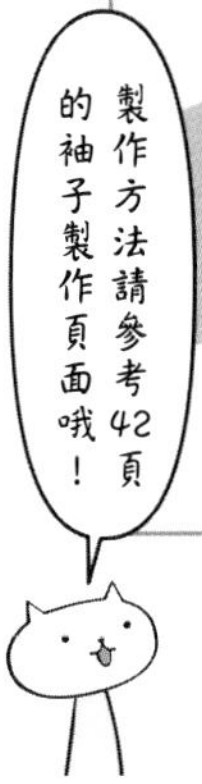
製作方法請參考42頁
的袖子製作頁面哦！

製作喜歡的袖子款式。
※為了方便各位觀看製作流程，因此以無碎褶設計的袖款進行解說。

有碎褶設計的袖款，請參考袖子車縫方式的解說頁面哦！

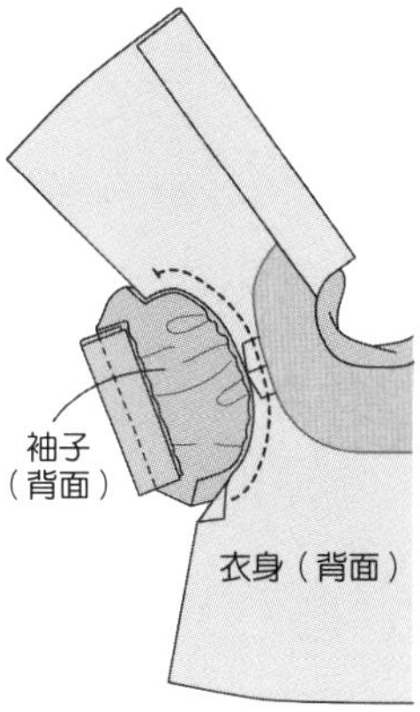
袖子（背面）
衣身（背面）

袖山有碎褶的設計時，先將袖子與衣身以正面相對的方式重疊後用待針固定，再拉緊縫線抽碎褶即可。

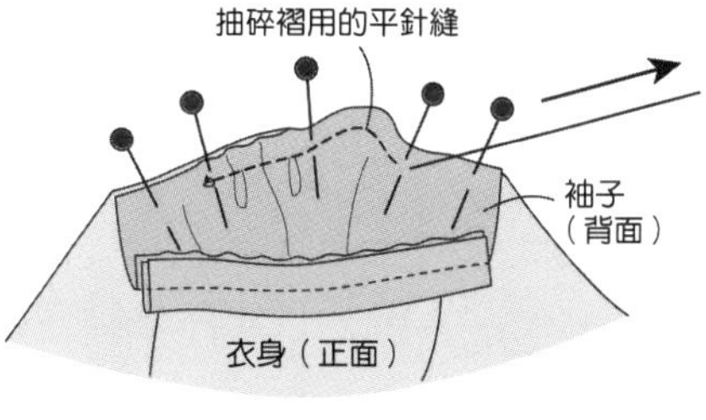
抽碎褶用的平針縫
袖子（背面）
衣身（正面）

10

如果覺得這樣不好作業的話，先車縫到邊緣，再加入脇邊的牙口也可以。

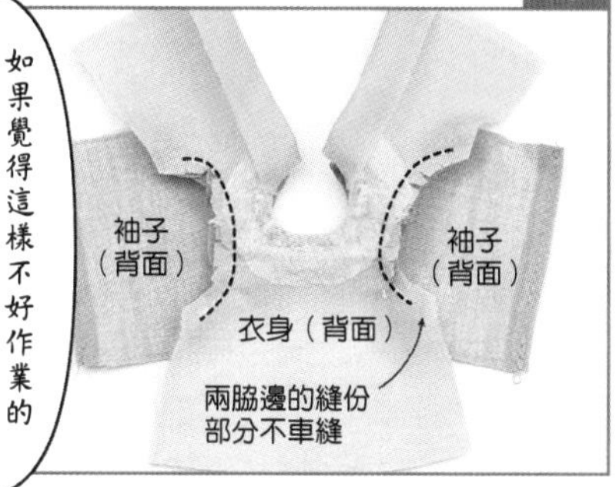
袖子（背面）
袖子（背面）
衣身（背面）
兩脇邊的縫份部分不車縫

將衣身與袖子正面相對重疊後車縫袖襱。兩端的縫份部位不車縫（沒有車縫的部位可以代替牙口，讓布片不容易起皺）。

11

將兩塊布片的正面與正面相互疊合的狀態稱為「正面相對」。

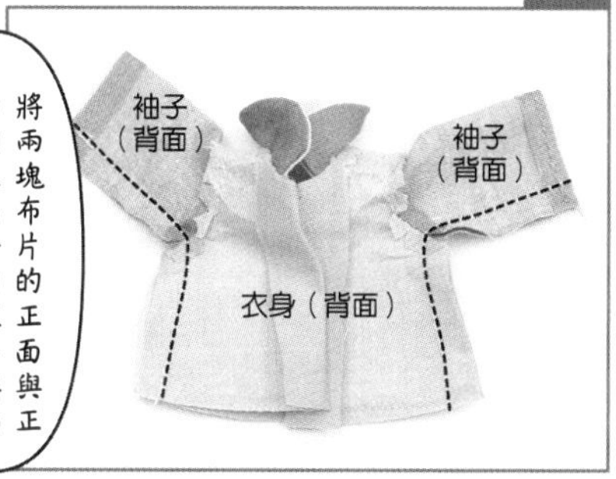
袖子（背面）
袖子（背面）
衣身（背面）

脇邊下方的縫份燙開，以正面相對的方式重疊後車縫袖下～脇邊。

12

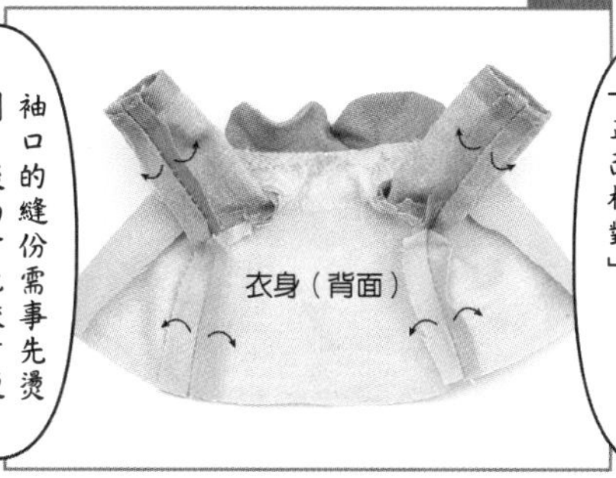
衣身（背面）

將袖下與脇邊的縫份燙開。

袖口的縫份需事先燙開，後面會比較方便穿在娃娃身上哦！

13

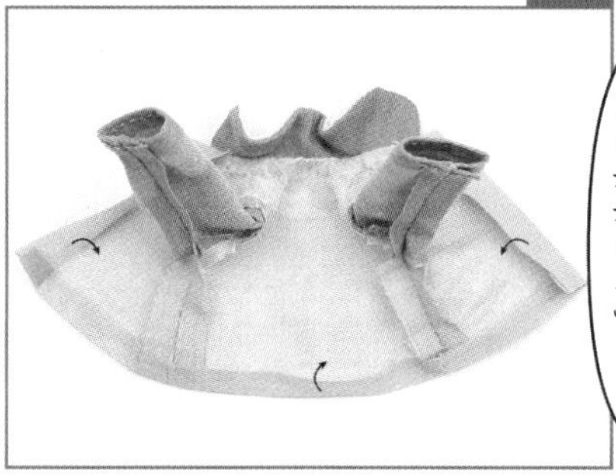

用熨斗燙摺前端與下襬。袖口的縫份保持張開的狀態，以接著劑黏著固定或者是車縫固定起來比較好。

14

使用接著劑將黏扣帶黏貼在衣身的前端。

15

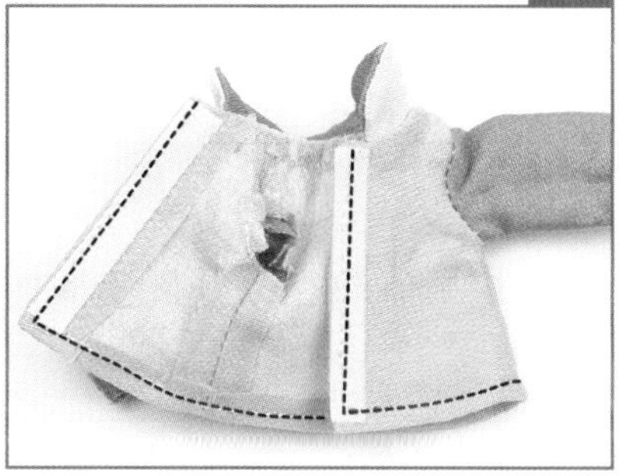

將前端～下襬邊緣車縫一圈。如果沒有縫紉機的話，也可以用接著劑將下襬黏貼起來。此時如果先從正面將黏扣帶以看不見縫線的方式手工縫合固定的話，會更不容易鬆脫。

16

也可以改用鈕釦或是熱壓飾釦哦！

罩衫完成了。

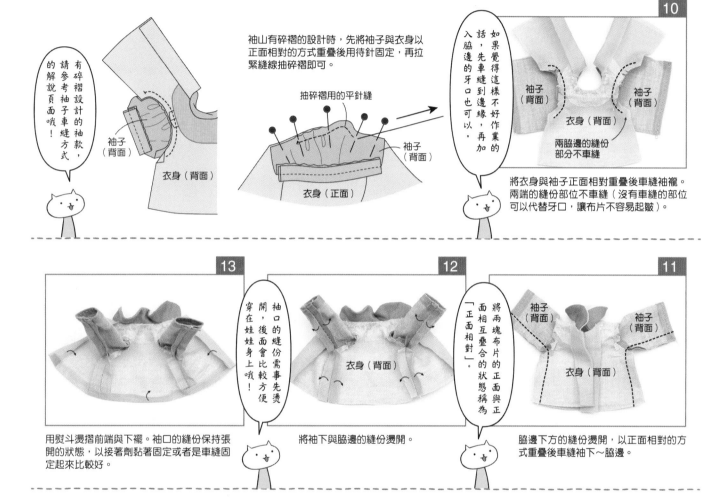

水手服

（領圍、袖襱的縫份以0.3cm為例進行解說）

請搭配加上自己喜歡的袖子款式吧！

這是衣領左右分割，後面有開口的水手服款式。

1 →紙型47頁

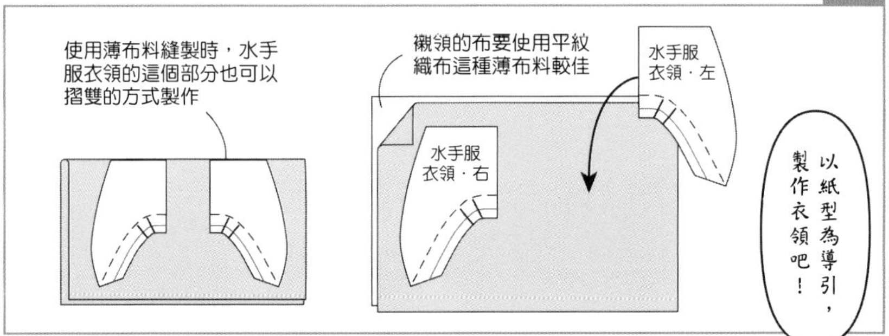

使用薄布料縫製時，水手服衣領的這個部分也可以摺雙的方式製作
襯領的布要使用平紋織布這種薄布料較佳
水手服衣領・左
水手服衣領・右

將表領、襯領用的布重疊，再將背面貼有雙面膠帶或保護膠帶的紙型黏貼在布片上。

以紙型為導引，製作衣領吧！

2

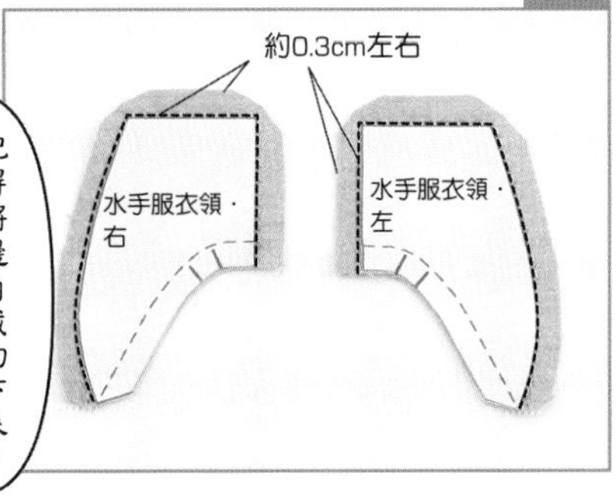

約0.3cm左右
水手服衣領・右
水手服衣領・左

衣領沿著紙型裁切，周圍的縫份則保留0.3cm左右裁切下來。領圍的縫份要預先塗上防綻液。

記得將邊角裁切下來，並在縫份加上牙口哦！

3

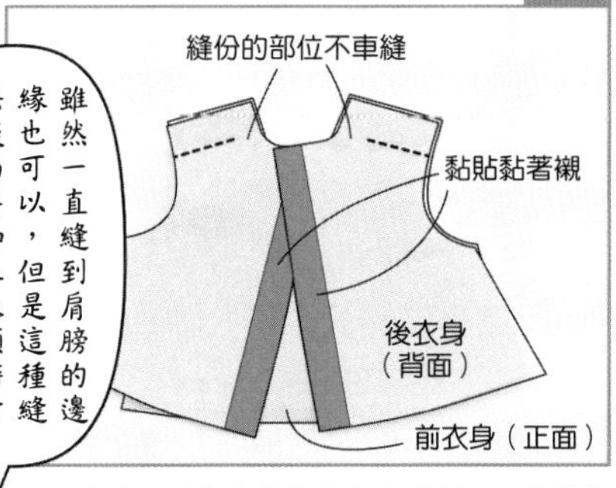

縫份的部位不車縫
黏貼黏著襯
後衣身（背面）
前衣身（正面）

在後面邊緣處的縫份黏上黏著襯。將前後衣身以正面相對的方式重疊，車縫肩部。領圍側的縫份不要車縫（沒有車縫的部位可以代替牙口的作用）。

雖然一直縫到肩膀的邊緣也可以，但是這種縫法後面要加上衣領時會比較輕鬆一點。

4

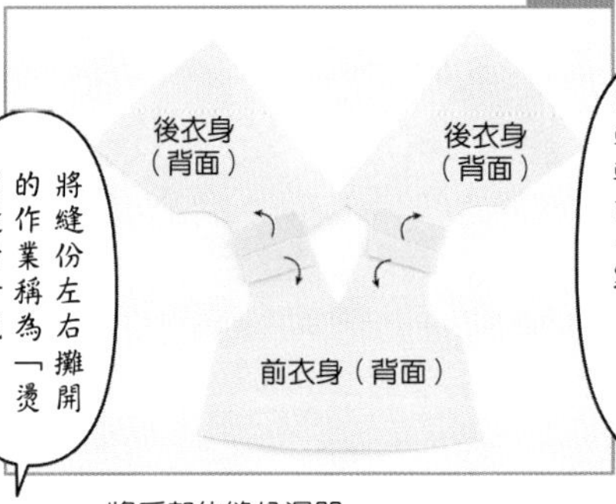

後衣身（背面）
後衣身（背面）
前衣身（背面）

將肩部的縫份燙開。

將縫份左右攤開的作業稱為「燙開縫份」哦！

5

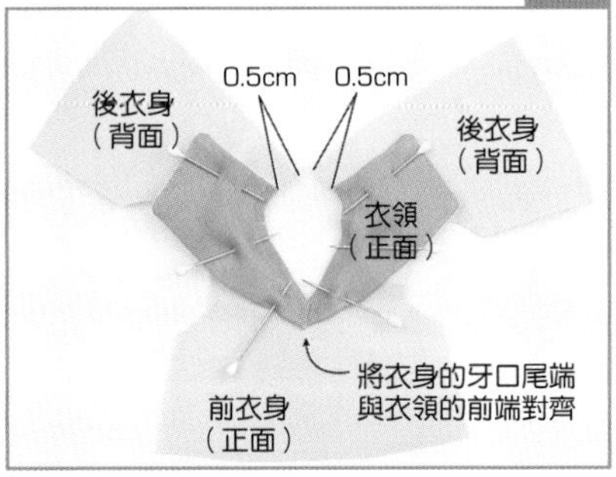

0.5cm
0.5cm
後衣身（背面）
後衣身（背面）
衣領（正面）
前衣身（正面）
將衣身的牙口尾端與衣領的前端對齊

讓表領那一側朝上，與衣身（正面）的領圍對齊。後面的邊緣處則是對齊0.5cm內側的位置。

6

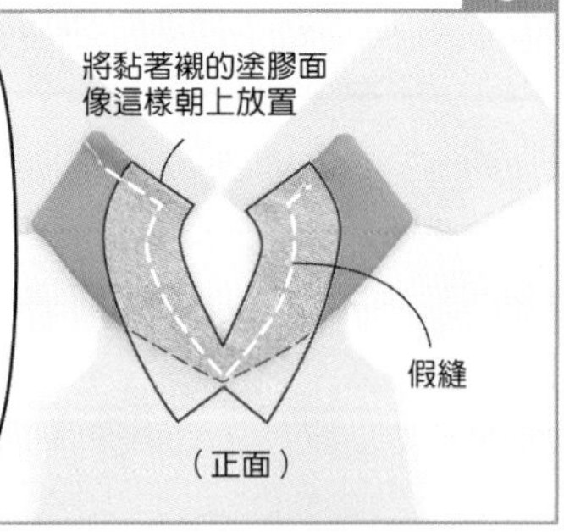

將黏著襯的塗膠面像這樣朝上放置
假縫
（正面）

將黏著襯的貼邊與領圍疊合在一起車縫。使用縫紉機車縫時，如果待針會造成妨礙的話，可以先用手縫暫時固定的方式來避免布片移動錯位。

在裁縫的術語中，將這種為了避免布片錯位而暫時固定的縫線稱為「假縫」。

7

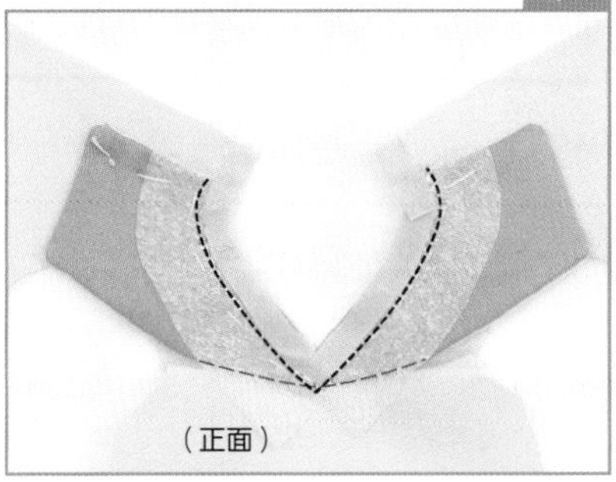

（正面）

車縫領圍。貼上裁切成縫份寬度的保護膠帶，以此為導引可以更容易正確地車縫。車縫完成後將保護膠帶撕下。

8

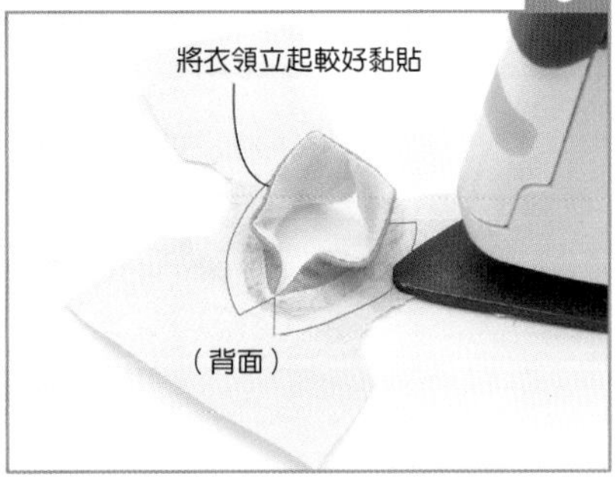

將衣領立起較好黏貼
（背面）

在縫份加上牙口後，把黏著襯翻至背面，用熨斗確實燙貼固定（縫份如果是0.5cm的話，先裁切成0.3cm再翻回正面）。

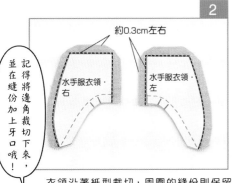

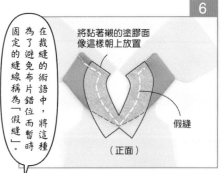

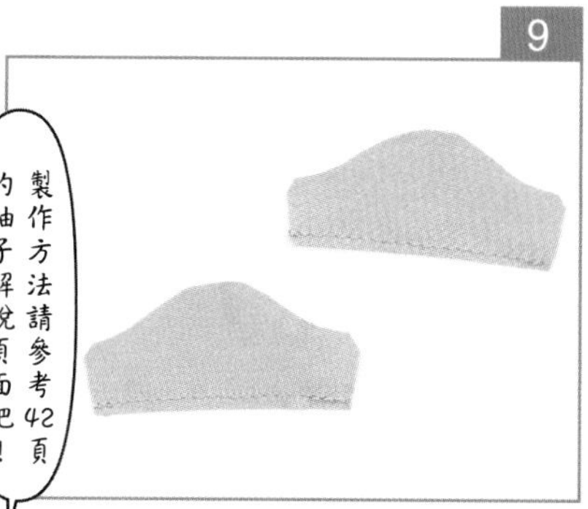

9

製作自己喜歡的袖子。
※這裡為了方便看清楚製作過程，選擇以無碎褶的袖款進行解說。

製作方法請參考42頁
的袖子解說頁面吧！

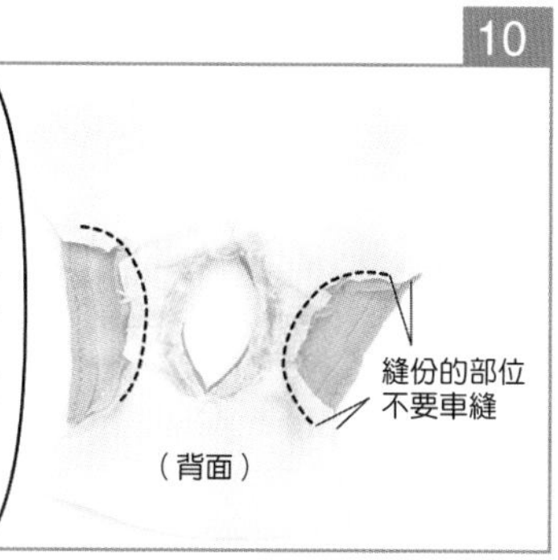
縫份的部位
不要車縫
（背面）

10

將衣身與袖子正面相對重疊在一起後，車縫袖襱。兩端的縫份部分不車縫（沒有車縫的部位可以代替牙口，讓布片不容易起皺）。

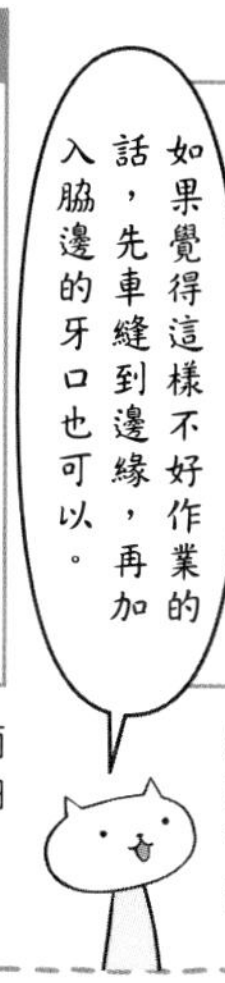
如果覺得這樣不好作業的
話，先車縫到邊緣，再加
入脇邊的牙口也可以。

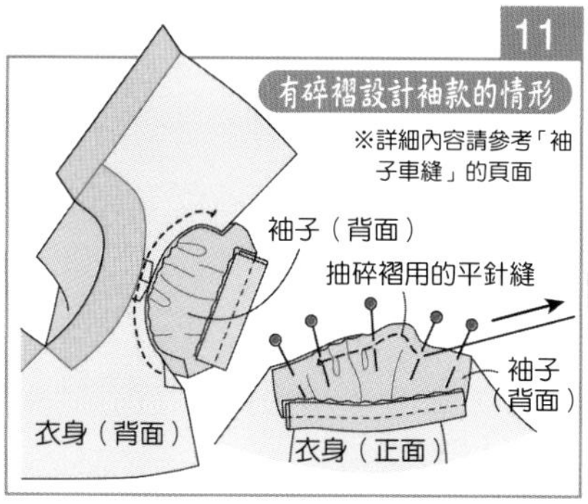
有碎褶設計袖款的情形
※詳細內容請參考「袖子車縫」的頁面
袖子（背面）
抽碎褶用的平針縫
袖子（背面）
衣身（背面）
衣身（正面）

11

袖山有碎褶的設計時，先將袖子與衣身以正面相對的方式重疊後用待針固定，再拉緊縫線抽碎褶即可。

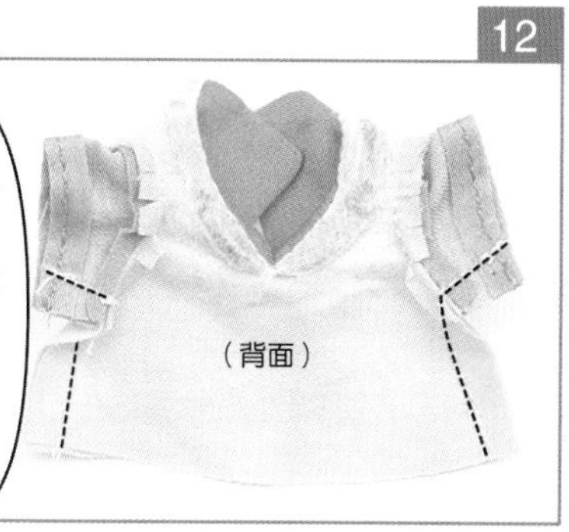
（背面）

12

將脇邊下方的縫份燙開，以正面相對的方式重疊後車縫袖下～脇邊。

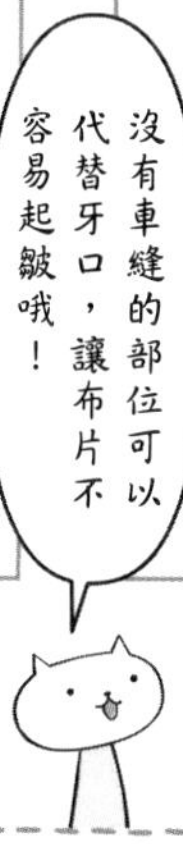
沒有車縫的部位可以
代替牙口，讓布片不
容易起皺哦！

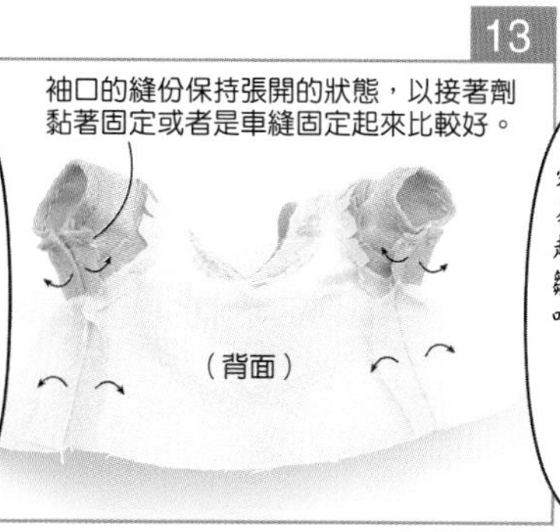
袖口的縫份保持張開的狀態，以接著劑黏著固定或者是車縫固定起來比較好。
（背面）

13

將袖下與脇邊的縫份燙開。

將縫份確實燙開，比較
容易穿在娃娃身上哦！

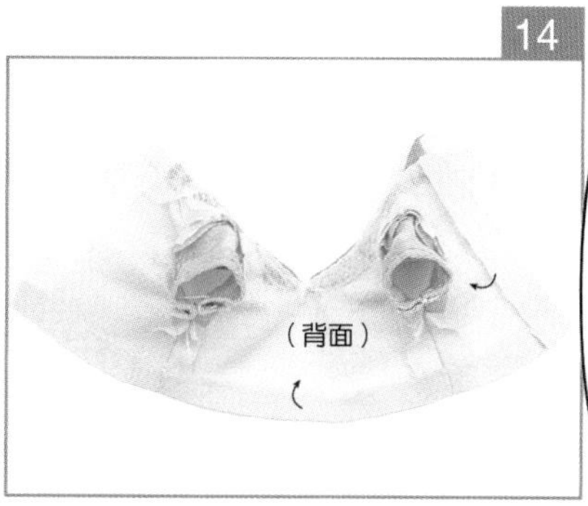
（背面）

14

用熨斗燙摺右衣身的後面邊緣處與下襬。袖口的縫份保持張開的狀態，以接著劑黏著固定或者是車縫固定起來即可。

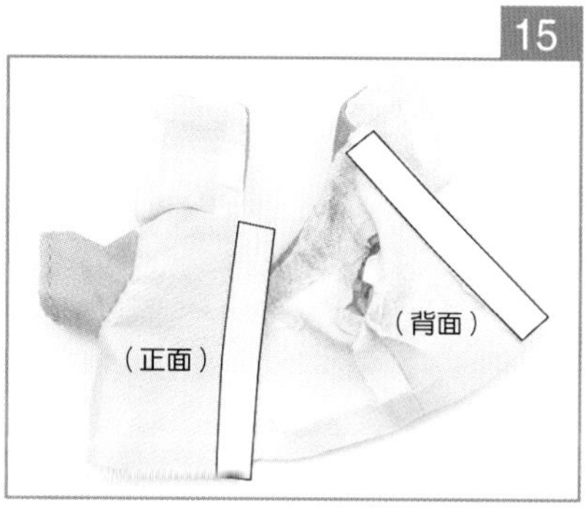
（正面）
（背面）

15

用接著劑將裁切成0.5cm寬的黏扣帶貼在後面的邊緣處。

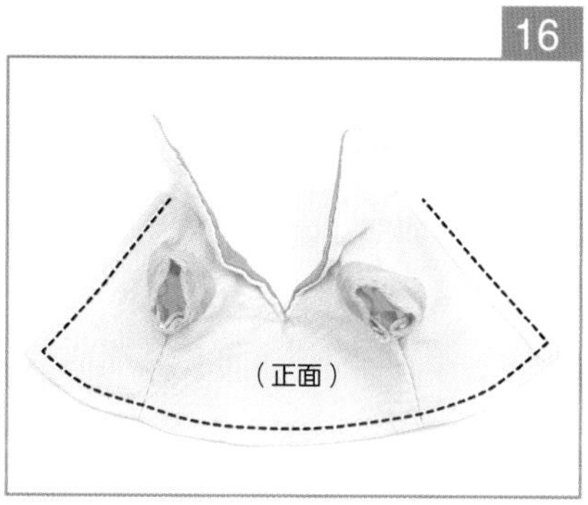
（正面）

16

將後面的邊緣處、下襬邊緣車縫一圈。如果是用手縫的話，也可以用接著劑將黏扣帶黏貼起來。若先從正面以看不見縫線的方式手工縫合固定的話，會更不容易鬆脫。

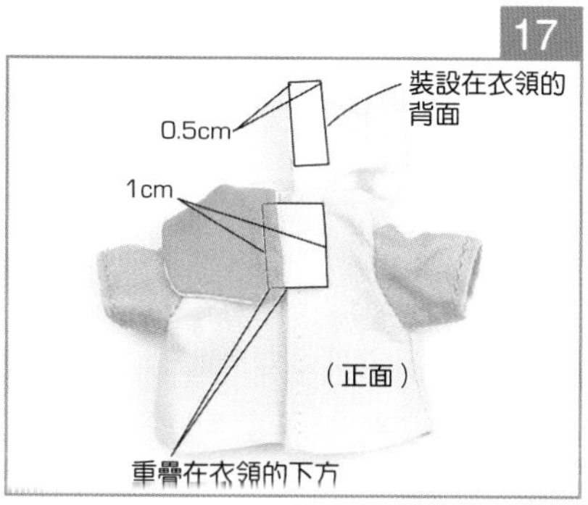
0.5cm
裝設在衣領的背面
1cm
（正面）
重疊在衣領的下方

17

翻開右衣領，裝上一條裁切成0.5cm寬的黏扣帶。左衣領則將裁切成1cm寬的黏扣帶重疊在衣領下方。若先從正面以看不見縫線的方式手工縫合固定黏扣帶的話，會更不容易鬆脫。

應用設計

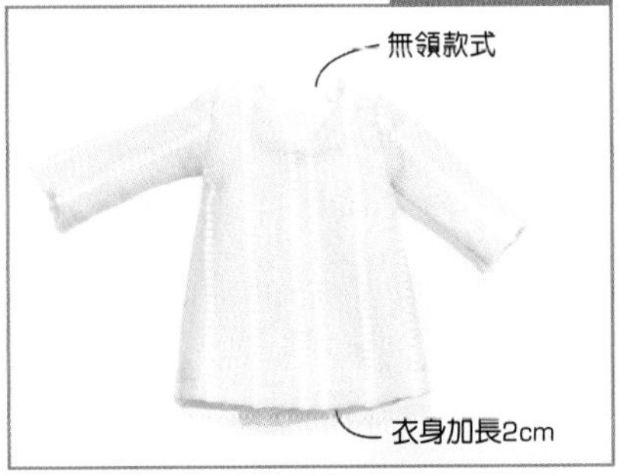
無領款式
衣身加長2cm

以針織布料應用設計成長版裙衣。

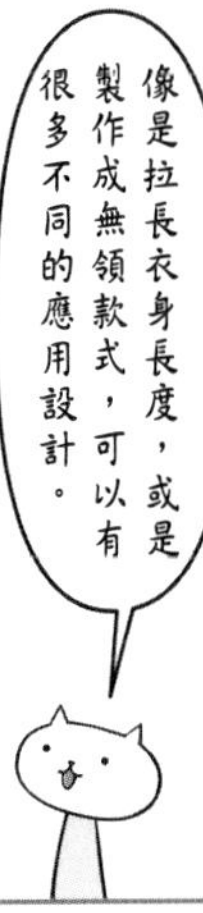
像是拉長衣身長度，或是
製作成無領款式，可以有
很多不同的應用設計。

水手服
胸擋片

也可以安裝下面要介紹的裝飾假領用胸擋片。

18

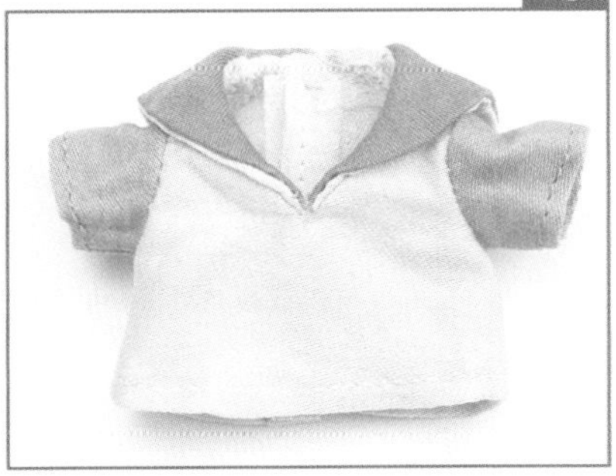

水手服完成了。

裝飾假領的水手領

1

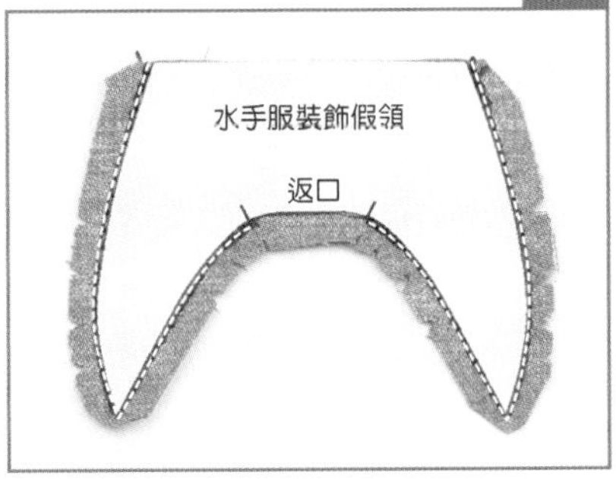
水手服裝飾假領
返口

除了返口部位不縫外，將衣領周圍車縫起來。周圍保留至0.3cm寬的縫份裁切下來。在彎弧部位剪出牙口，翻回正面後，綠縫返口。

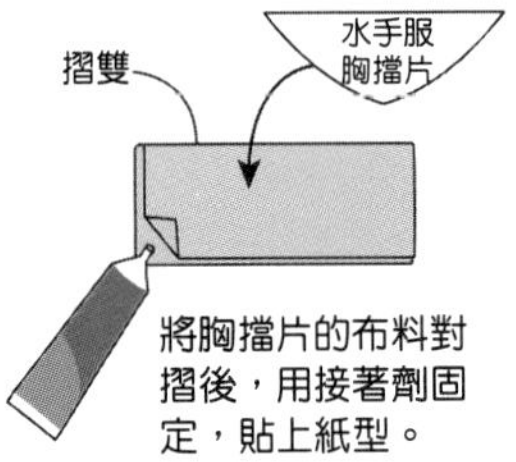
摺雙
水手服
胸擋片

將胸擋片的布料對摺後，用接著劑固定，貼上紙型。

將布料以正面相對的方式對摺，然後再將背面貼著保護膠帶或雙面膠帶的紙型黏貼在布上。

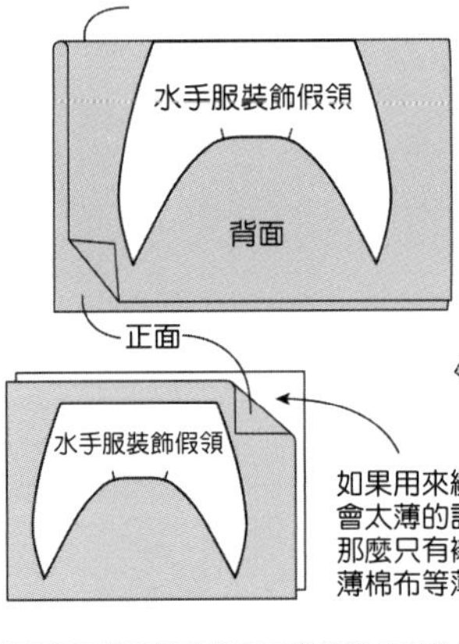
水手服裝飾假領
背面
正面
水手服裝飾假領

如果用來縫製的布料不會太薄的話，那麼只有襯領使用平織薄棉布等薄布料即可。

這是可以單獨拆下
來的水手領。

2

依照紙型的形狀將胸擋片裁下來，並塗抹防綻液。

3

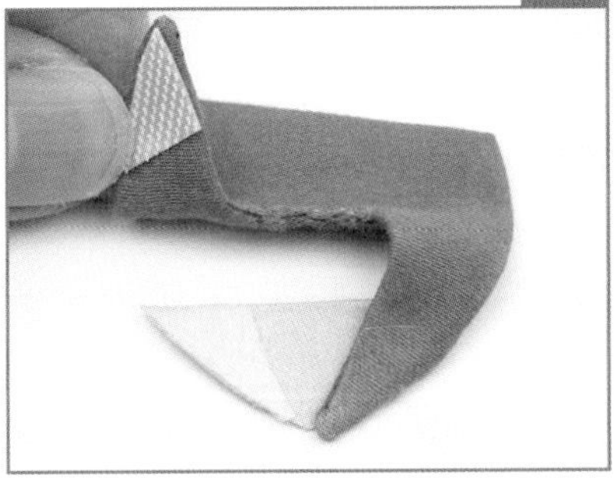

將胸擋片的其中一側黏貼在衣領的內側，並在另一側裝上黏扣帶。

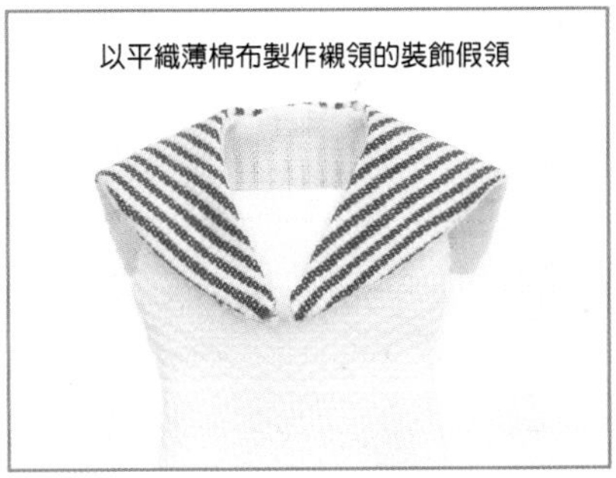
以平織薄棉布製作襯領的裝飾假領

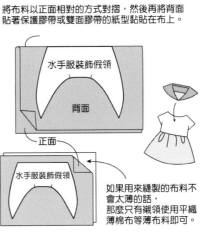

Chapter 7.

褲子·緊身內搭褲

— PANTS / LEGGINGS —

原寸大

褲子・緊身內搭褲

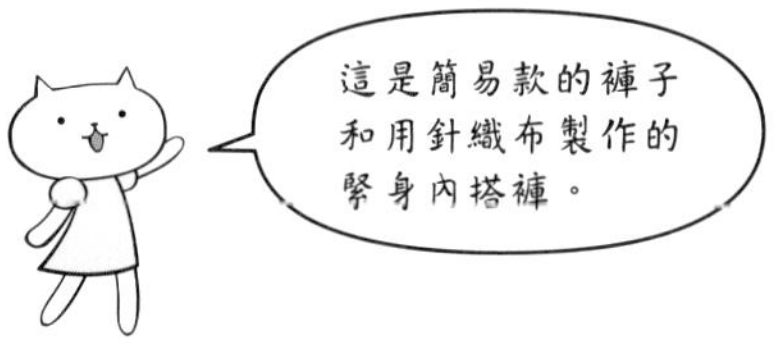
這是簡易款的褲子
和用針織布製作的
緊身內搭褲。

→紙型56頁

1

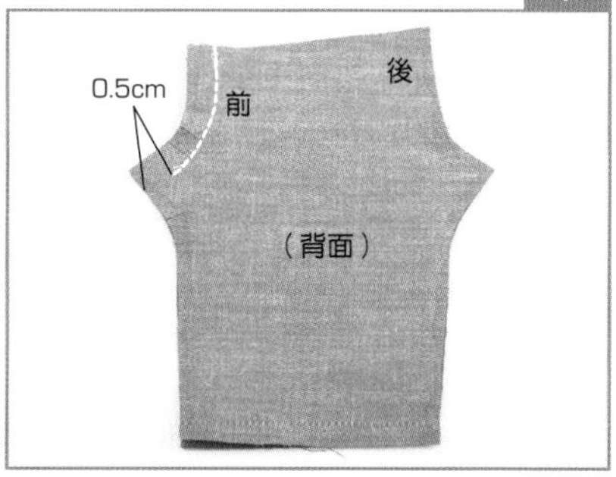
0.5cm
前
後
（背面）

將左右的布片以正面朝向內側的方式重疊，只車縫前中心，下方0.5cm不縫（沒有車縫的部位可以代替牙口，讓布片翻回正面時不容易起皺）。

2

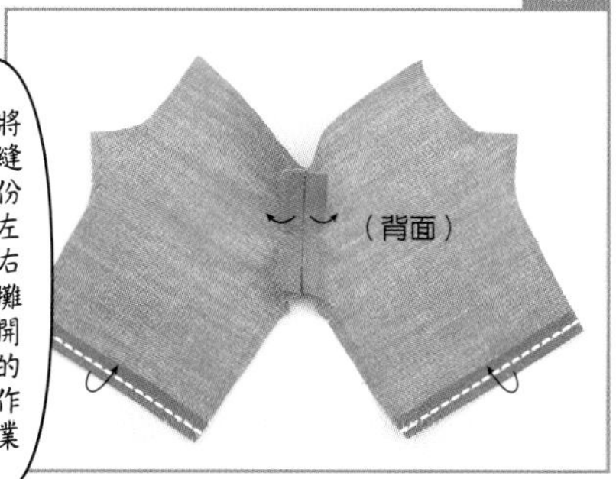
（背面）

將前中心的縫份燙開。下襬摺起來車縫。

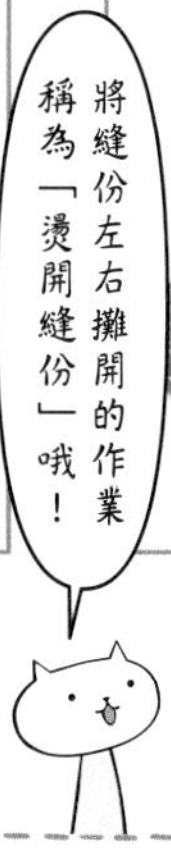
將縫份左右攤開的作業
稱為「燙開縫份」哦！

3

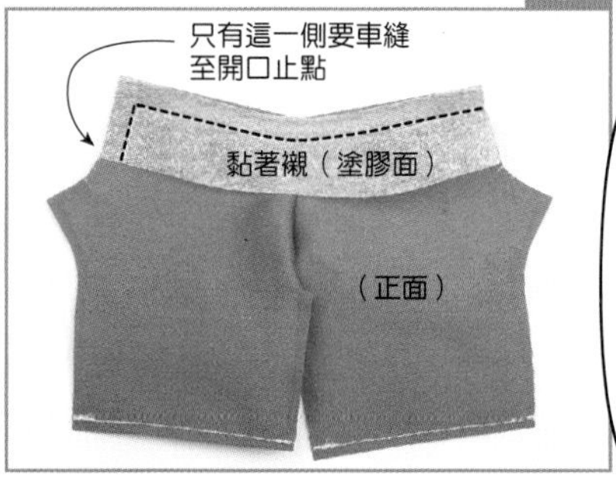
只有這一側要車縫
至開口止點
黏著襯（塗膠面）
（正面）

將黏著襯放在褲子的上半部（正面），將腰圍線～其中一側的後中心車縫至開口止點。

4

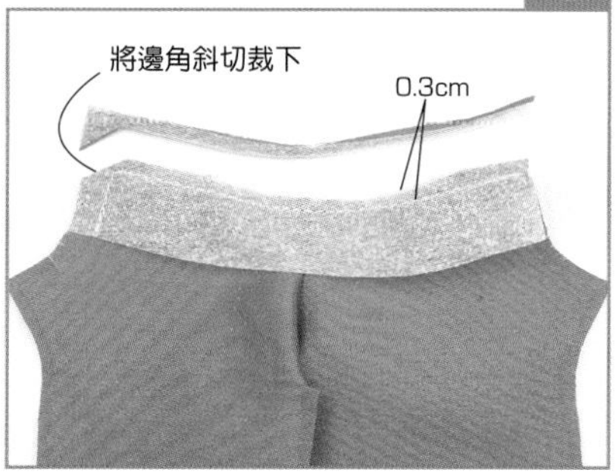
將邊角斜切裁下
0.3cm

上半部的縫份裁切成0.3cm寬。

5

如果能稍微看到一點點表布的話就更好了
（背面）

將黏著襯翻至內側，再以熨斗燙貼固定。

6

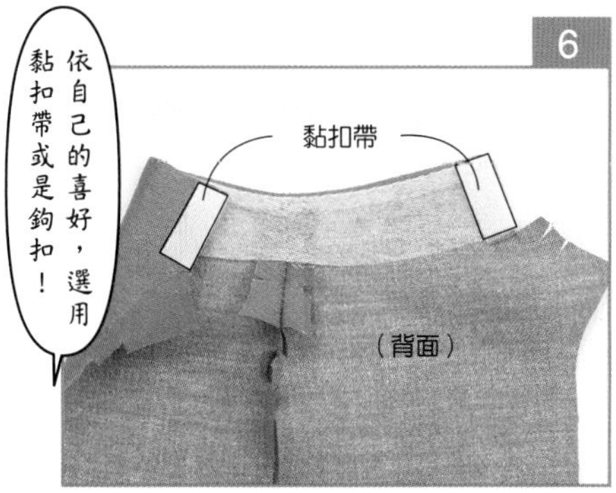
依自己的喜好，選用
黏扣帶或是鉤扣！
黏扣帶
（背面）

在左右的後側邊緣加上黏扣帶。如果不使用黏扣帶，也可以最後再加上服飾鉤扣及線圈。

7

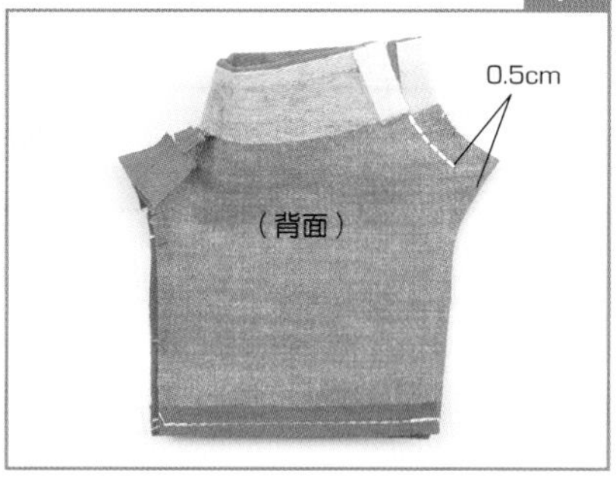
0.5cm
（背面）

後中心車縫至開口止點，下方0.5cm不縫（沒有車縫的部位可以代替牙口，讓布片翻回正面時不容易起皺）。

8

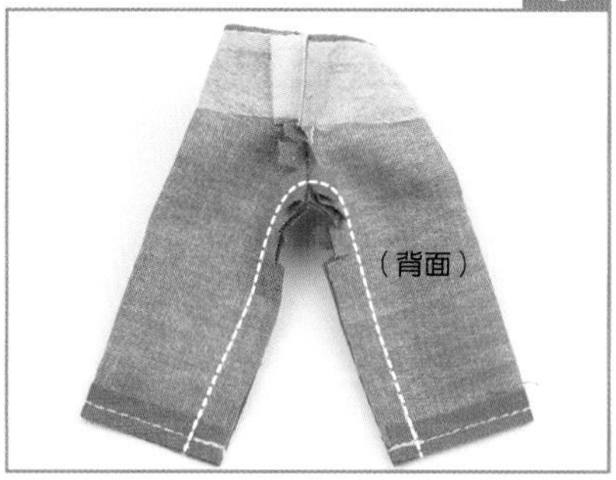
（背面）

將褲襠的縫份燙開並車縫股下，然後翻回正面。

9

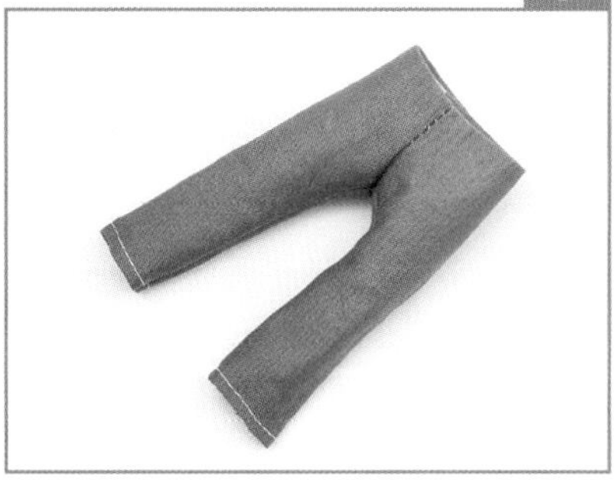

褲子完成了。
※以身高調整套件將腳長延伸時，褲長大約會變成到腳踝左右的長度。

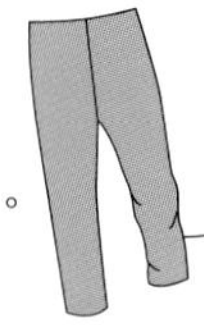
穿在娃娃身上會呈現稍微
壓擠的長度。
使用身高調整套件，
就會變成剛好的長度。

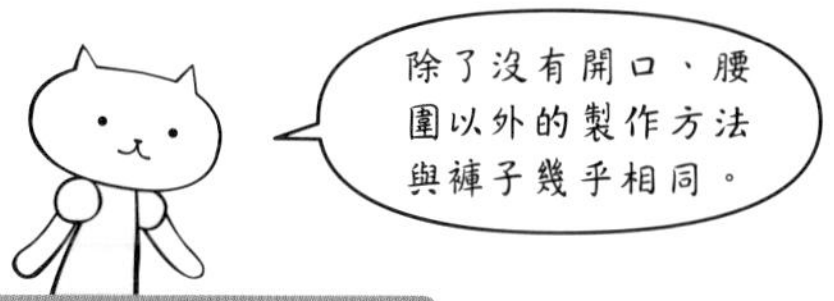
除了沒有開口、腰圍以外的製作方法與褲子幾乎相同。

使用針織布料製作的緊身內搭褲

1

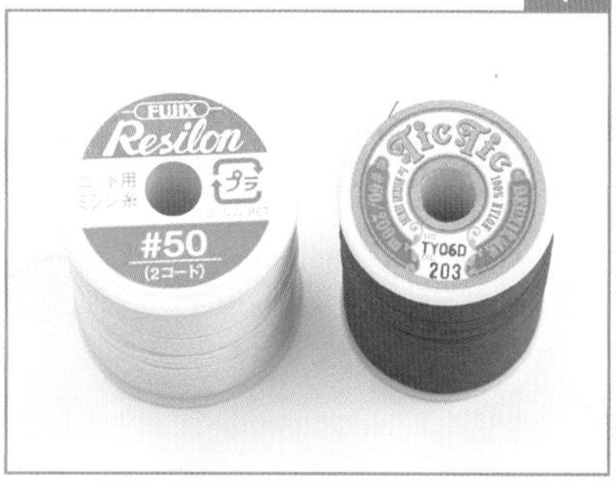
Resilon
#50
TY06D
203

以針織布料製作時，請使用針織布料專用的縫線。

2

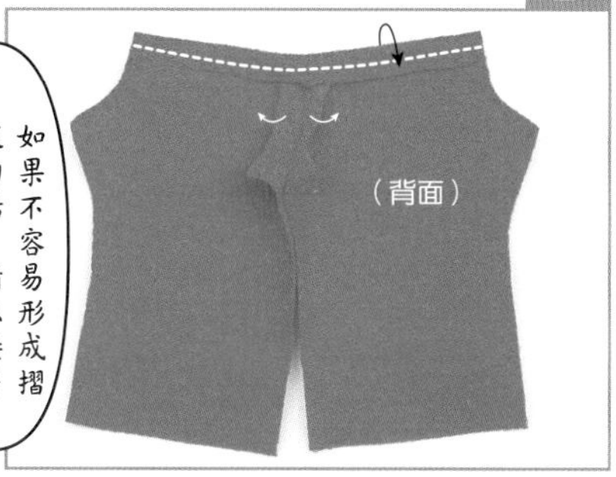
（背面）

車縫前中心，將縫份燙開（下方0.5cm不縫）。下襬縫好後，再將腰圍部位摺向內側後並車縫固定。

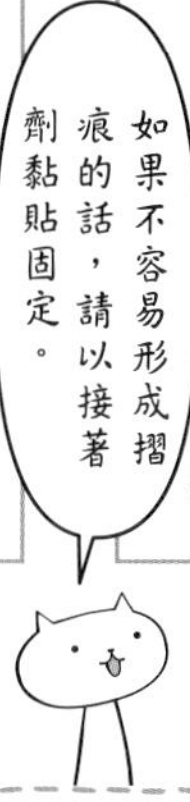
如果不容易形成摺痕的話，請以接著劑黏貼固定。

3

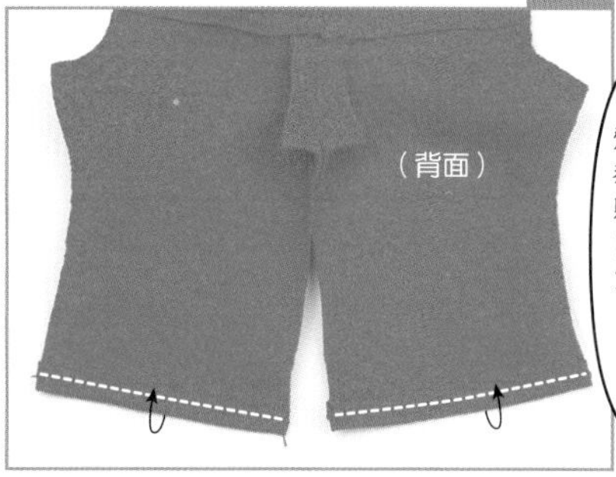
（背面）

將下襬摺起來車縫。

4

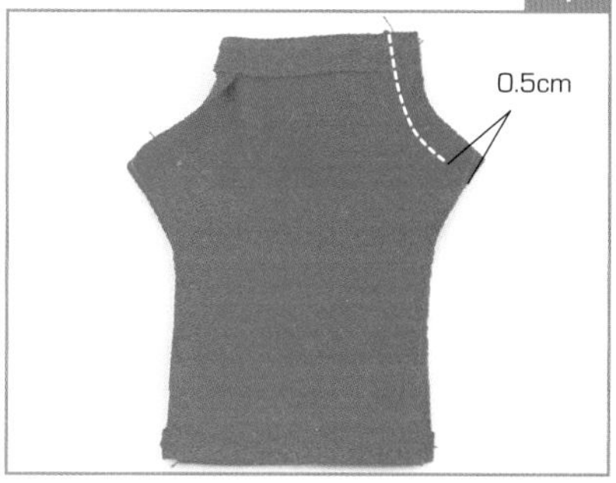
0.5cm

車縫後中心，下方0.5cm不縫。

5

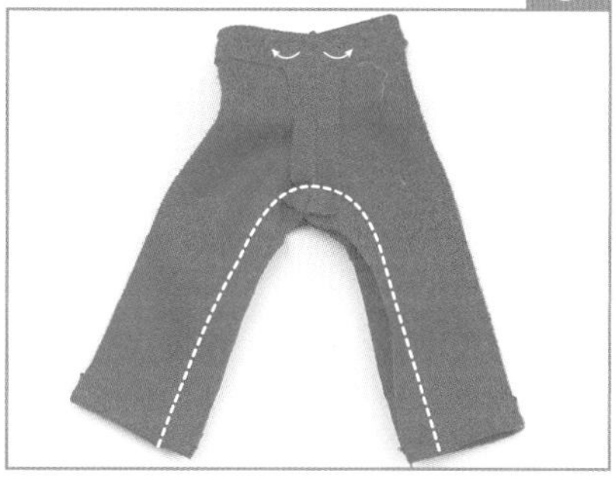

將股下車縫後，翻回正面。腰圍的縫份可以燙開後縫在縫份上，或是以接著劑黏貼固定。

6

緊身內搭褲完成了。

與「荒木佐和子の紙型教科書3：「OBITSU 11」11cm 尺寸の男娃服飾」中刊載的「簡易款褲子」相較之下，這次介紹的褲子特徵是整體外形呈現修長的輪廓。而且為了要讓腰圍的製作更簡潔，因此設計成不需要穿入鬆緊帶的版型。

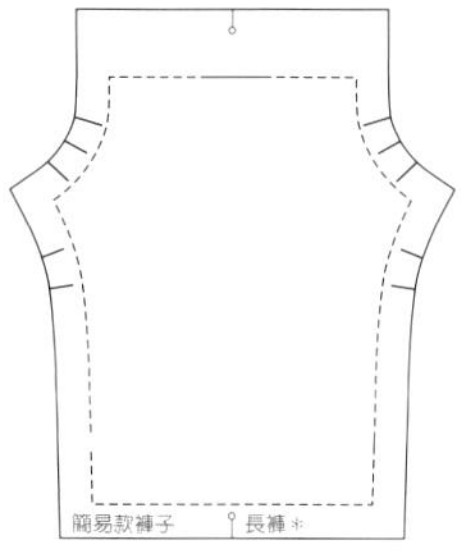
簡易款褲子
長褲

「簡易款褲子」（男娃服飾）

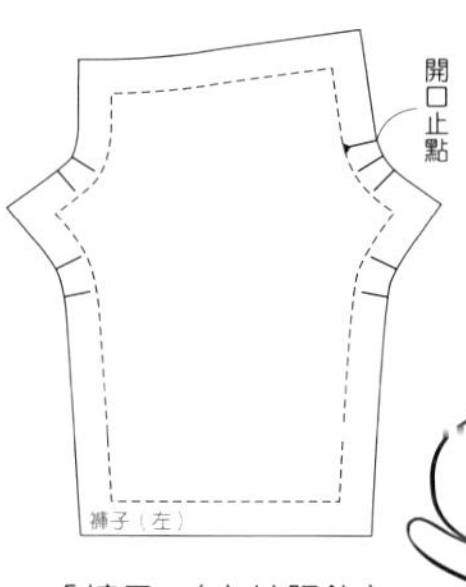
開口止點
褲子（左）

「褲子」（女娃服飾）

褲子長度的比較

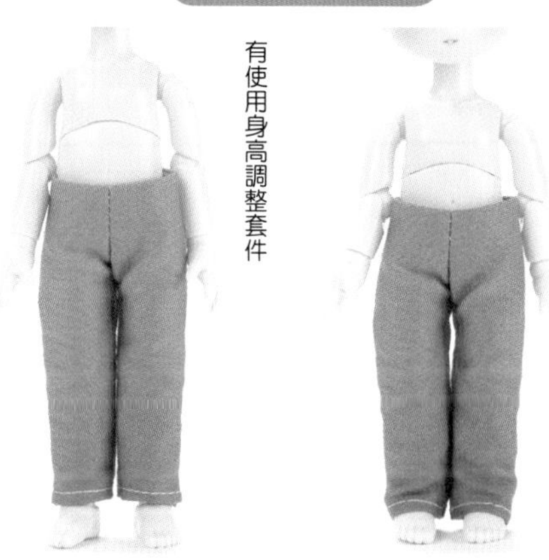
不使用身高調整套件
有使用身高調整套件

請複印後裁切下來使用吧！

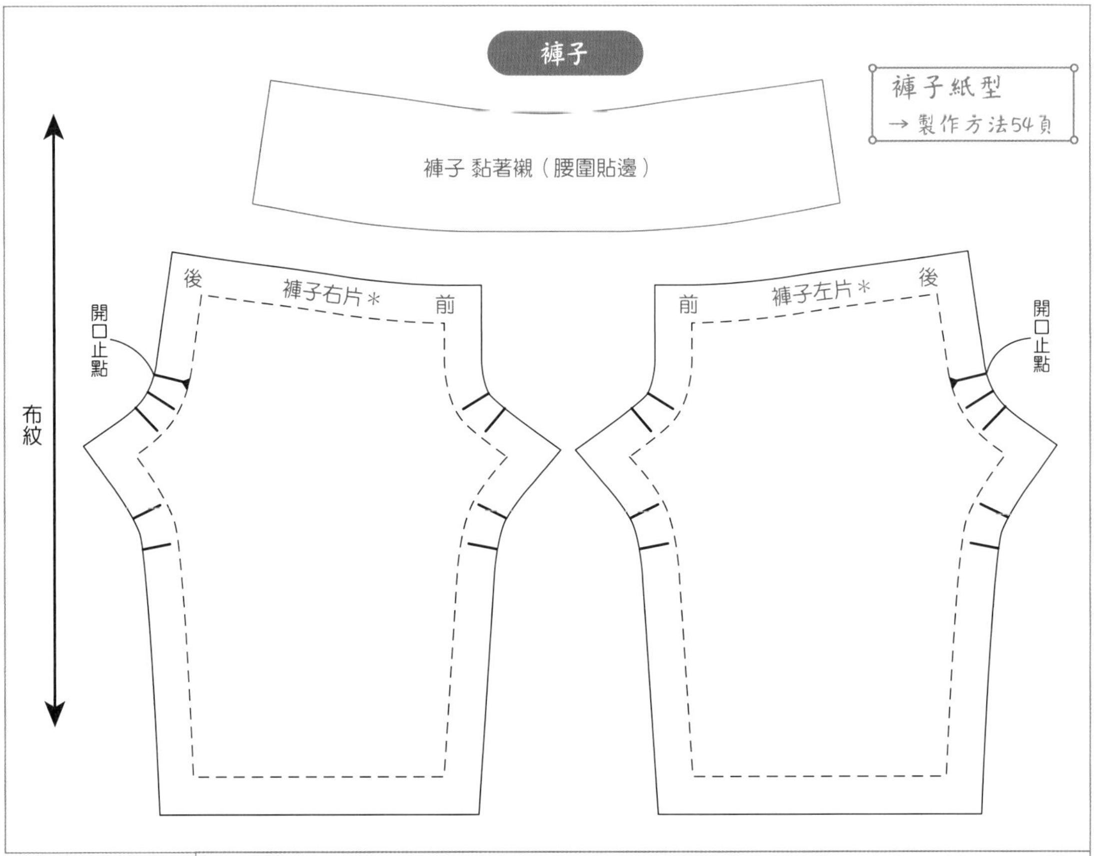
褲子
褲子紙型
→製作方法54頁
褲子 黏著襯（腰圍貼邊）
布紋
後
褲子右片＊
前
開口止點
前
褲子左片＊
後
開口止點

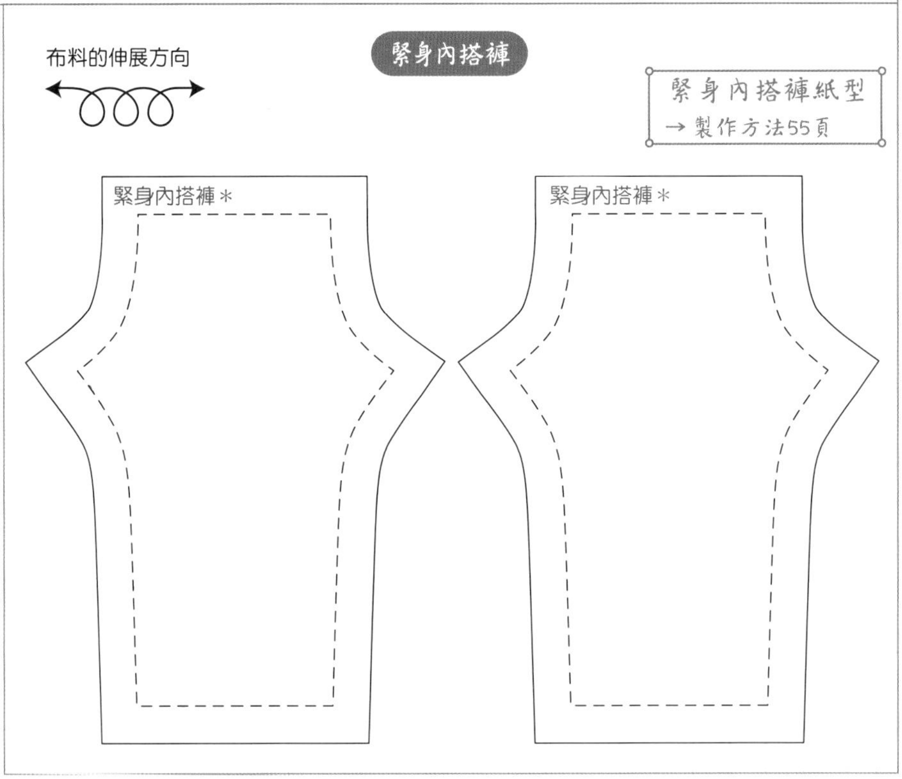
布料的伸展方向
緊身內搭褲
緊身內搭褲紙型
→製作方法55頁
緊身內搭褲＊
緊身內搭褲＊

這是穿在身高調整套件模特兒身上的感覺。雖然褲長稍微短，但只要穿上鞋子後就看不出來了，也說不定。

模特兒：OB E03「SIMPU」
假髮：側長短髮（古典米色）

※如果是左右相同或者只是左右翻轉的紙型會加上＊記號。

Chapter 8.

泳衣·絲襪

— SWIMSUIT / TIGHTS —

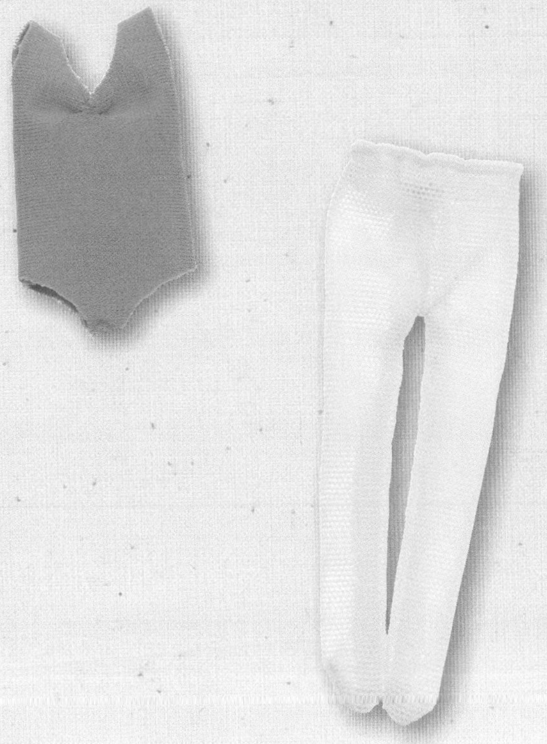

原寸大

泳衣

（這裡是是以縫份寬度0.3cm為例進行解說）

如果將衣服分割的話，也可以製作成運動背心和短褲。

→紙型61頁

1

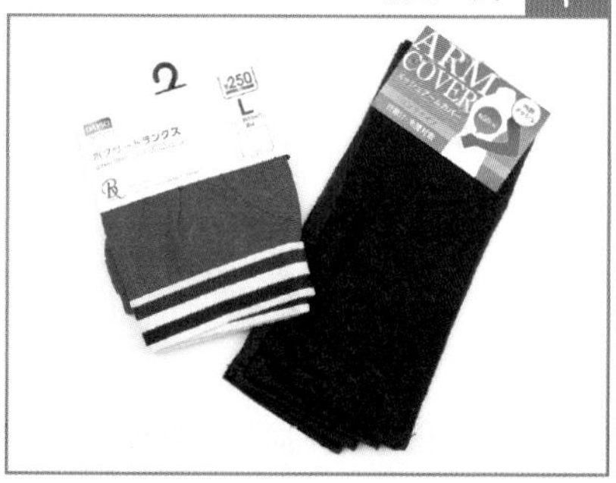
ARM COVER

準備一塊厚的針織布料。若實在找不到的話，可以拿市面上銷售的袖套之類的產品代用。

2

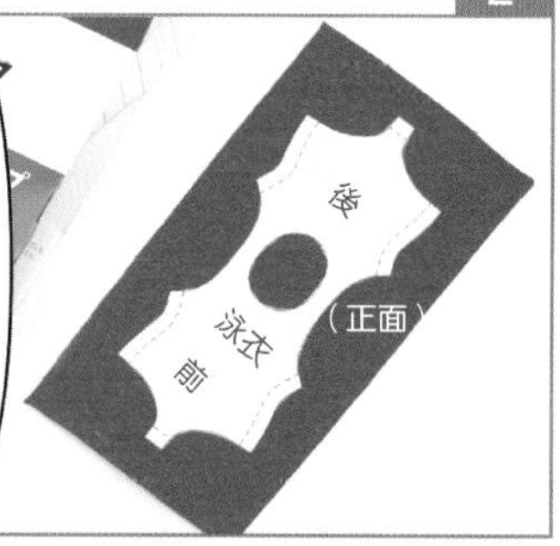
後
泳衣
前
（正面）

將紙面的背面貼滿雙面膠帶，製作成紙型貼紙，然後黏貼在針織布料的正面。

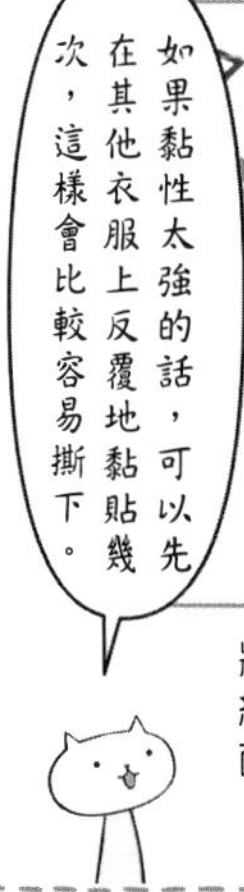
如果黏性太強的話，可以先在其他衣服上反覆地黏貼幾次，這樣會比較容易撕下。

3

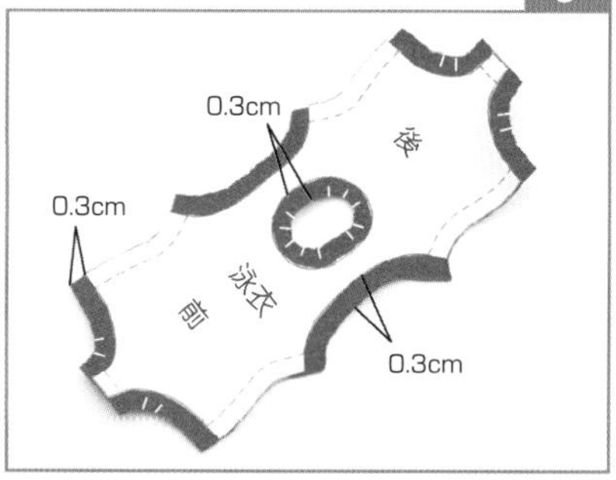
0.3cm
0.3cm
後
泳衣
前
0.3cm

脇邊與襠依照紙型裁剪，袖襱、領圍、股圍裁剪時則保留0.3cm寬的縫份，彎弧縫份要剪出縫份寬度一半的牙口。

4

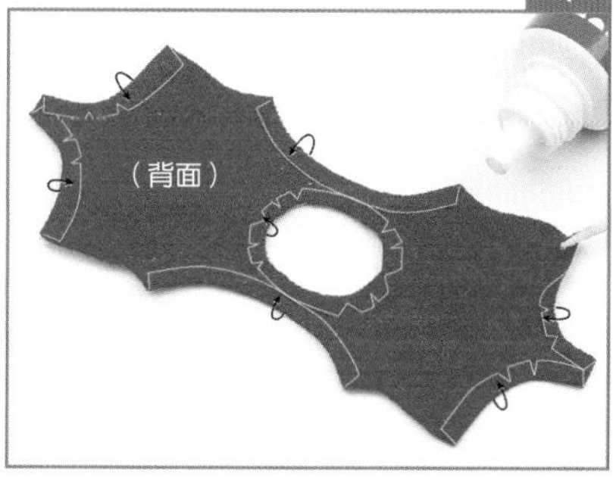
（背面）

翻至背面，以黏貼在布上的紙型為導引，將袖襱、領圍、股圍的縫份摺起來，以接著劑黏著固定（接著劑如果塗抹過多會滲至正面，請多加注意）。

5

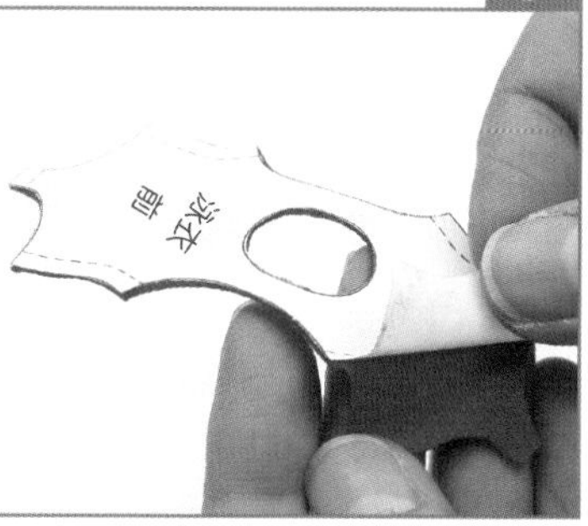
泳衣
前

確認接著牢固之後，將紙型緩緩地撕下。有些布料素材需要搭配特定的接著劑才能黏貼牢固，建議先試著黏貼看看確認一下較佳。

接著劑完全乾燥後將紙型撕下。

6

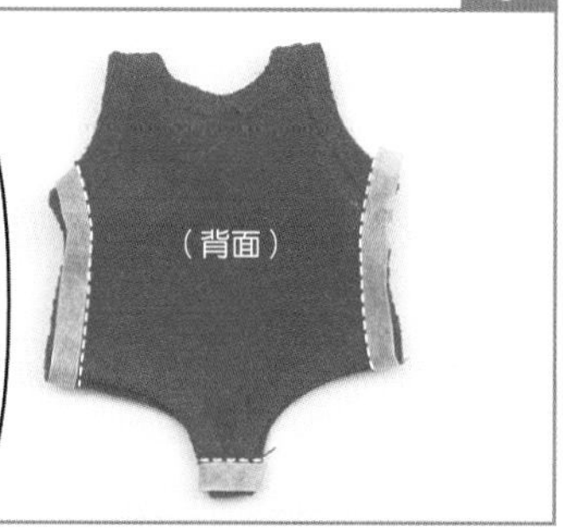
（背面）

以正面相對的方式疊合後，將脇邊與襠車縫（手縫的話請使用回針縫）此時若黏貼裁剪成縫份寬度的保護膠帶當作車縫時的導引，作業起來會更輕鬆。

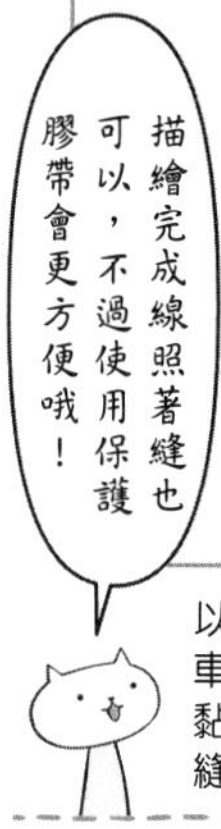
描繪完成線照著縫也可以，不過使用保護膠帶會更方便哦！

7

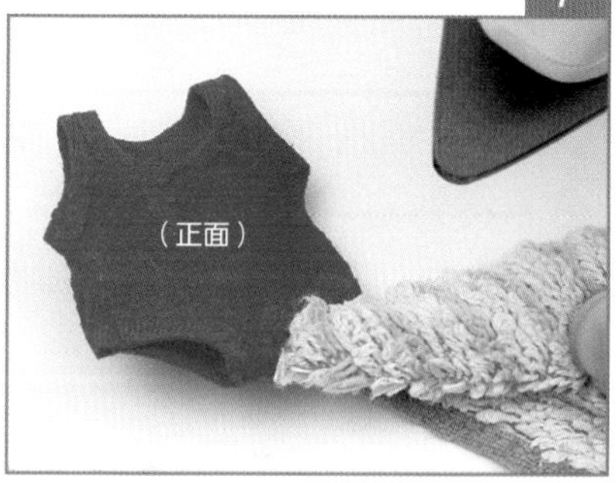
（正面）

將股下的縫份以熨斗燙開，然後用接著劑黏著固定。以毛巾手帕摺角塞入衣內會比較好熨燙。

8

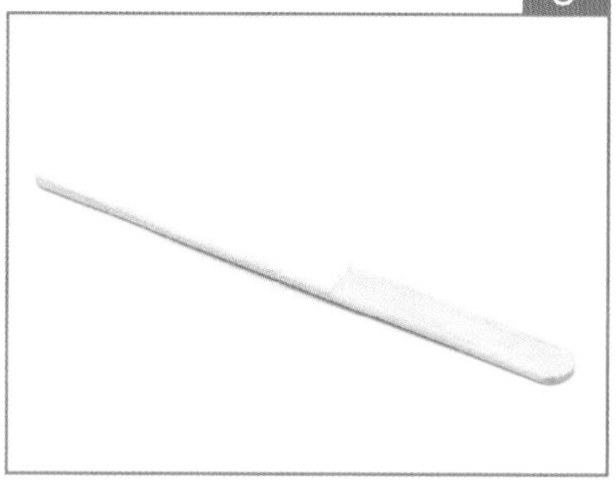

或者是將毛氈貼在冰棒棍上製作成輔助工具，也可以讓細小部位的熨燙作業更方便。
（細節請參考44頁）

9

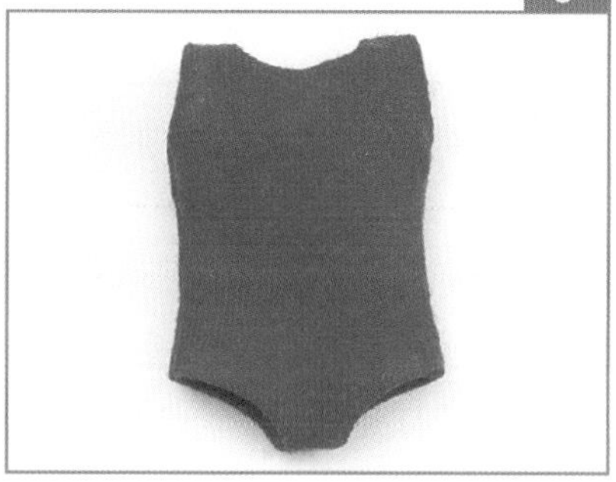

泳衣完成了。

↓嘗試各種不同款式的荷葉邊鬆緊帶製作看看。

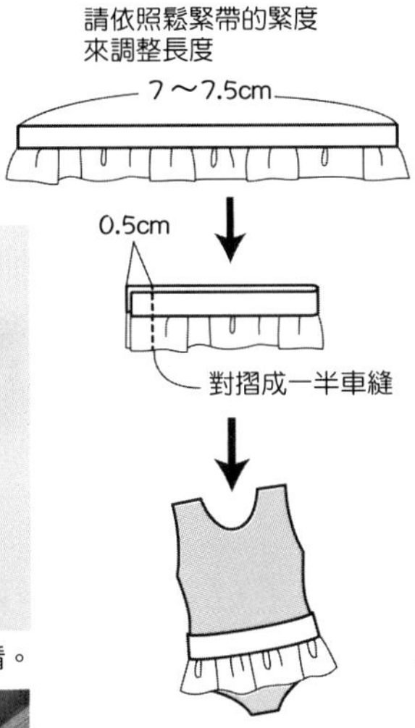
請依照鬆緊帶的緊度
來調整長度
7～7.5cm
0.5cm
對摺成一半車縫

使用帶有荷葉邊的鬆緊帶製作成裙子也很可愛哦！

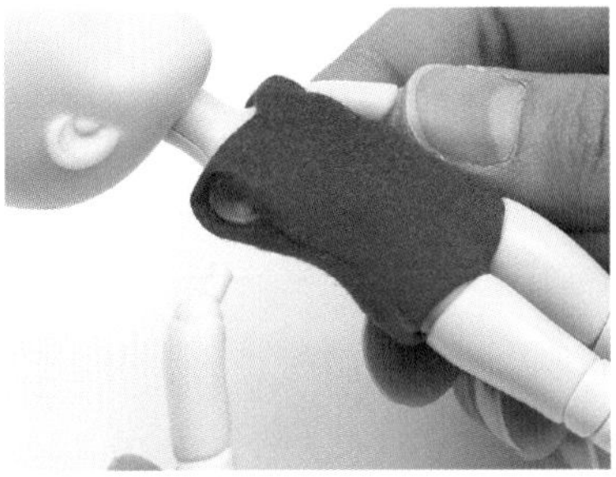

將手臂零件拆下後，比較方便換穿泳衣。

使用顏色較深的布料時，要特別小心接著劑不要滲透到正面哦！

模特兒：OB 00「HAKASE」
假髮：雙馬尾假髮
（奶茶色）

應用設計

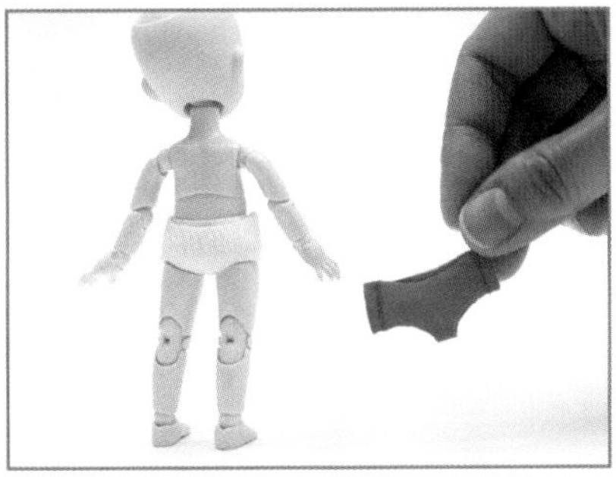

將紙型在喜歡的位置分割開來，就可以製作成運動背心或者是短褲。

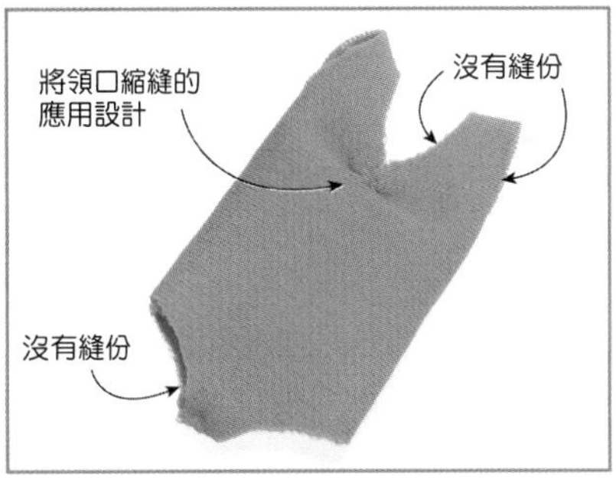
將領口縮縫的
應用設計
沒有縫份
沒有縫份

領圍、袖襱、腰圍、下襬、股圍都不保留縫份，直接依照紙型裁剪製作也可以。

《不適合沒有縫份的針織布料》

拉緊後布邊容易綻開的針織布料。

《適合沒有縫份的針織布料》

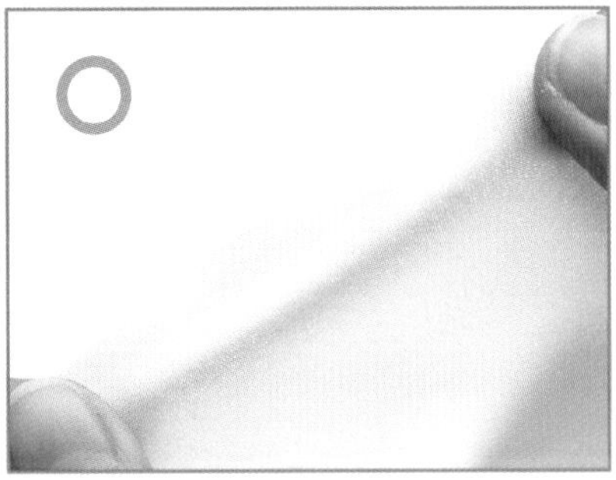

拉緊後也不易綻開的針織布料。
布名：Lycra霧面布

絲襪

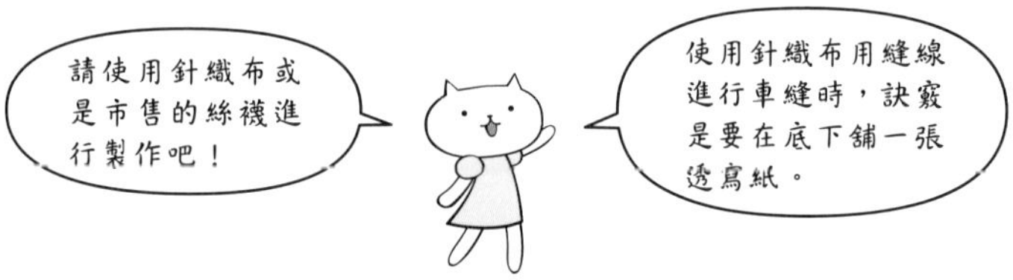
請使用針織布或是市售的絲襪進行製作吧！
使用針織布用縫線進行車縫時，訣竅是要在底下鋪一張透寫紙。

→紙型61頁

1

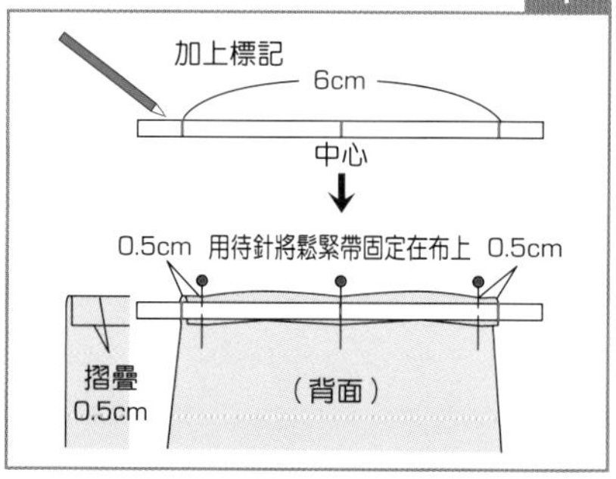
加上標記
6cm
中心
0.5cm
用待針將鬆緊帶固定在布上
0.5cm
摺疊
0.5cm
（背面）

以裁縫用記號筆在3mm寬的平面鬆緊帶標上記號。將裁剪下來的絲網眼紗布的上側摺疊0.5cm，將鬆緊帶以待針固定在上面。

2

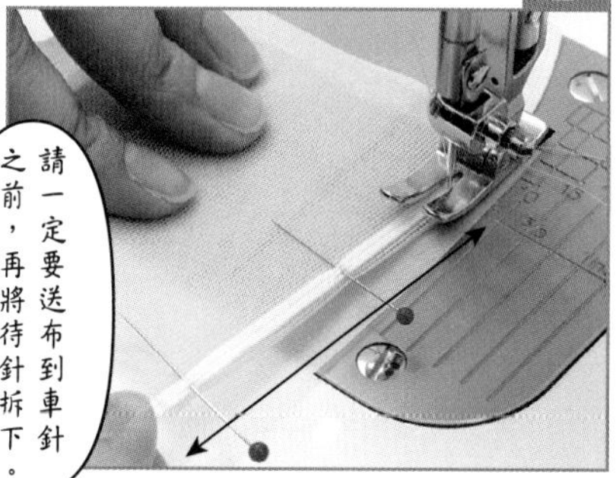

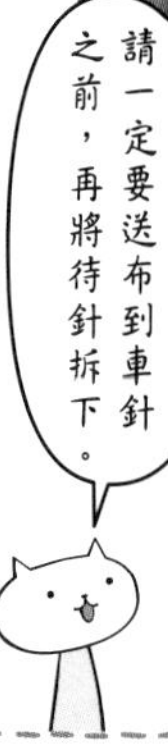
請一定要送布到車針之前，再將待針拆下。

一邊拉長鬆緊帶，一邊以縫紉機車縫。底下鋪一張透寫紙會比較好縫。

3

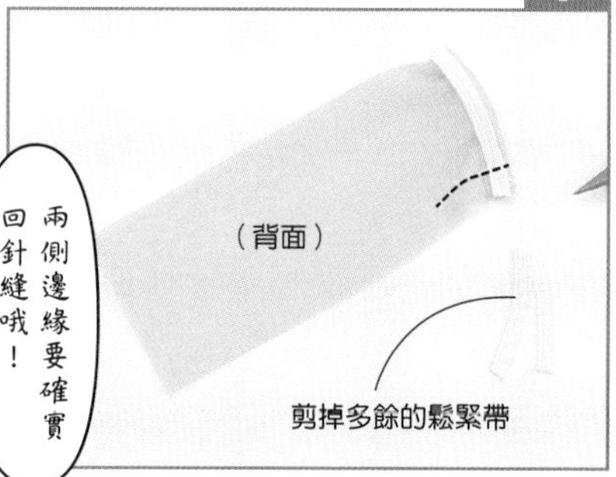
（背面）
剪掉多餘的鬆緊帶

兩側邊緣要確實回針縫哦！

以正面朝向內側的方式對摺成兩半，車縫至縫合止點（距離上側約2.5cm左右），然後剪掉多餘的鬆緊帶。

4

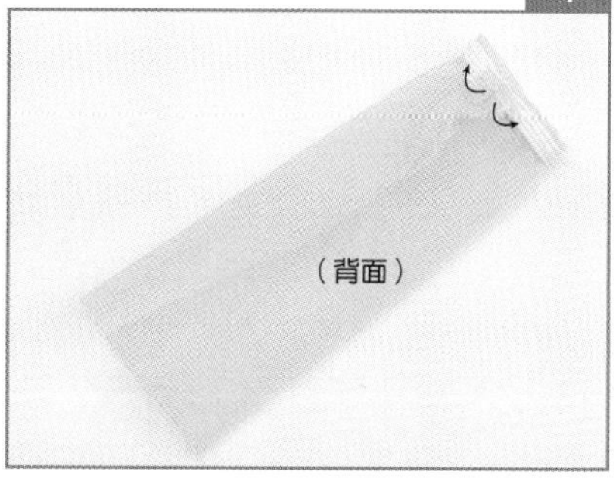
（背面）

將縫線調整至中心，然後燙開縫份。

5

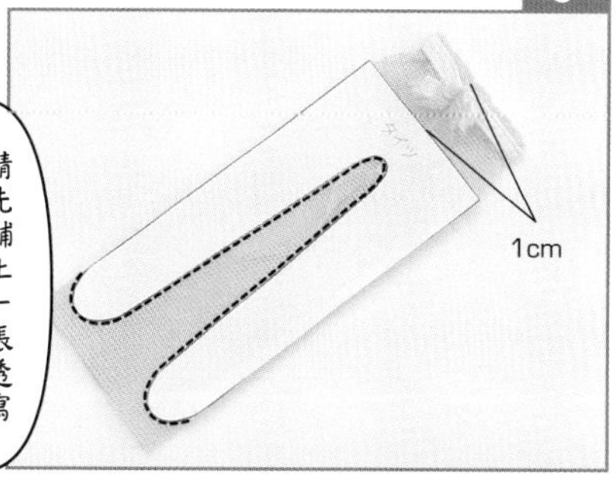
1cm

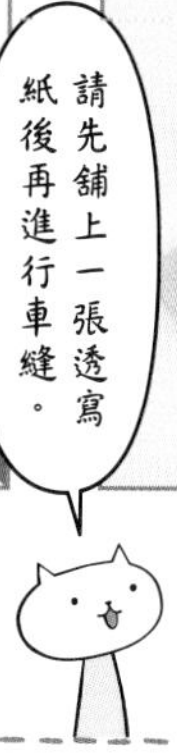
請先鋪上一張透寫紙後再進行車縫。

在紙型背面貼上雙面膠製作成紙型貼紙，然後黏貼在距離上側布邊 1 cm下方的位置，再以紙型為導引車縫。手工縫製時請使用針織布用車縫線回針縫。

6

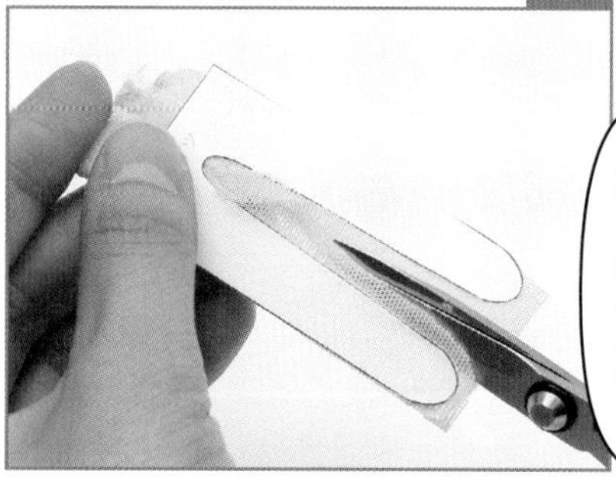

保留0.2～0.3cm左右的縫份，剪掉其餘部分後翻回正面。

如果以黑色布料製作的話，看起來就會很像黑絲網襪。
也可以使用市售的絲襪裁剪下來的布料製作哦！

絲襪完成了。

黑色絲網眼紗布

腰圍以手工縫製的情形

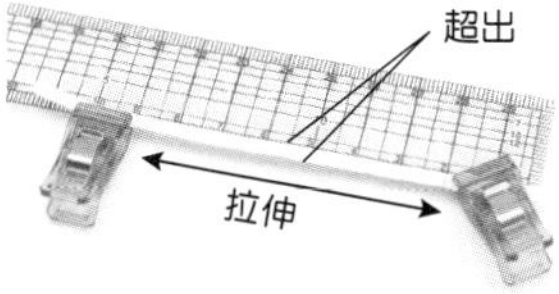
超出
拉伸

在直尺貼上雙面膠帶，將標記位置拉伸7cm後黏貼起來。此時的鬆緊帶邊緣要稍微超出直尺。

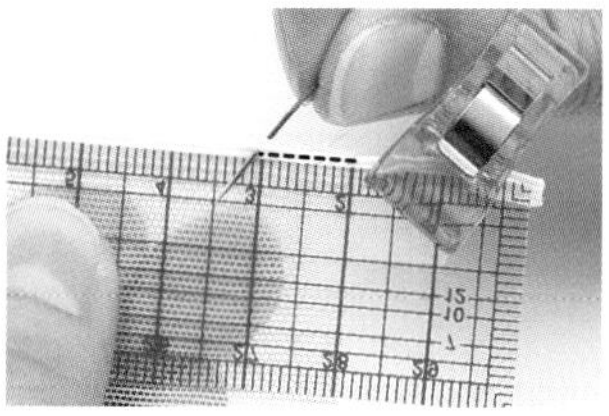

用夾子將上端摺疊0.5cm的布料夾住固定。以直尺為導引，將超出的鬆緊帶部分與網眼紗布一起回針縫。

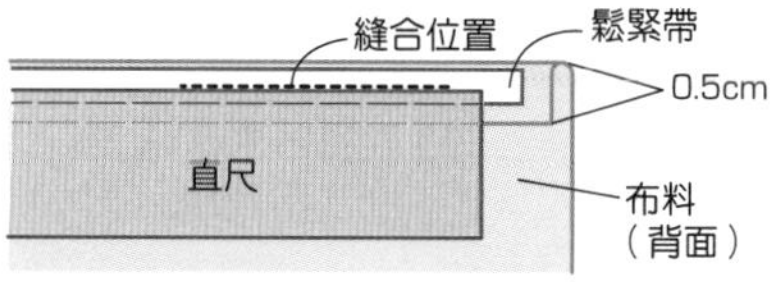
縫合位置
鬆緊帶
0.5cm
直尺
布料
（背面）

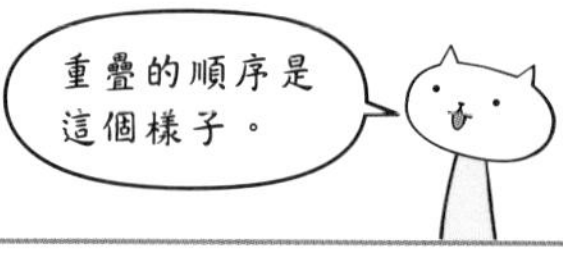
重疊的順序是這個樣子。

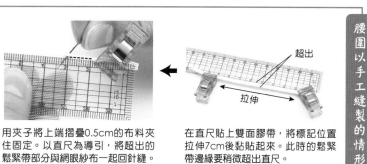

請複印後裁切
下來使用吧！

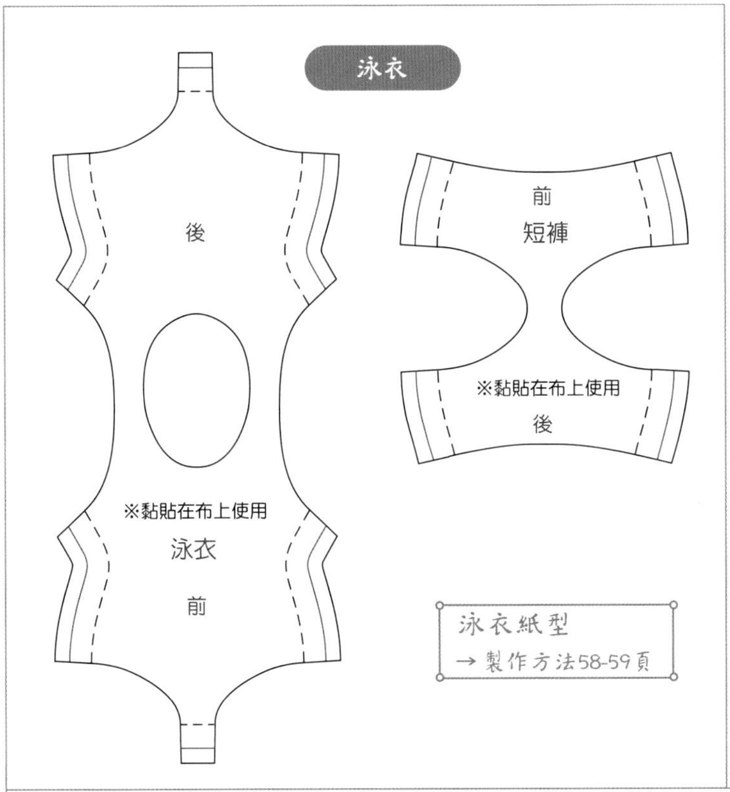
泳衣
後
※黏貼在布上使用
泳衣
前
前
短褲
※黏貼在布上使用
後
泳衣紙型
→製作方法58-59頁

布料的延伸方向

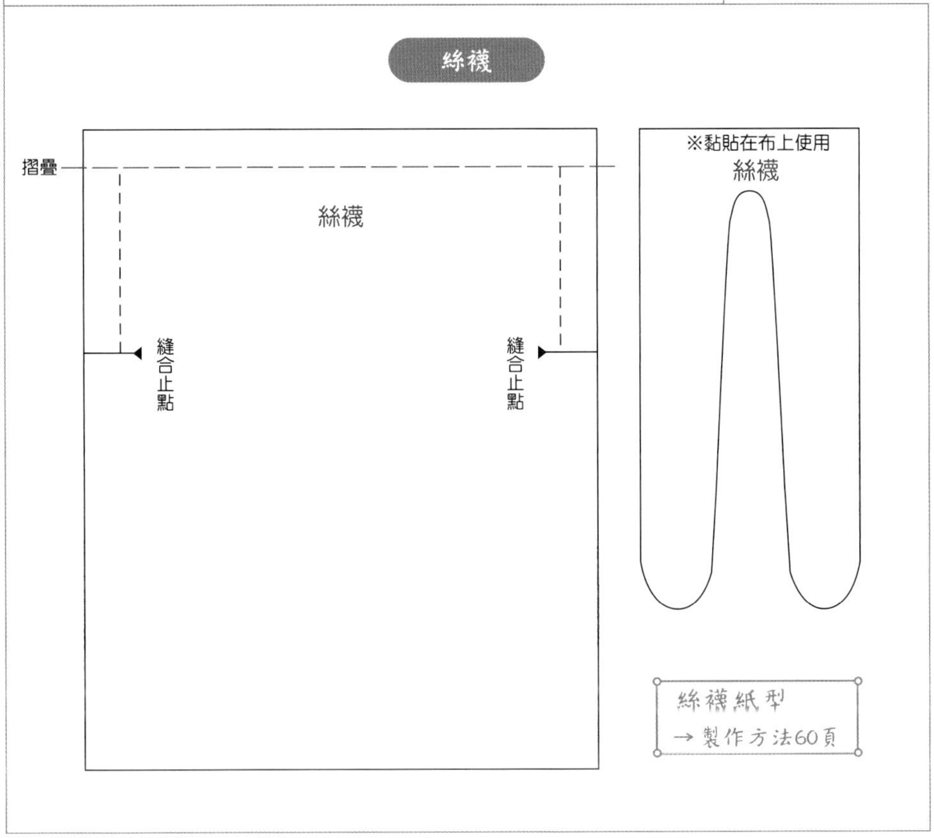
絲襪
摺疊
絲襪
縫合止點
縫合止點
※黏貼在布上使用
絲襪
絲襪紙型
→製作方法60頁

Chapter *9.*

圍裙

— APRON —

原寸大

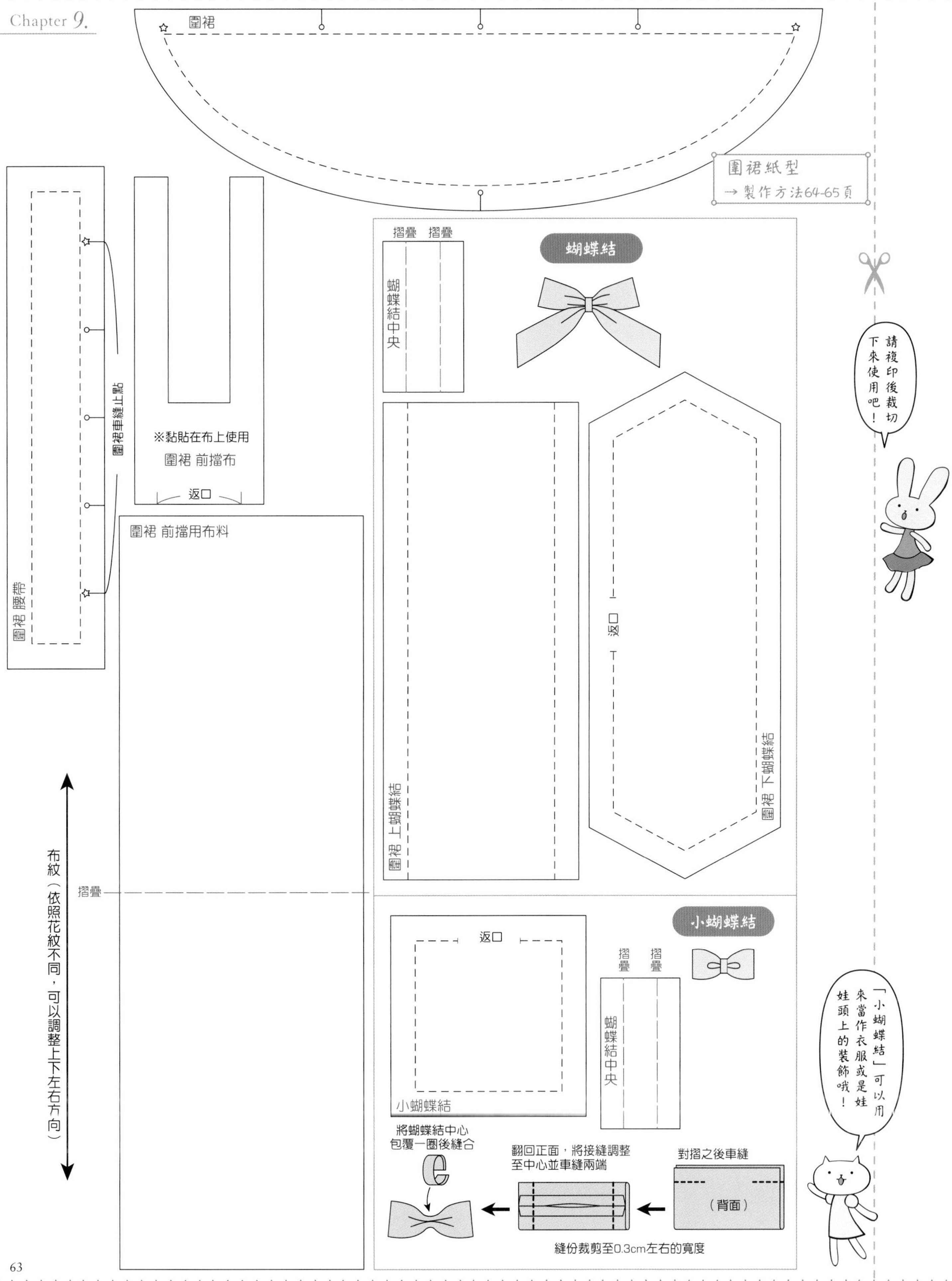
圍裙
圍裙紙型
→製作方法64-65頁
圍裙 腰帶
圍裙車縫止點
※黏貼在布上使用
圍裙 前擋布
返口
圍裙 前擋用布料
布紋（依照花紋不同，可以調整上下左右方向）
摺疊
蝴蝶結
摺疊 摺疊
蝴蝶結中央
圍裙 上蝴蝶結
返口
圍裙 下蝴蝶結
小蝴蝶結
返口
小蝴蝶結
摺疊 摺疊
蝴蝶結中央
將蝴蝶結中心包覆一圈後縫合
翻回正面，將接縫調整至中心並車縫兩端
對摺之後車縫
（背面）
縫份裁剪至0.3cm左右的寬度
請複印後裁切下來使用吧！
「小蝴蝶結」可以用來當作衣服或是娃娃頭上的裝飾哦！

圍裙

前擋片可以拆下來

→紙型63頁

1

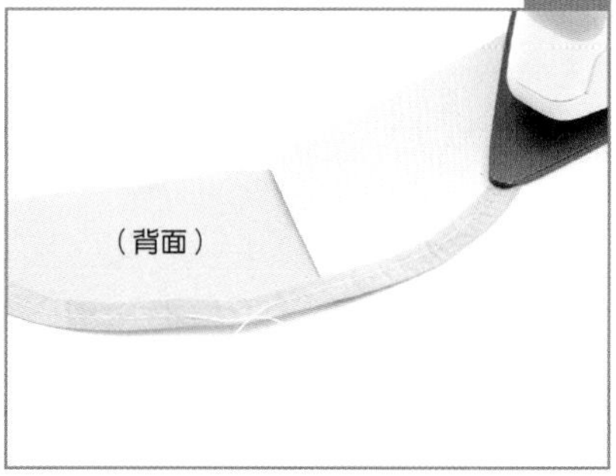
（背面）

將圍裙的下襬摺疊起來。如果彎弧部位起皺無法摺得漂亮時，可以在縫份加上細密的平針縫。

2

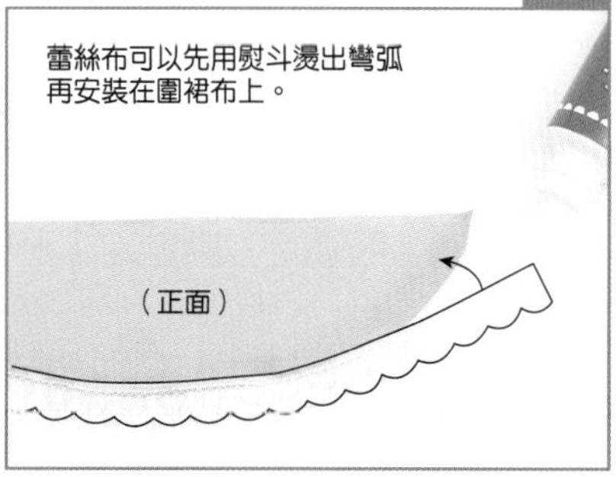
蕾絲布可以先用熨斗燙出彎弧
再安裝在圍裙布上。
（正面）

將蕾絲布放在圍裙的下襬位置，以接著劑暫時固定起來（依照自己的喜好，也可以將蕾絲布黏貼在圍裙的下方）。

3

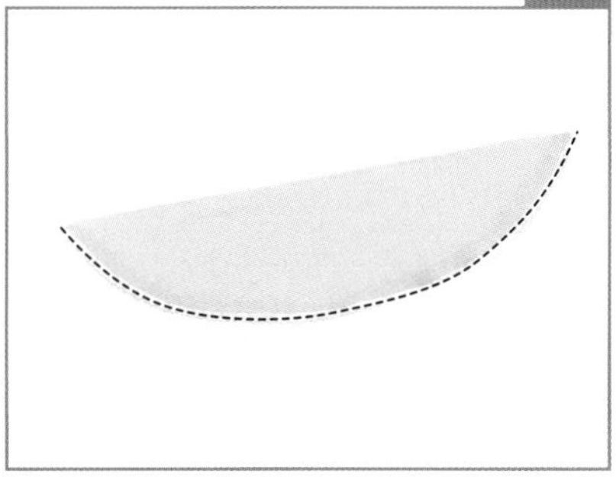

將蕾絲布與圍裙車縫起來。

4

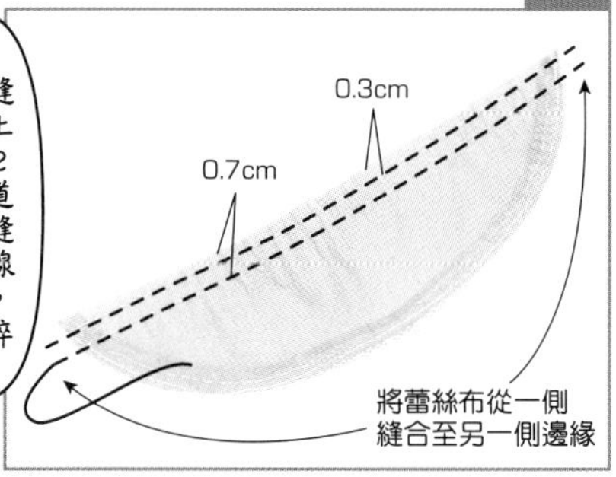
0.3cm
0.7cm
將蕾絲布從一側
縫合至另一側邊緣

縫上2道縫線，碎褶會比較穩定。

在圍裙的腰圍部分，距離上側0.3cm與0.7cm的位置縫上2道抽碎褶用的平針縫。在縫線的一側打一個線結，以免脫落。

5

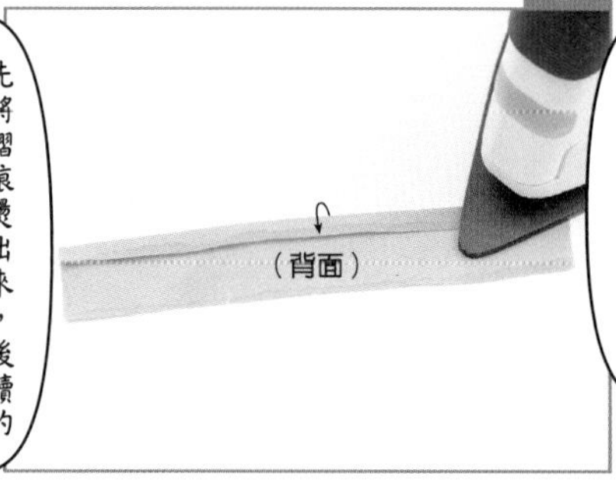
（背面）

先將摺痕燙出來，後續的作業會比較輕鬆一點。

在腰帶的其中一側先以熨斗燙出摺痕。

6

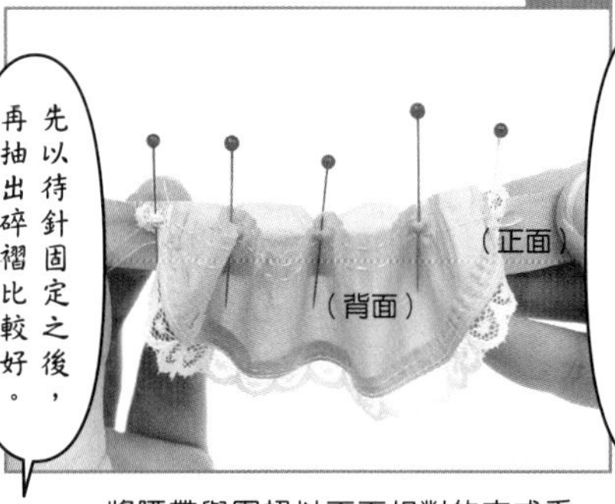
（正面）
（背面）

先以待針固定之後，再抽出碎褶比較好。

將腰帶與圍裙以正面相對的方式重疊。對齊兩側邊緣、中心、合印位置，以待針固定。

7

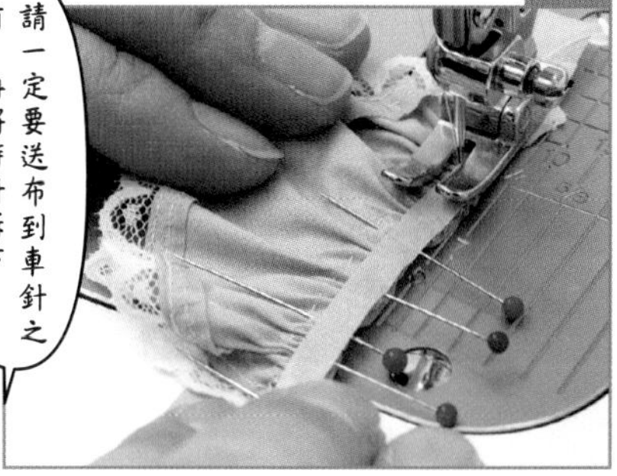

請一定要送布到車針之前，再將待針拆下！

拉緊縫線抽出碎褶並車縫腰圍。如果將裁切成0.5cm寬的保護膠帶貼在縫份部位，這樣可以固定碎褶，也能用來當作車縫時的導引。

8

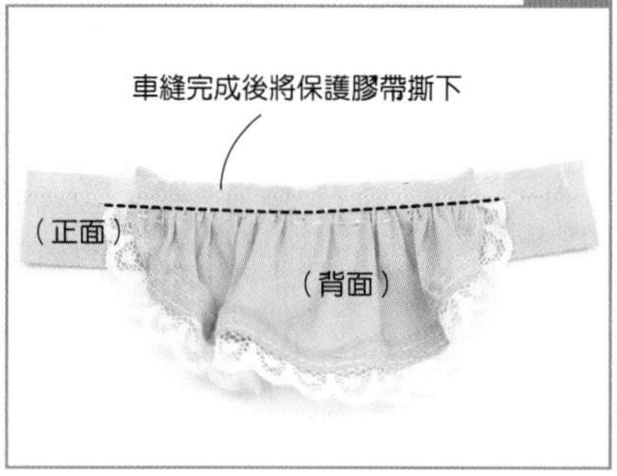
車縫完成後將保護膠帶撕下
（正面）
（背面）

將保護膠帶撕下。

9

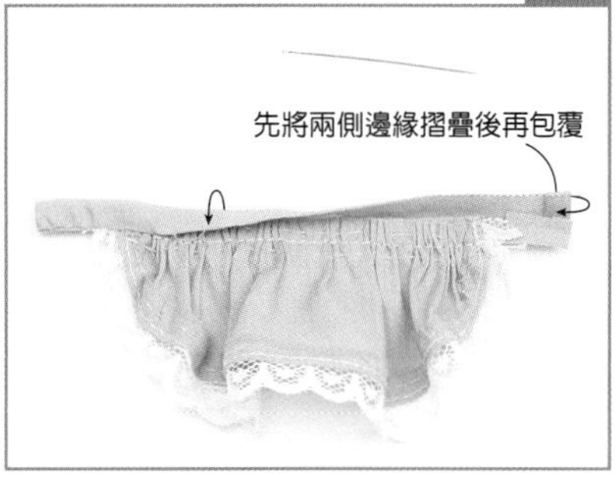
先將兩側邊緣摺疊後再包覆

如同要包覆圍裙般摺疊腰帶後，將腰圍車縫起來（腰帶的兩側邊緣也要摺疊）。縫合後將抽碎褶用的縫線拆掉。

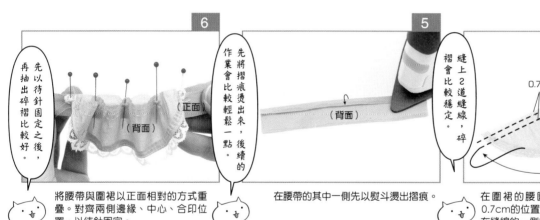

10

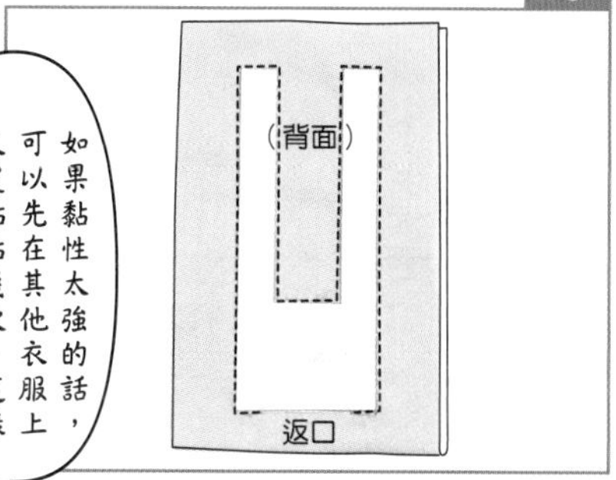
（背面）
返口

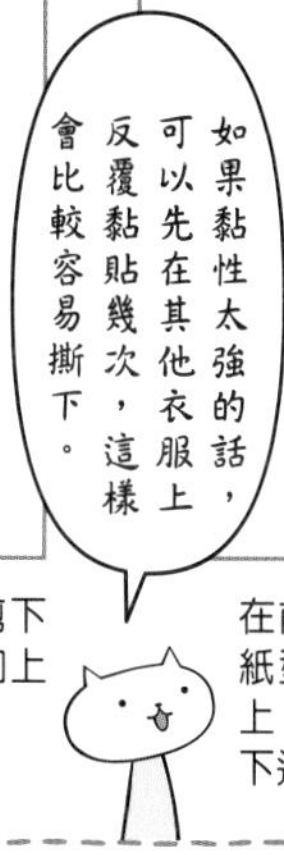
如果黏性太強的話，可以先在其他衣服上反覆黏貼幾次，這樣會比較容易撕下。

在前擋布的紙型背面貼上雙面膠製作成紙型貼紙。將紙型黏貼在對摺後的布料上，並以此為導引車縫周圍。記得要留下返口不縫。

11

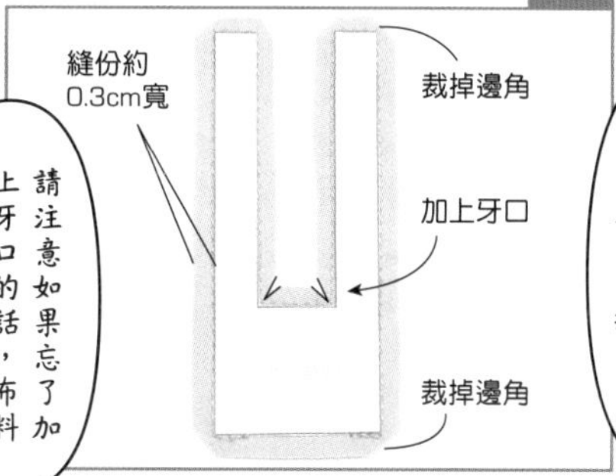
縫份約
0.3cm寬
裁掉邊角
加上牙口
裁掉邊角

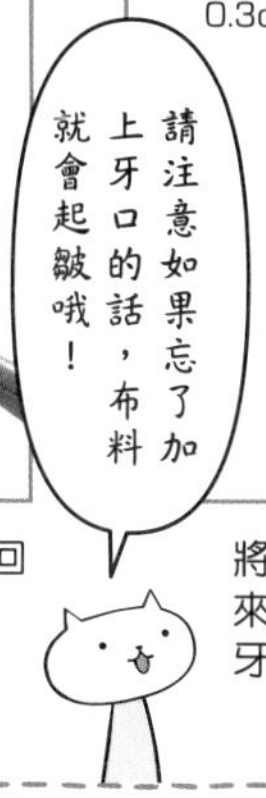
請注意如果忘了加上牙口的話，布料就會起皺哦！

將縫份保留0.3cm左右的寬度後裁剪下來。將邊角裁掉，並在指定的位置加上牙口。

12

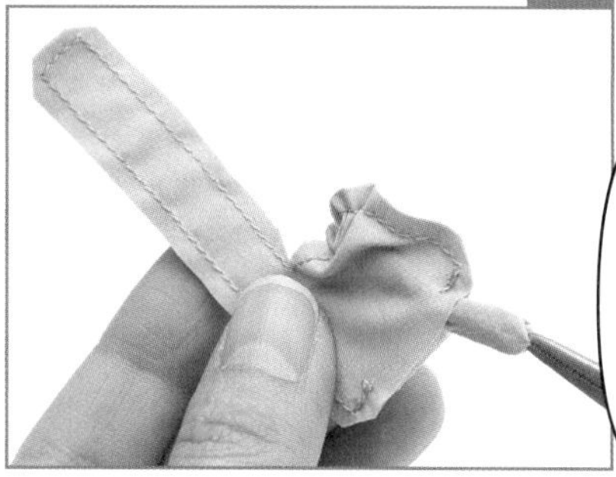

翻回正面，將返口繚縫起來。如果是會在翻回正面時綻開的布料，請先塗抹防綻液。

13

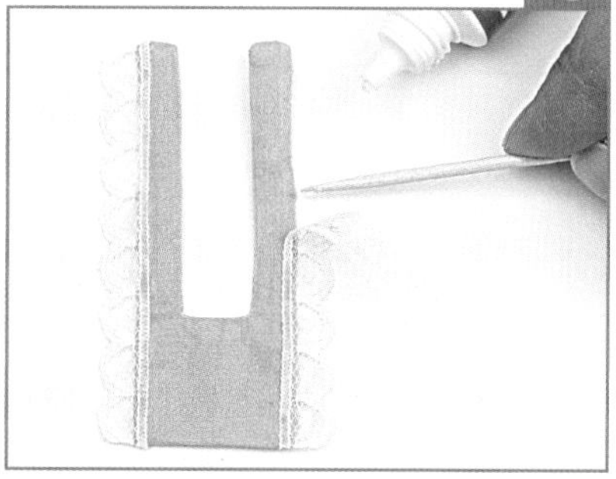

在兩側放上蕾絲布等裝飾，看是要接著固定或是車縫固定都可以。

製作蝴蝶結 14

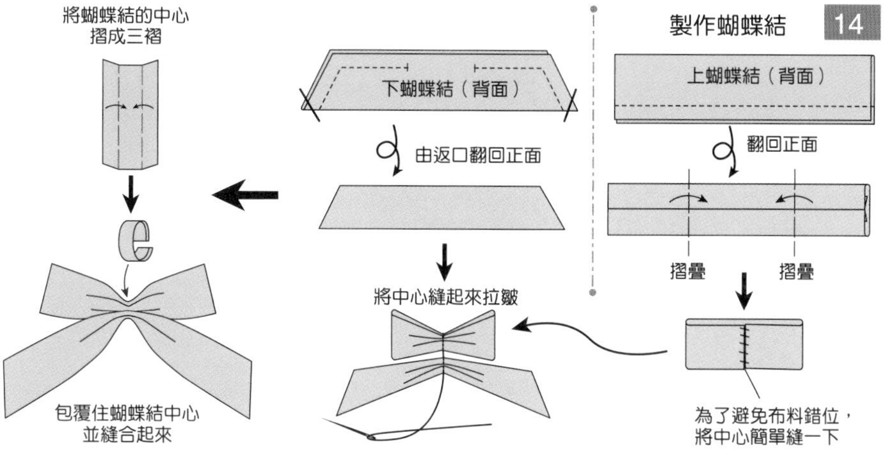
上蝴蝶結（背面）
翻回正面
摺疊
摺疊
為了避免布料錯位，
將中心簡單縫一下
下蝴蝶結（背面）
由返口翻回正面
將中心縫起來拉皺
將蝴蝶結的中心
摺成三褶
包覆住蝴蝶結中心
並縫合起來

15

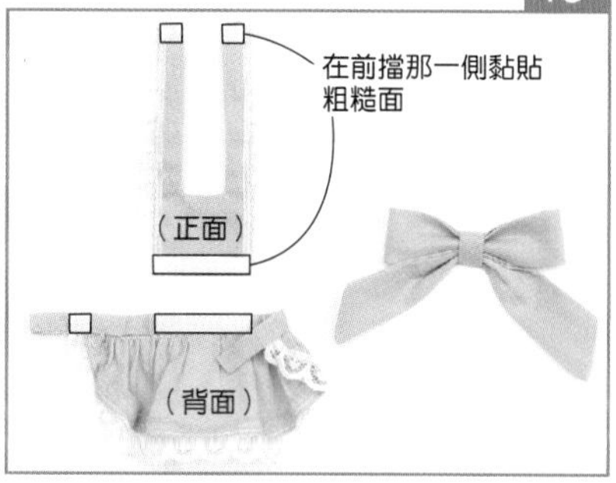
在前擋那一側黏貼
粗糙面
（正面）
（背面）

在腰圍和肩帶的邊緣裝上黏扣帶。先以接著劑固定後，輕輕縫幾針以免鬆脫。

16

（背面）

在後側的邊緣縫上暗釦或是鉤釦與線圈。

17

後面的蝴蝶結看是要最後再縫合固定，或者是設計成用安全別針固定，方便以後隨時取下都可以。

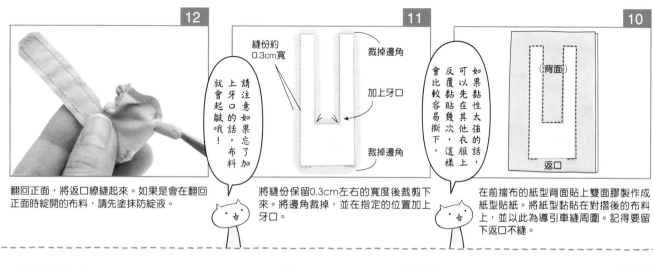

Chapter *10.*

旗袍

— MANDARIN DRESS —

原寸大

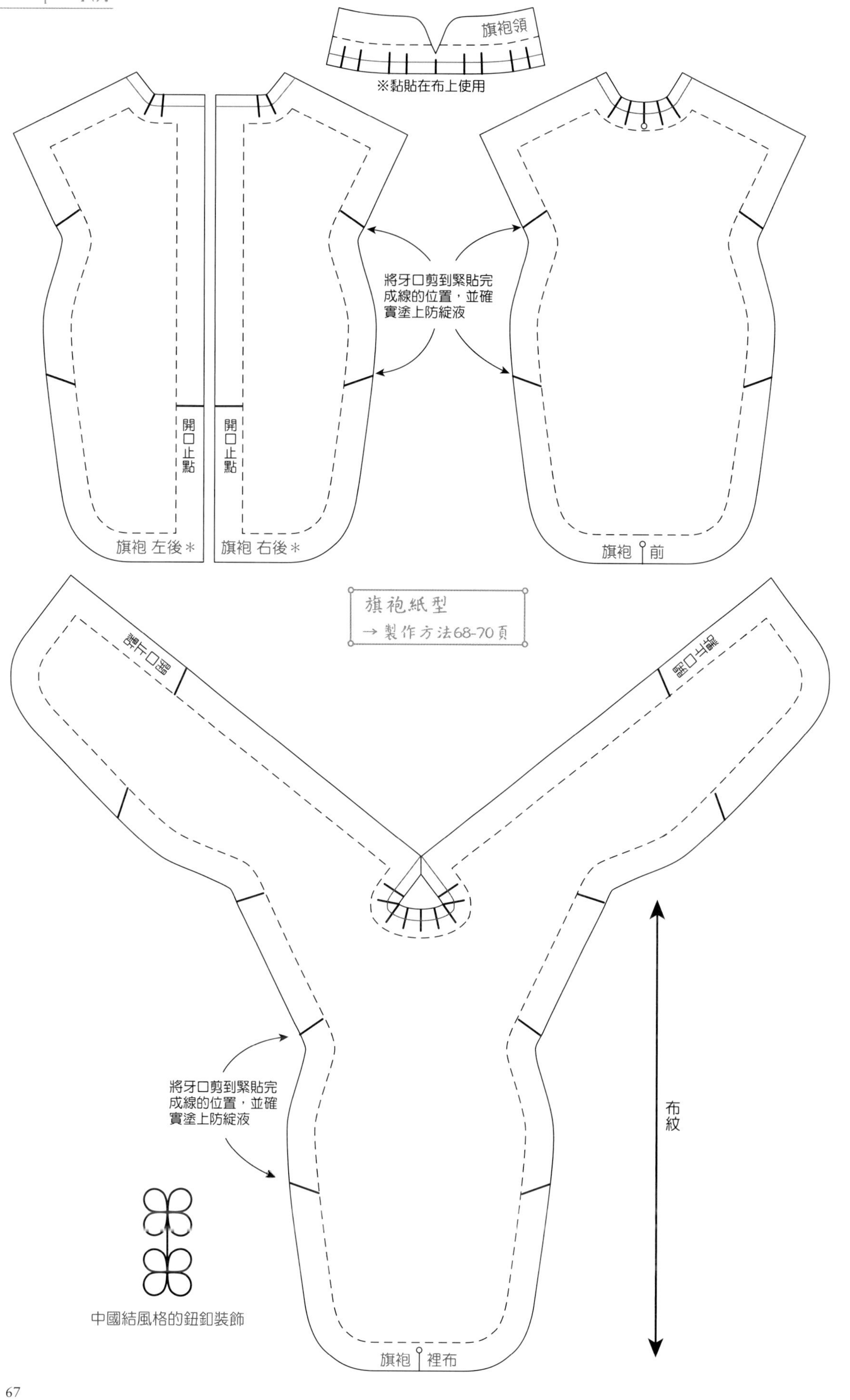
旗袍領
※黏貼在布上使用
開口止點
旗袍 左後＊
開口止點
旗袍 右後＊
將牙口剪到緊貼完成線的位置，並確實塗上防綻液
旗袍 前
旗袍紙型
→製作方法68-70頁
開口止點
開口止點
將牙口剪到緊貼完成線的位置，並確實塗上防綻液
布紋
中國結風格的鈕釦裝飾
旗袍 裡布

請複印後裁切下來使用吧！

※如果是左右相同或者只是左右翻轉的紙型會加上＊記號。

旗袍

（衣領的縫份以0.3cm為例進行解說）

包邊的部分使用的是利利安線。
裡布建議用平織薄棉布這類較薄的布料。

→紙型67頁

1

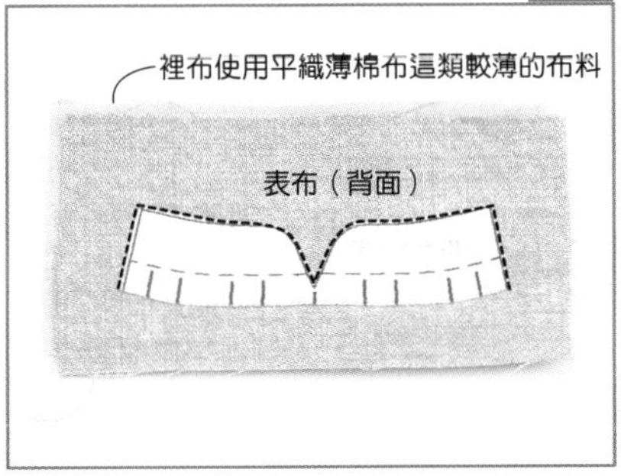
裡布使用平織薄棉布這類較薄的布料
表布（背面）

將表布、裡布以正面相對的方式重疊。將背面貼有雙面膠帶的紙型黏貼在表布的背面，並車縫領圍以外的部分。

2

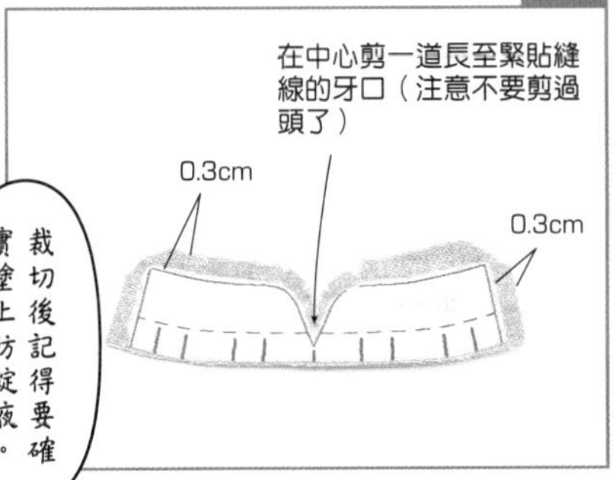
在中心剪一道長至緊貼縫線的牙口（注意不要剪過頭了）
0.3cm
0.3cm

裁切後記得要確實塗上防綻液。

將周圍的縫份保留0.3cm左右裁切下來，並在前中心剪一道牙口。領圍的部分依照紙型裁剪，然後在縫份加上牙口。

3

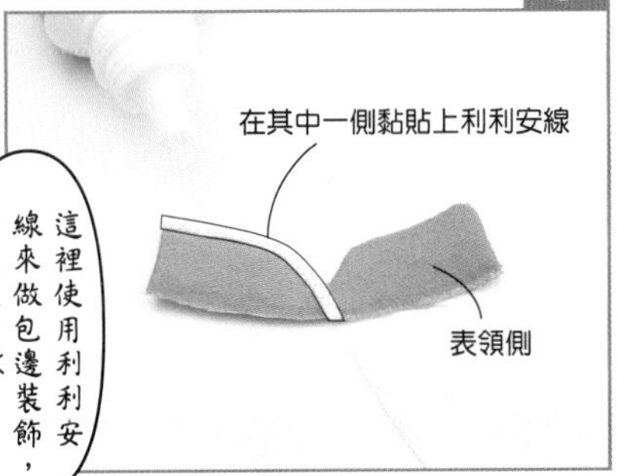
在其中一側黏貼上利利安線
表領側

這裡使用利利安線來做包邊裝飾，不包邊也OK。

將衣領翻回正面，在其中一側以接著劑黏貼上利利安線。使用熨斗按壓利利安線，使其變得稍微平坦一些。

4

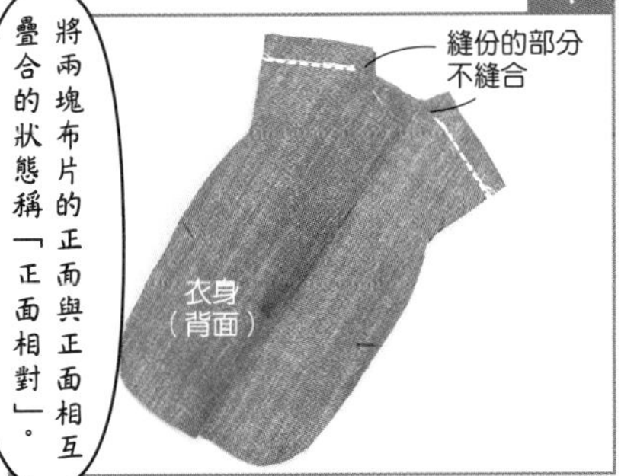
縫份的部分不縫合
衣身（背面）

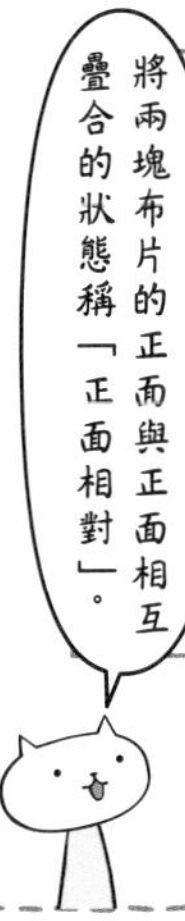
將兩塊布片的正面與正面相互疊合的狀態稱「正面相對」。

將前後衣身以正面相對的方式重疊，車縫肩部。領圍側的縫份部分不要縫合。（不縫合的部分可以代替牙口的作用）

5

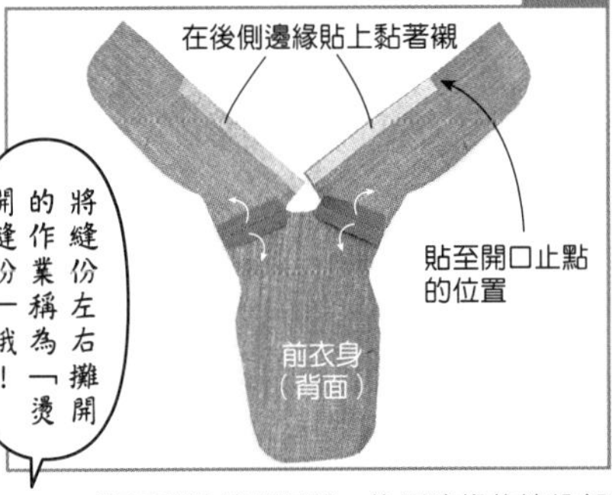
在後側邊緣貼上黏著襯
貼至開口止點的位置
前衣身（背面）

將縫份左右攤開的作業稱為「燙開縫份」哦！

將肩部的縫份燙開。後側邊緣的縫份部位貼上裁切成0.5cm寬的黏著襯，貼到開口止點的位置為止。

6

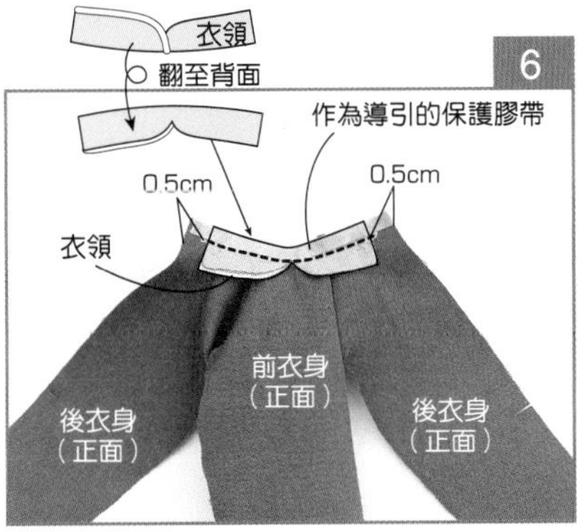
衣領
翻至背面
作為導引的保護膠帶
0.5cm
0.5cm
衣領
前衣身（正面）
後衣身（正面）
後衣身（正面）

將衣領（有利利安線裝飾的那一側）與衣身正面對齊後，車縫領圍。衣領要對齊由邊緣向內側0.5cm的位置。此時若貼上裁切至縫份寬度的保護膠帶，可當作車縫時的導引。

7

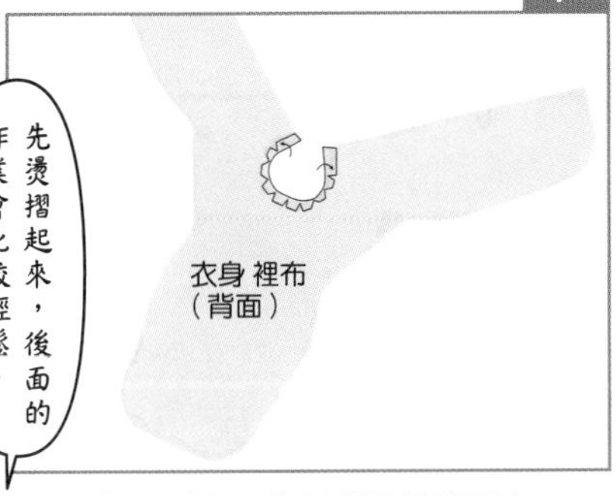
衣身 裡布（背面）

先燙摺起來，後面的作業會比較輕鬆。

將裡布的領圍縫份以熨斗燙摺起來。

8

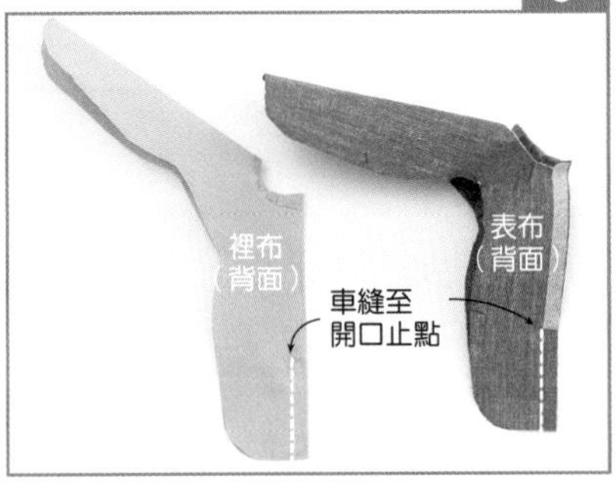
裡布（背面）
表布（背面）
車縫至開口止點

將表布、裡布的後中心以正面相對的方式對齊，分別車縫至開口止點。

9

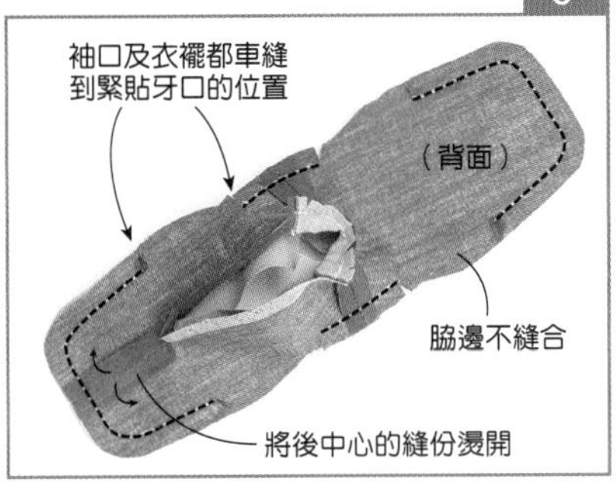
袖口及衣襬都車縫到緊貼牙口的位置
（背面）
脇邊不縫合
將後中心的縫份燙開

將表、裡衣身以正面相對的方式對齊，並將袖口及衣襬車縫到緊貼牙口的位置。

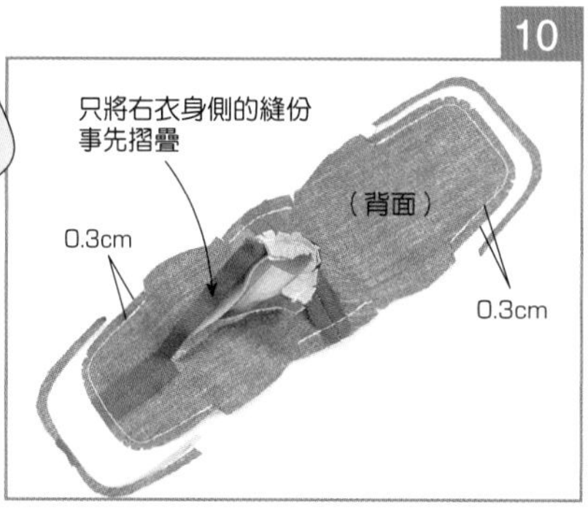
10
只將右衣身側的縫份
事先摺疊
（背面）
0.3cm
0.3cm

將下襬的縫份裁切至0.3cm左右，然後翻回正面。

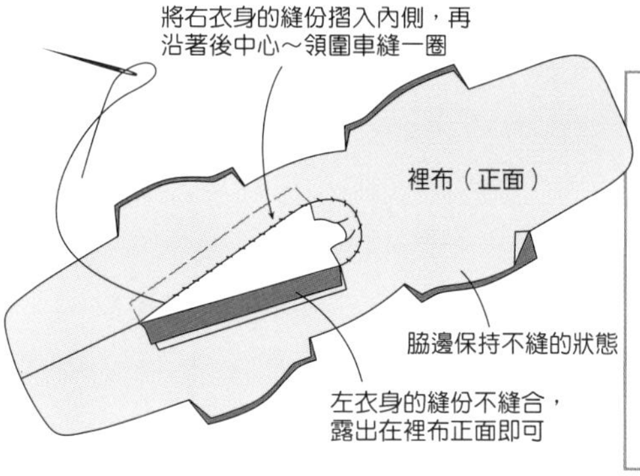
將右衣身的縫份摺入內側，再
沿著後中心～領圍車縫一圈
裡布（正面）
脇邊保持不縫的狀態
左衣身的縫份不縫合，
露出在裡布正面即可

翻回正面，並將右衣身的後開口～領圍線縫起來。

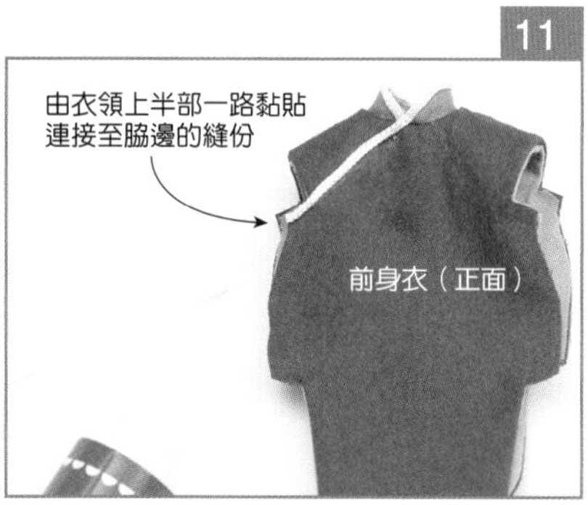
11
由衣領上半部一路黏貼
連接至脇邊的縫份
前身衣（正面）

將利利安線由衣領～前衣身斜向黏貼，製作成假的接縫線。

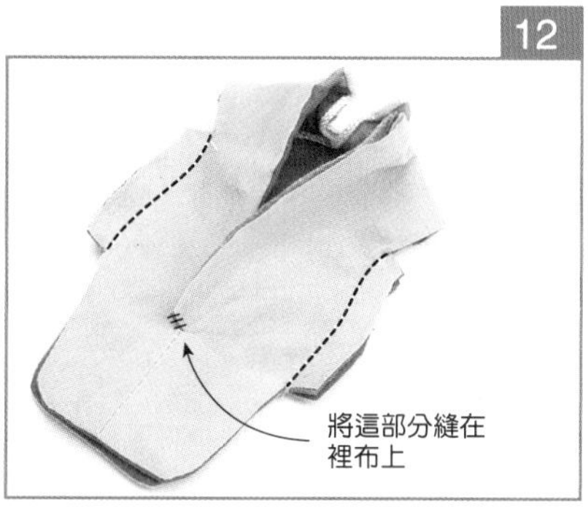
12
將這部分縫在
裡布上

將衣身以正面相對的方式重疊，車縫脇邊後並將縫份燙開。將開口止點部分的縫份縫在裡布上，就不會露出到正面。

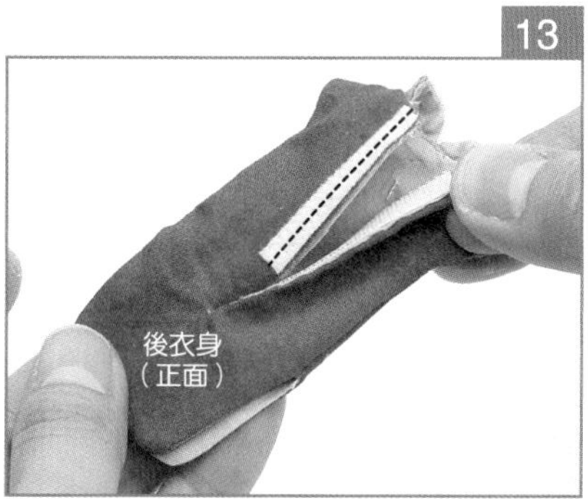
13
後衣身
（正面）

翻回正面，在後衣身的縫份縫上一條裁切成0.5cm寬×3.5cm的黏扣帶。

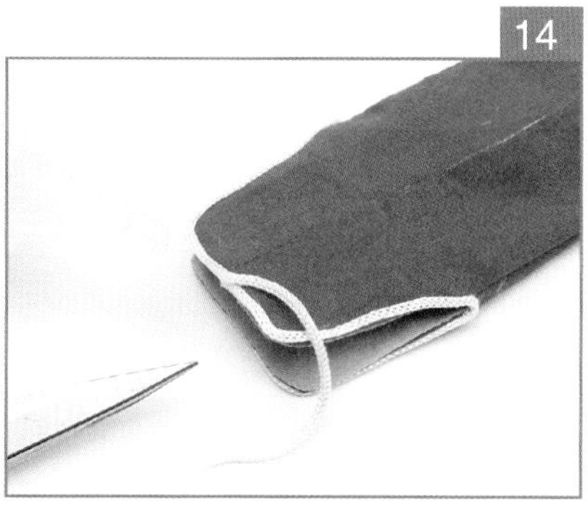
14

依照個人喜好，可以在下襬也黏貼利利安線，以及黏上中國結風格的鈕釦裝飾。

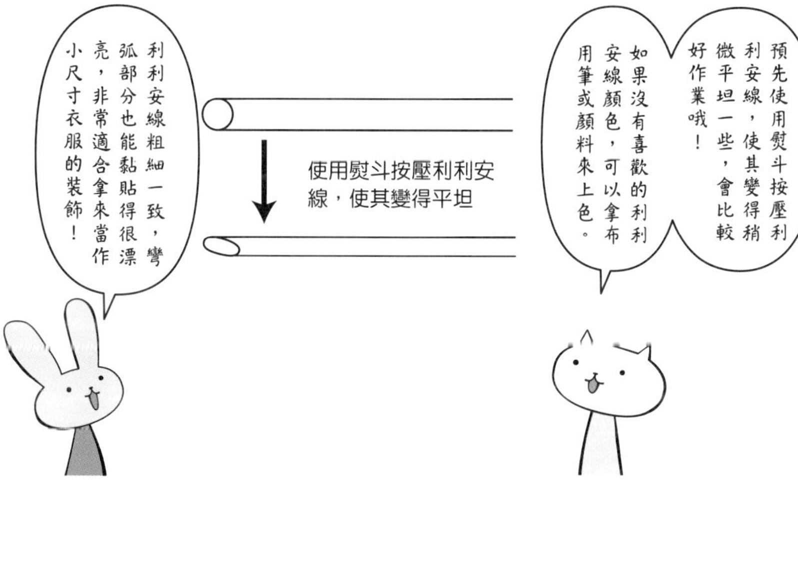
預先使用熨斗按壓利利安線，使其變得稍微平坦一些，會比較好作業哦！
如果沒有喜歡的利利安線顏色，可以拿布用筆或顏料來上色。
使用熨斗按壓利利安線，使其變得平坦
利利安線粗細一致，彎弧部分也能黏貼得很漂亮，非常適合拿來當作小尺寸衣服的裝飾！

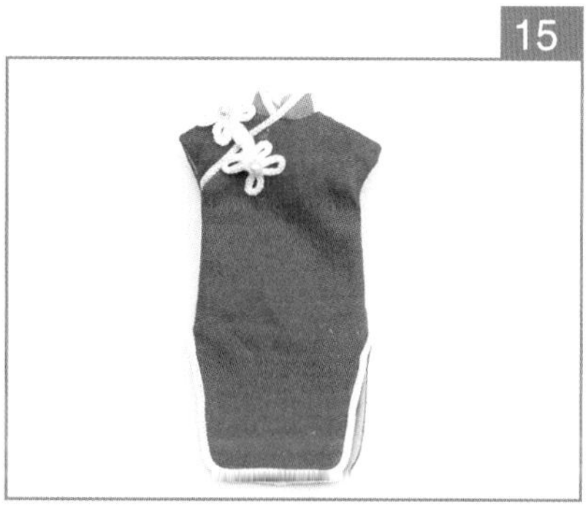
15

旗袍完成了。

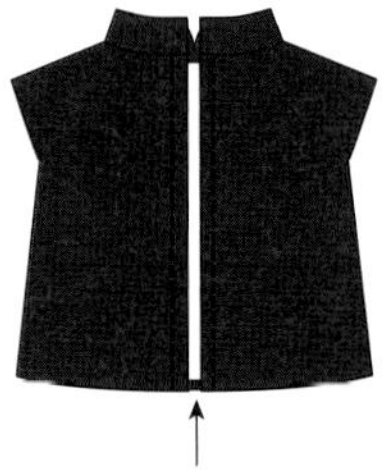

如果使用深色的布料製作，黏扣帶會像這樣從間隙露出太過顯眼時，可以如同前頁說明的方法，設計成右側邊緣覆蓋在左側縫份上的重疊開口樣式即可。

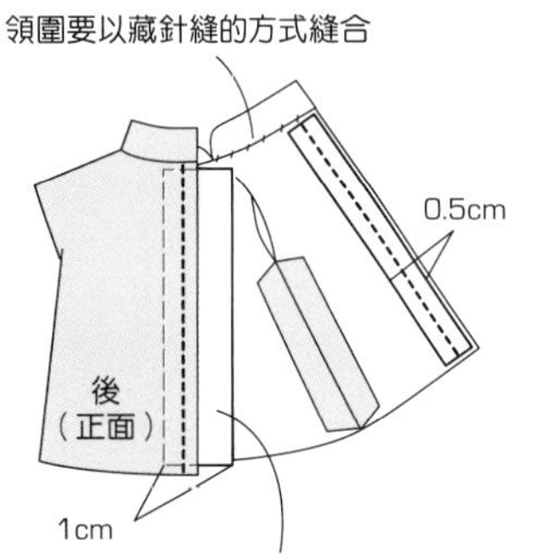

領圍要以藏針縫的方式縫合
0.5cm
後
（正面）
1cm

黏扣帶安裝在衣身下方，露出一半在外側。

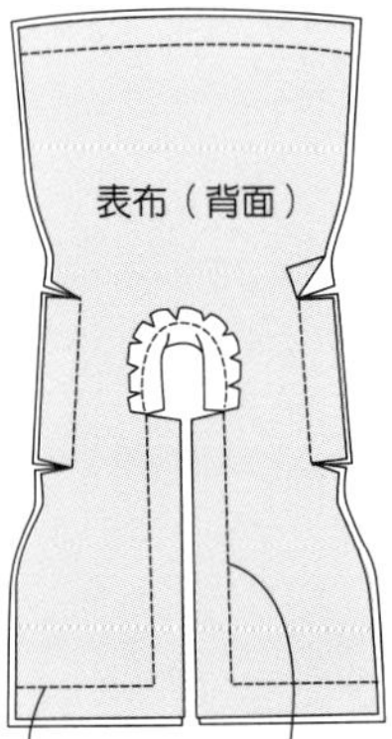

表布（背面）

將表布、裡布以正面相對的方式重疊，車縫下襬及後中心裁切下襬的縫份後，翻回正面。

應用設計

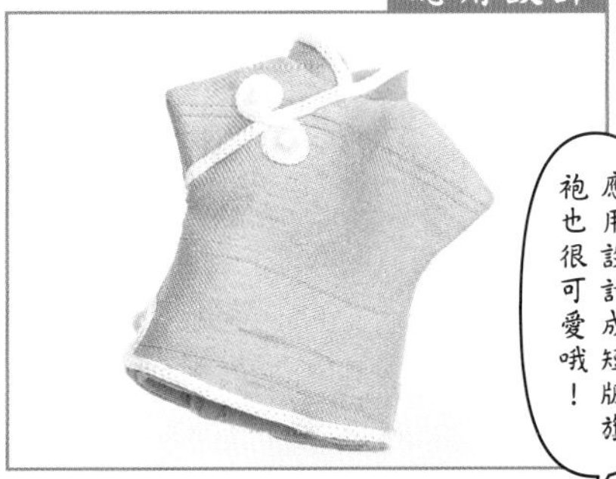

應用設計成短版旗袍也很可愛哦！

製作中國結風格的鈕釦裝飾

1

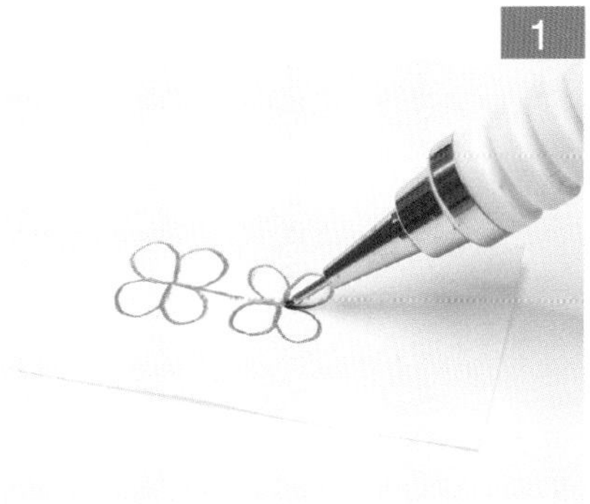

先在紙上描繪想要製作的中國結風格鈕釦的大小，以及圖案設計。

2

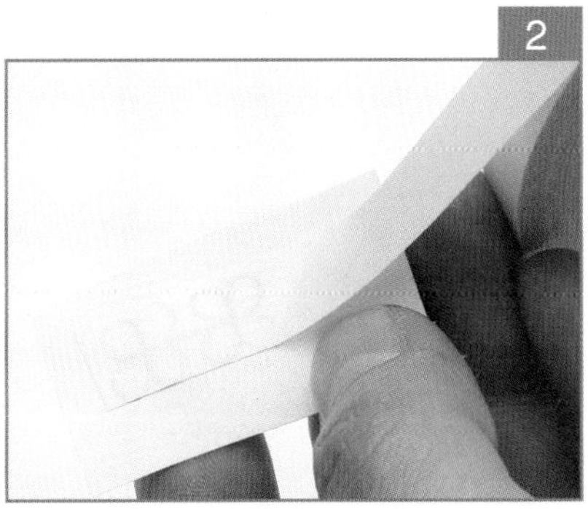

在圖案的上面黏貼雙面膠帶。

3

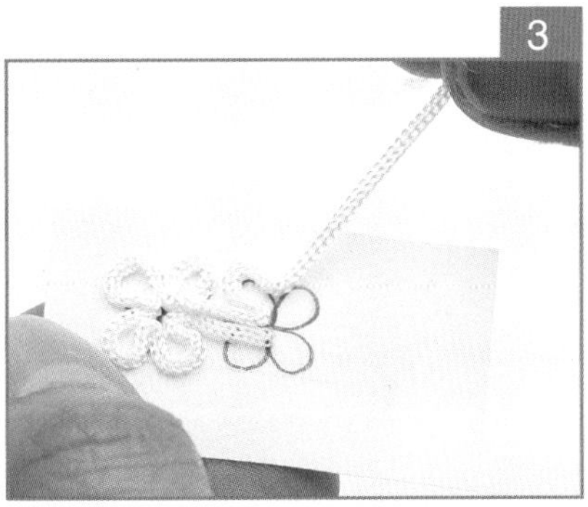

依照圖案貼上利利安線。

4

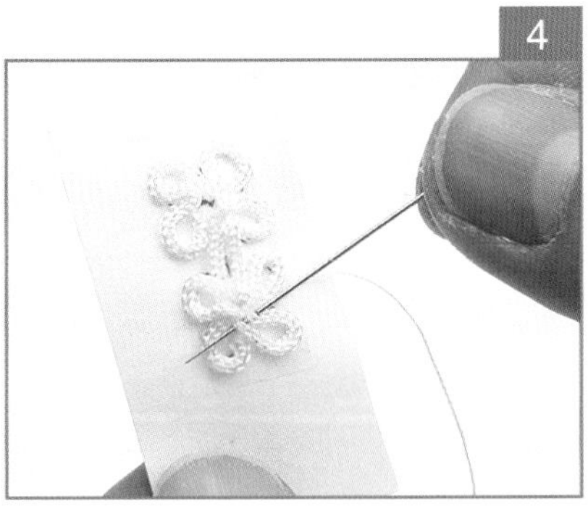

簡單加上縫線固定，以免利利安線散開，然後再以接著劑確實黏著固定。待乾燥後，小心拆下以免形狀被破壞。

可以製作成各種形狀。

也可以加上珍珠做裝飾。

Chapter *11.*

振袖

— KIMONO —

＊原寸大＊

振袖

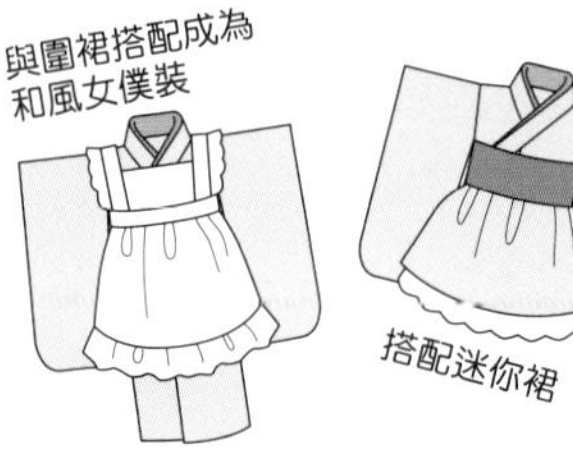
與圍裙搭配成為
和風女僕裝
搭配迷你裙

這是上衣和裙子分開的二部式和服，搭配迷你裙也不錯哦！
為了不要讓布料的厚度造成擁腫厚重的感覺，因此省略了很多部分。

→紙型76-78頁

1

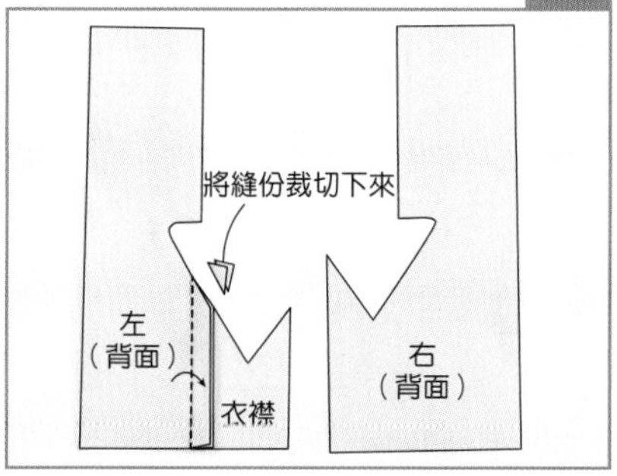
將縫份裁切下來
左
（背面）
衣襟
右
（背面）

只在衣身的上前片（左）縫上衣襟。衣襟的縫份倒向中心側，裁掉多出來的縫份。

2

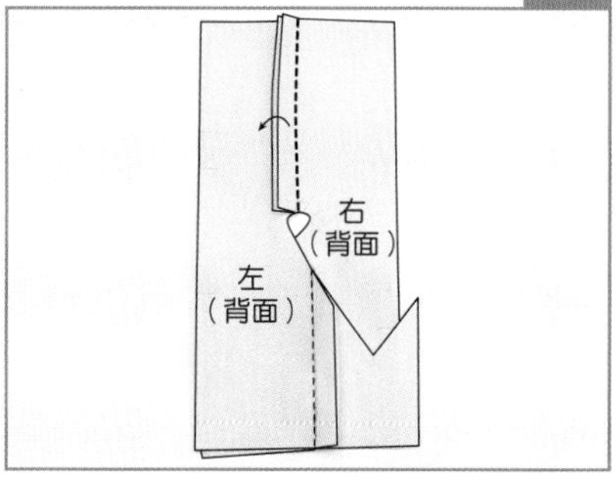
右
（背面）
左
（背面）

縫合後中心，並將縫份倒向左衣身側。

3

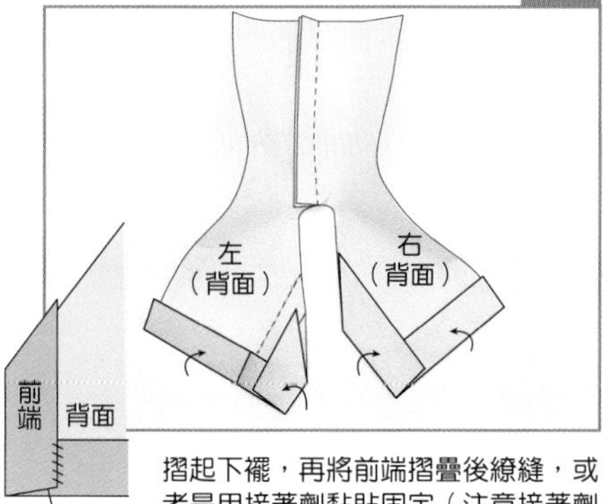
左
（背面）
右
（背面）
前端
背面

摺起下襬，再將前端摺疊後繚縫，或者是用接著劑黏貼固定（注意接著劑不要滲透到正面）。

將前端的下襬摺疊到從正面看不見的程度。

4

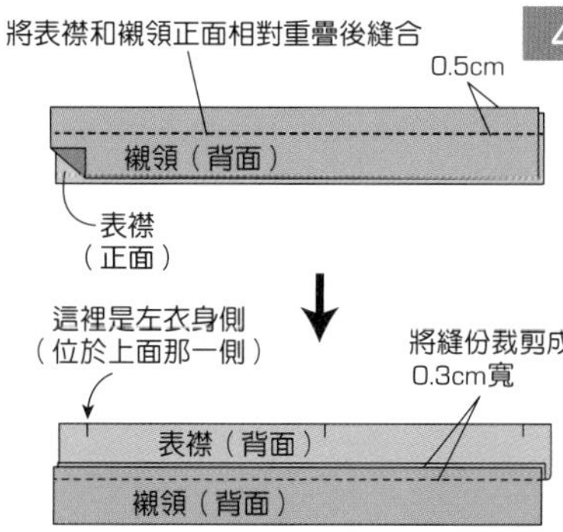
將表襟和襯領正面相對重疊後縫合
0.5cm
襯領（背面）
表襟
（正面）
這裡是左衣身側
（位於上面那一側）
將縫份裁剪成
0.3cm寬
表襟（背面）
襯領（背面）

將縫份裁剪成0.3cm寬左右，倒向表襟側。此時如果使用熨斗先確實燙摺過一次，最後完成時會更漂亮。

5

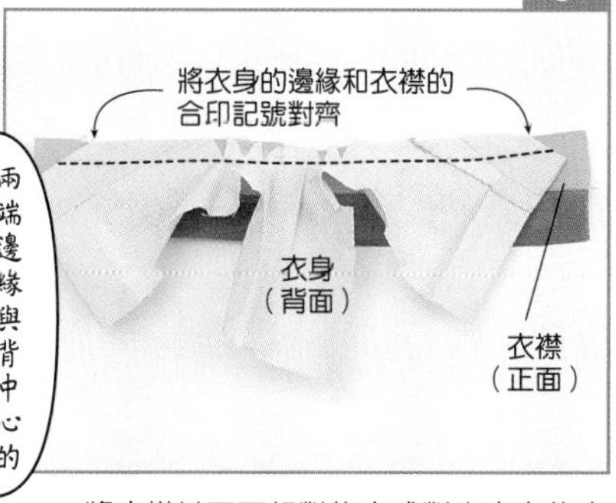
將衣身的邊緣和衣襟的
合印記號對齊
衣身
（背面）
衣襟
（正面）

將衣襟以正面相對的方式對齊衣身的衣襟後縫合。

兩端邊緣與背中心的合印記號要對齊哦！

6

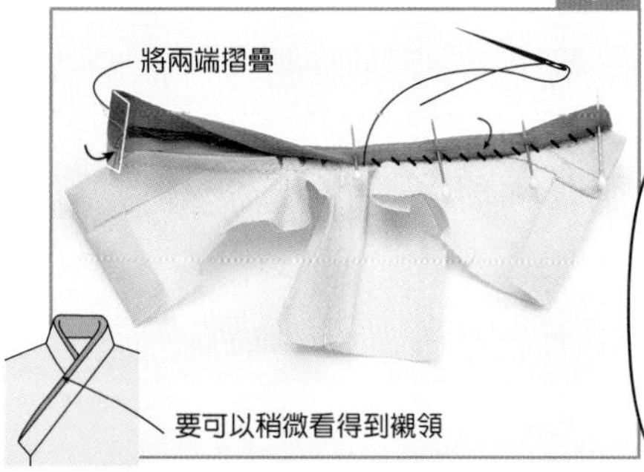
將兩端摺疊
要可以稍微看得到襯領

摺疊襯領將衣襟的縫份包覆起來後縫合。此時要讓襯領稍微可以從正面露出一些。

7

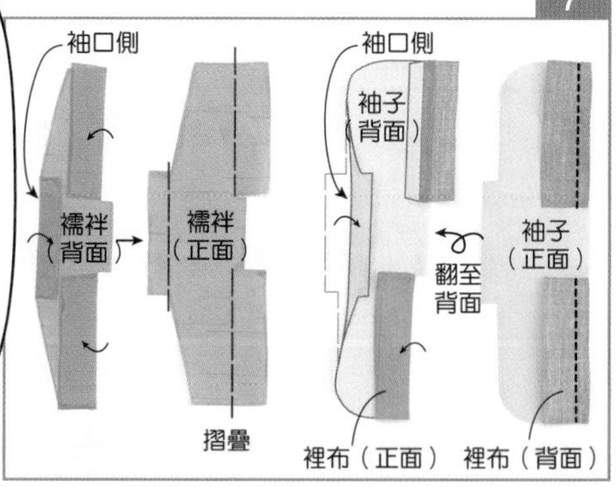
袖口側
襦袢
（背面）
襦袢
（正面）
摺疊
袖口側
袖子
（背面）
翻至
背面
袖子
（正面）
裡布（正面）
裡布（背面）

將裡布縫至袖子的振袖部分，然後摺疊到背面。將袖子的袖口部分與襦袢的袖口、振袖部分以熨斗燙摺到內側（事先燙摺過一次的話，會比較好作業）。

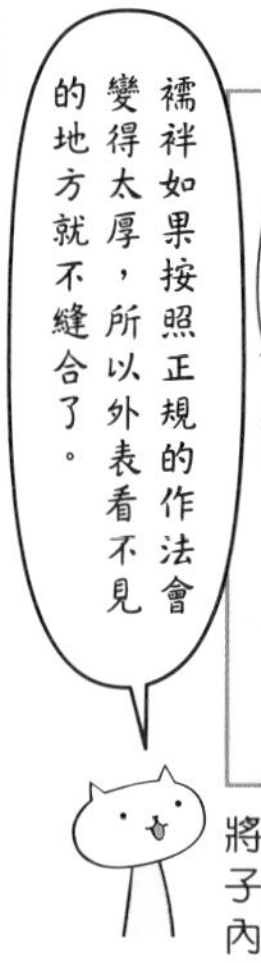
襦袢如果按照正規的作法會變得太厚，所以外表看不見的地方就不縫合了。

8

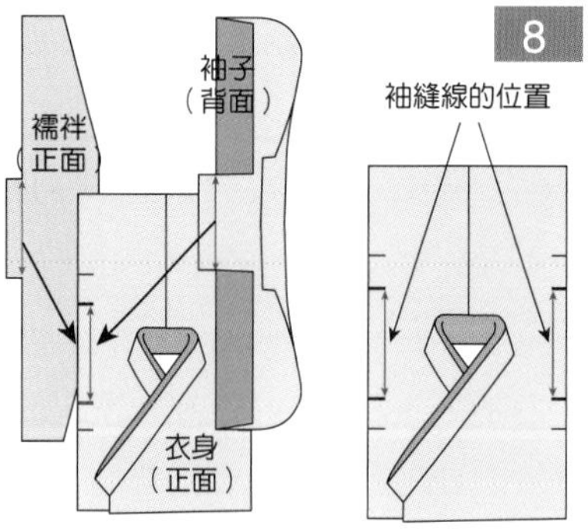
襦袢
（正面）
袖子
（背面）
衣身
（正面）
袖縫線的位置

排列成「襦袢→衣身←袖子」，將衣身夾在中間，再把袖縫線的部分對齊。

9

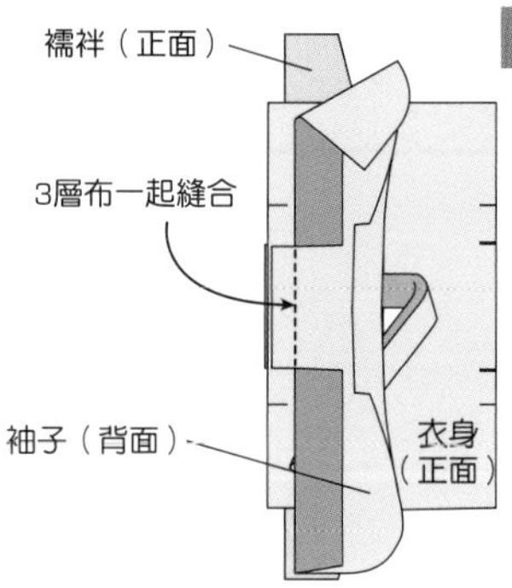
襦袢（正面）
3層布一起縫合
袖子（背面）
衣身
（正面）

將衣身、襦袢、袖子疊合在袖縫線的位置縫合。

10

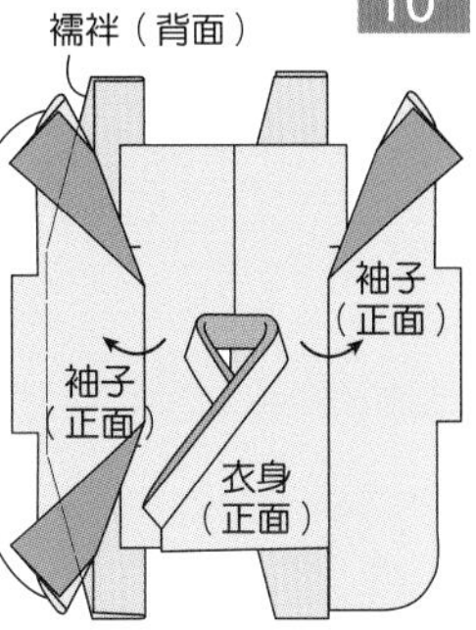
襦袢（背面）
對齊
袖子（正面）
袖子（正面）
衣身（正面）

將袖子與襦袢翻回正面，再把袖子的袖襬、襦袢的袖下各自以正面相對方式重疊對齊。

11

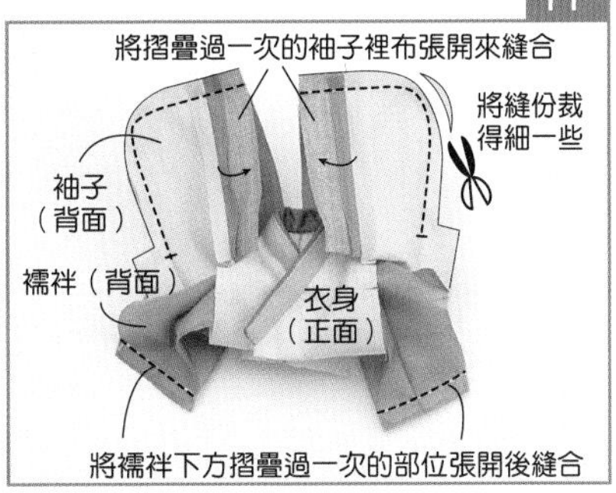
將摺疊過一次的袖子裡布張開來縫合
將縫份裁得細一些
袖子（背面）
襦袢（背面）
衣身（正面）
將襦袢下方摺疊過一次的部位張開後縫合

將袖子從袖襬～袖口縫合起來（彎弧部位將縫份剪得細一些，並塗抹防綻劑），襦袢只縫合袖下即可。

12

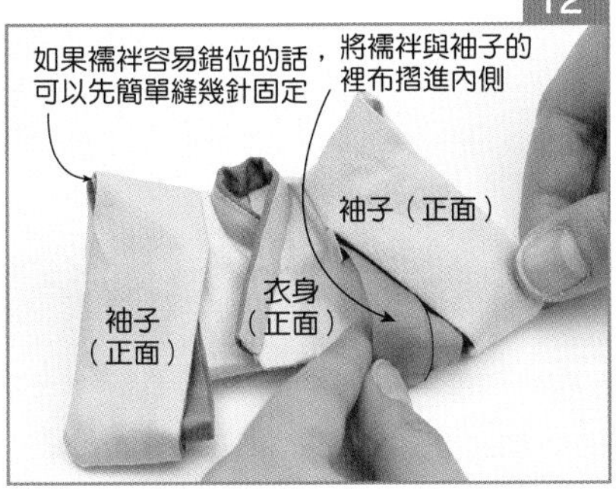
如果襦袢容易錯位的話，可以先簡單縫幾針固定
將襦袢與袖子的裡布摺進內側
袖子（正面）
衣身（正面）
袖子（正面）

將袖子翻回正面，襦袢收進袖子裡，袖口也摺進內側（袖口的縫份以接著劑黏貼固定）。

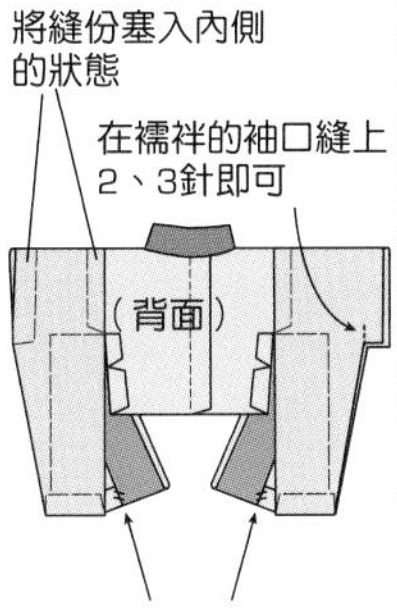
將縫份塞入內側的狀態
在襦袢的袖口縫上2、3針即可
（背面）

也可以將裡布先縫在縫份上

13

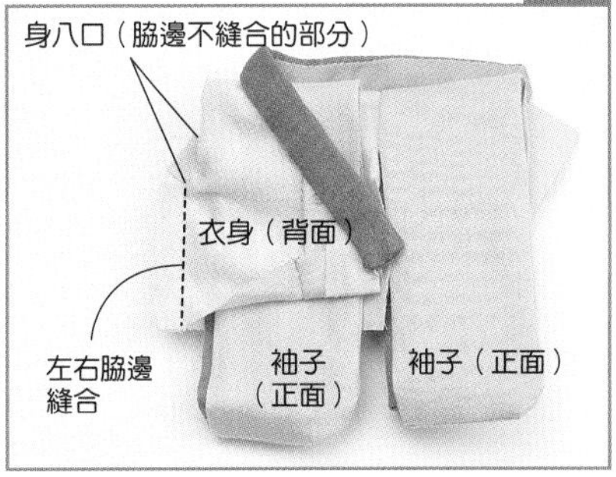
身八口（脇邊不縫合的部分）
衣身（背面）
左右脇邊縫合
袖子（正面）
袖子（正面）

將衣身的前後脇邊以正面相對的方式對齊，把身八口以下的部位縫合起來。

14

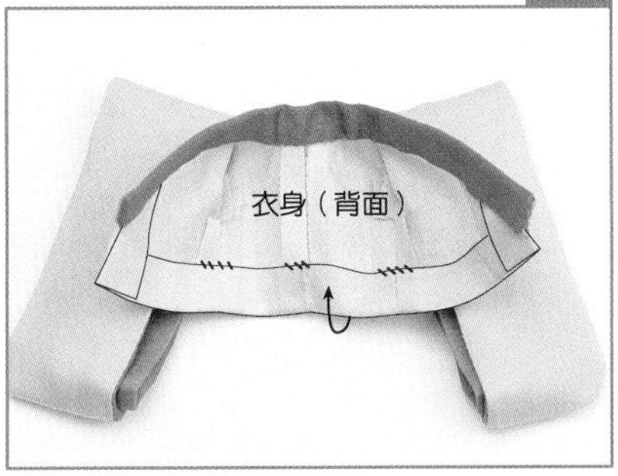
衣身（背面）

將脇邊的縫份燙開並摺起下襬，縫在縫份上，或是以接著劑黏貼也可以。（請注意接著劑不要滲透到正面）

15

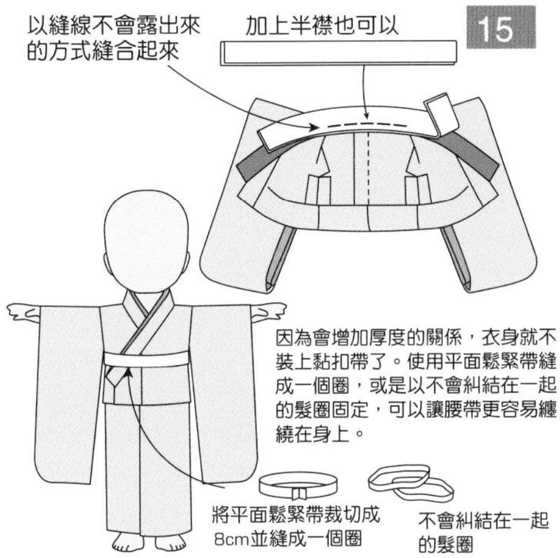
以縫線不會露出來的方式縫合起來
加上半襟也可以
因為會增加厚度的關係，衣身就不裝上黏扣帶了。使用平面鬆緊帶縫成一個圈，或是以不會糾結在一起的髮圈固定，可以讓腰帶更容易纏繞在身上。
將平面鬆緊帶裁切成8cm並縫成一個圈
不會糾結在一起的髮圈

16

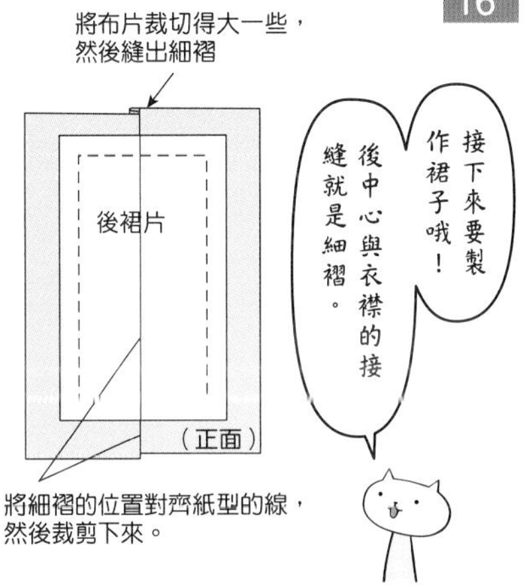
將布片裁切得大一些，然後縫出細褶
後裙片
（正面）
將細褶的位置對齊紙型的線，然後裁剪下來。
接下來要製作裙子哦！後中心與衣襟的接縫就是細褶。

17

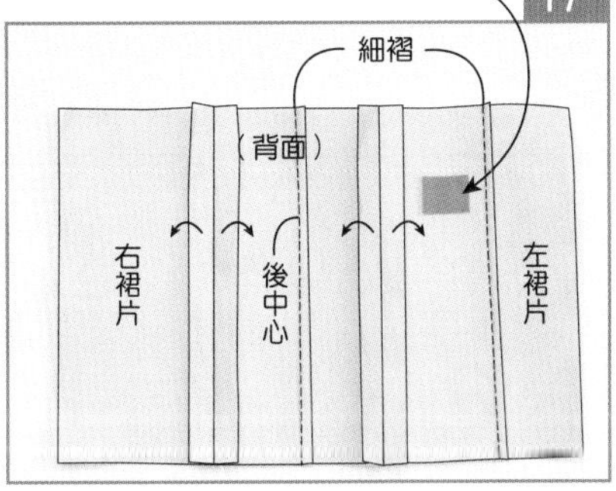
在位於上方的部分黏貼保護膠帶當作標記，這就比較不容易弄錯上下方向
細褶
（背面）
右裙片
後中心
左裙片

將前後裙片的脇邊縫合起來，並將縫份燙開。

18

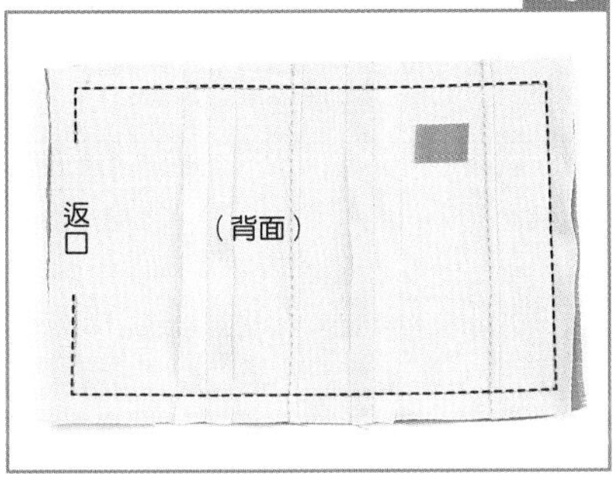
返口
（背面）

將裡布以正面相對的方式重疊後，除了留下返口不縫，整個周圍車縫一圈（如果想要更簡單製作的話，表布與裡布都用相同的紙型裁切，即使沒有接縫處和細褶也沒關係）。

為了更容易製作些，這裡是將帶揚等配件省略掉

18

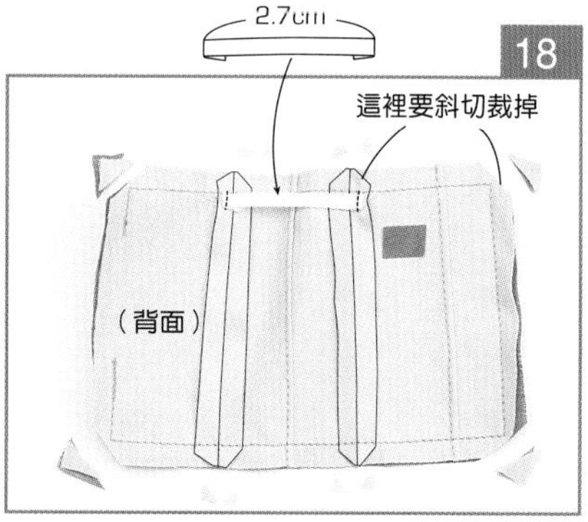
2.7cm
這裡要斜切裁掉
（背面）

將邊角及脇邊的縫份斜切裁掉，然後再把裁切成2.7cm的平面鬆緊帶的邊緣摺起來，縫合在縫份上（會呈現稍微拉緊的狀態）。

19

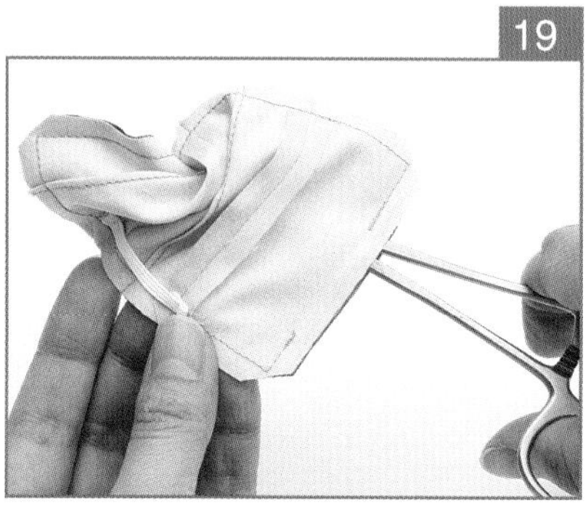

由返口翻回正面，此時如果有「鉗子」工具的話，會更方便。

20

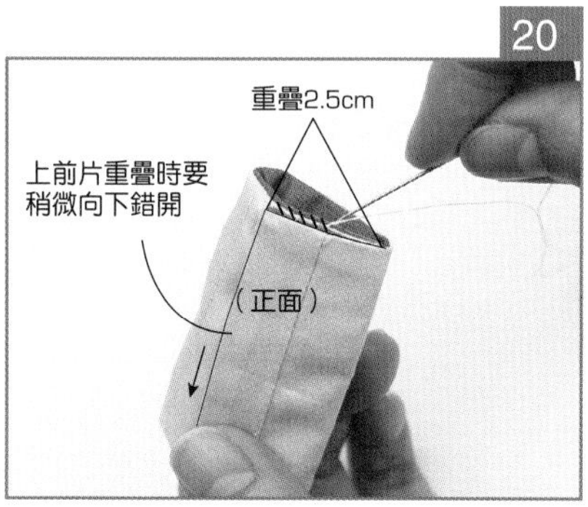
重疊2.5cm
上前片重疊時要稍微向下錯開
（正面）

翻回正面後，繚縫返口。將前端重疊2.5cm左右，再把上半部縫合起來。上前片重疊時要稍微向下錯開。

製作腰帶

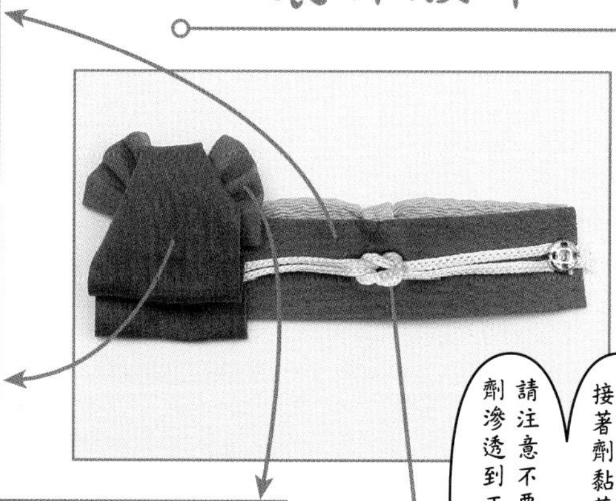

軀體部分

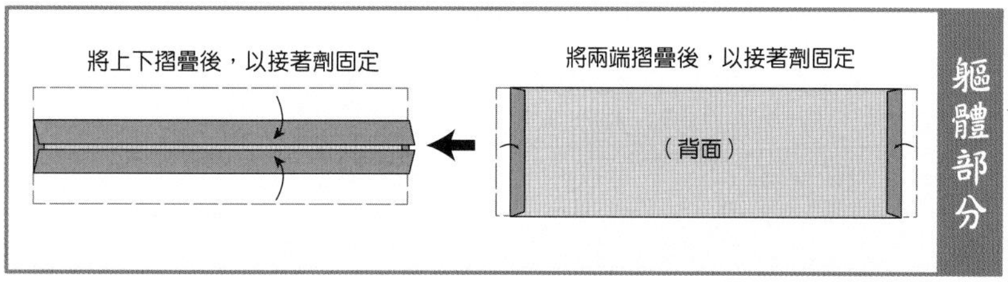
將兩端摺疊後，以接著劑固定
（背面）
將上下摺疊後，以接著劑固定

太鼓結部分

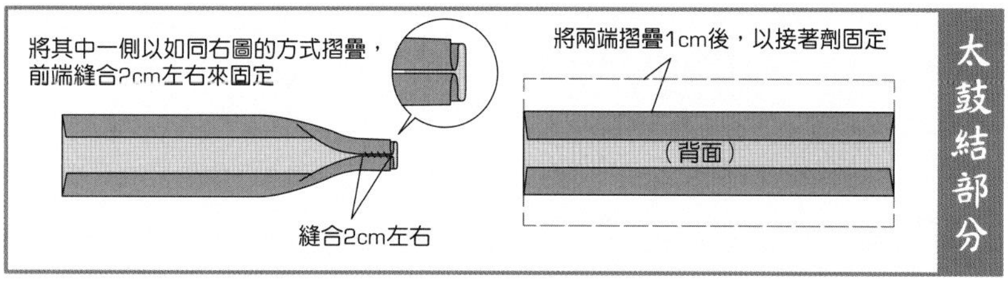
將兩端摺疊1cm後，以接著劑固定
（背面）
將其中一側以如同右圖的方式摺疊，前端縫合2cm左右來固定
縫合2cm左右

翅膀部分

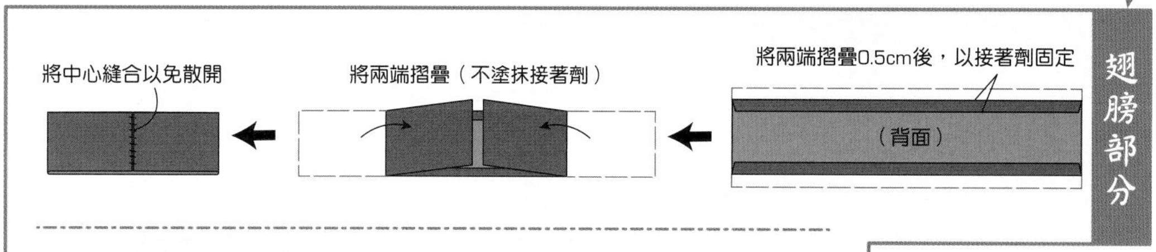
將兩端摺疊0.5cm後，以接著劑固定
（背面）
將兩端摺疊（不塗抹接著劑）
將中心縫合以免散開

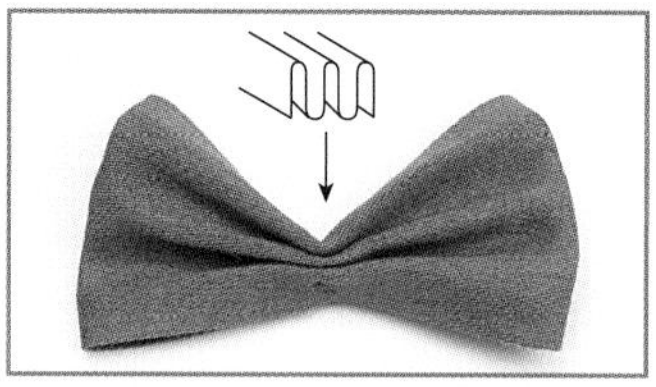

在中心抓出3道褶襉，然後縫合固定。

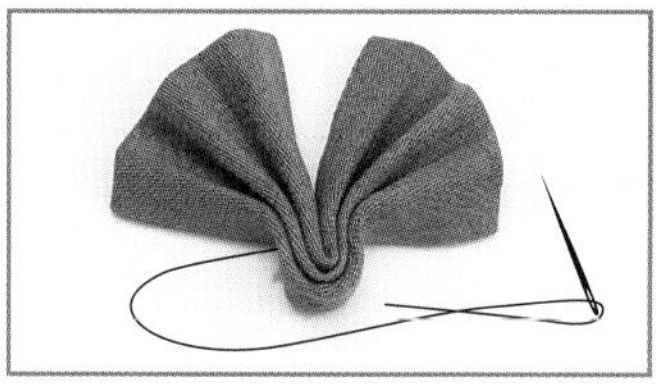

摺成類似銀杏葉般的形狀。
縫合起來固定形狀。

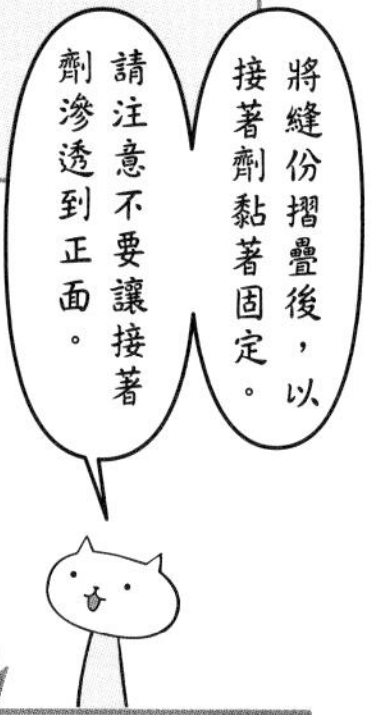
將縫份摺疊後，以接著劑黏著固定。
請注意不要讓接著劑滲透到正面。

帶締

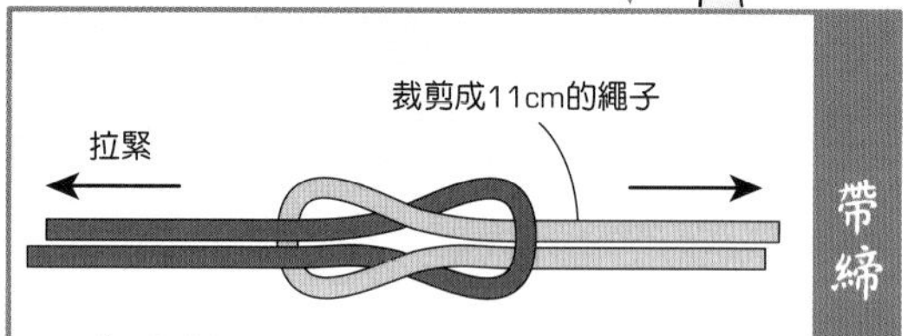
裁剪成11cm的繩子
拉緊

將2條裁剪成11cm的繩子，如上相同般彼此穿過後拉緊

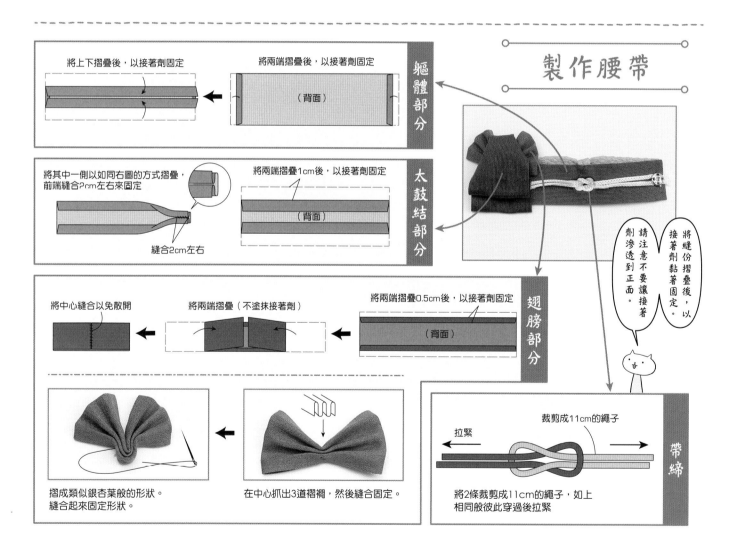

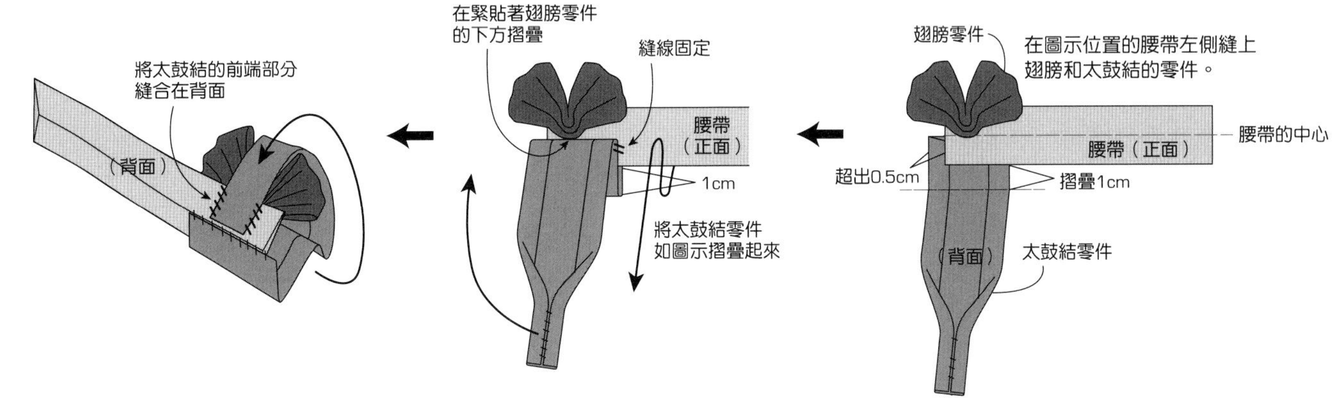
翅膀零件
在圖示位置的腰帶左側縫上
翅膀和太鼓結的零件。
腰帶的中心
腰帶（正面）
超出0.5cm
摺疊1cm
（背面）
太鼓結零件
在緊貼著翅膀零件
的下方摺疊
縫線固定
腰帶
（正面）
1cm
將太鼓結零件
如圖示摺疊起來
將太鼓結的前端部分
縫合在背面
（背面）

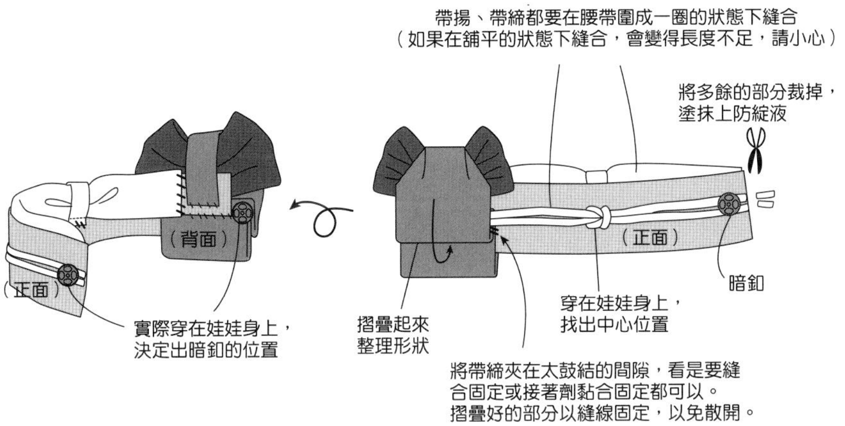
帶揚、帶締都要在腰帶圍成一圈的狀態下縫合
（如果在鋪平的狀態下縫合，會變得長度不足，請小心）
將多餘的部分裁掉，
塗抹上防綻液
（背面）
（正面）
（正面）
暗釦
實際穿在娃娃身上，
決定出暗釦的位置
摺疊起來
整理形狀
穿在娃娃身上，
找出中心位置
將帶締夾在太鼓結的間隙，看是要縫
合固定或接著劑黏合固定都可以。
摺疊好的部分以縫線固定，以免散開。

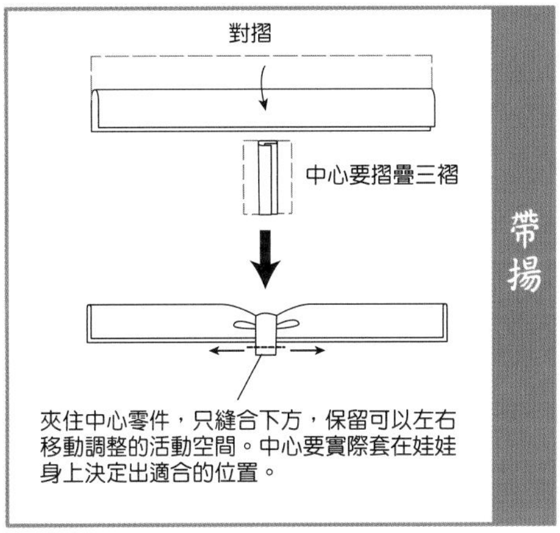
帶揚
對摺
中心要摺疊三褶
夾住中心零件，只縫合下方，保留可以左右
移動調整的活動空間。中心要實際套在娃娃
身上決定出適合的位置。

照片上的振袖腰帶使用
的是一種叫做「金襴」
的布料。

也可以使用和風花紋的手帕布，還有像
這種加工成類似縐綢質感的布料。

看起來可以使用製作和服的花紋布，
請一定要事先確認素材特性！

注意

碰到水會收縮

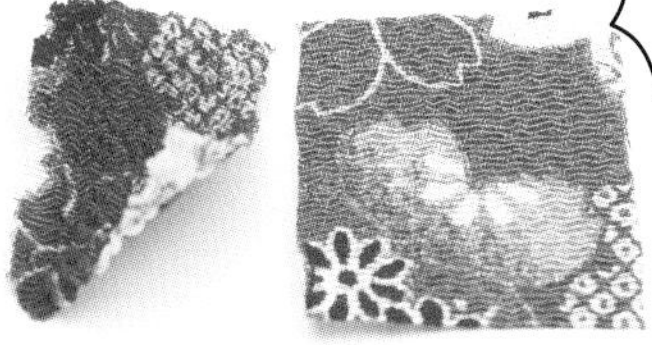

100%人造絲的布料，一旦碰到水就
有可能會收縮或是變硬。

請選用即使碰到水也
不會收縮的布料吧！
人家好不容易才縫製
完成，怎麼一噴上水
霧就收縮了啦！千萬
不要發生這種失敗！

21

振袖完成了。

※如果是左右相同或者只是左右翻轉的紙型會加上＊記號。

振袖紙型
→製作方法72-75頁

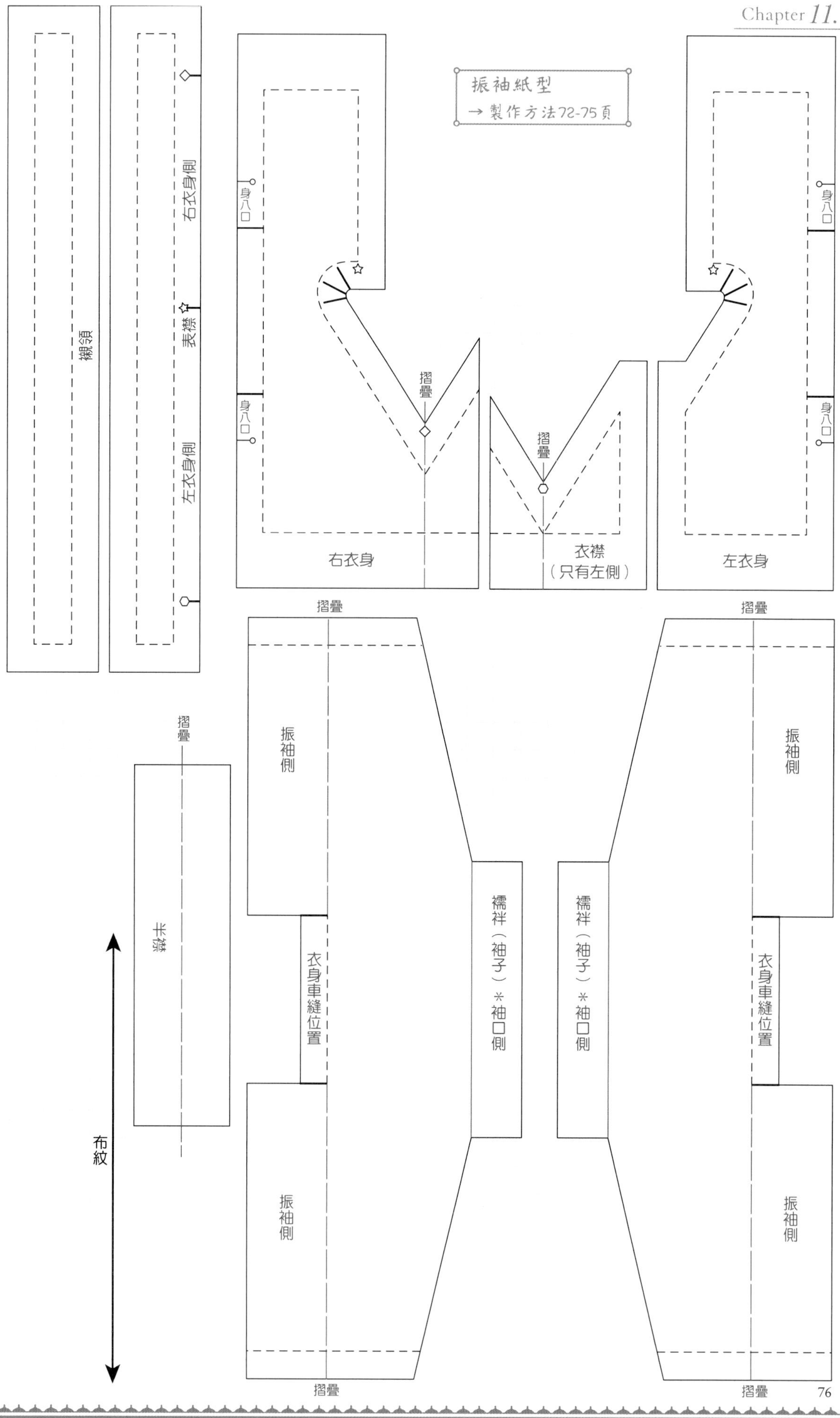
襯領
右衣身側
表襟
左衣身側
身八口
摺疊
右衣身
衣襟
（只有左側）
左衣身
身八口
摺疊
半襟
布紋
振袖側
衣身車縫位置
襦袢（袖子）＊袖口側
襦袢（袖子）＊袖口側
衣身車縫位置
振袖側
振袖側
振袖側
摺疊

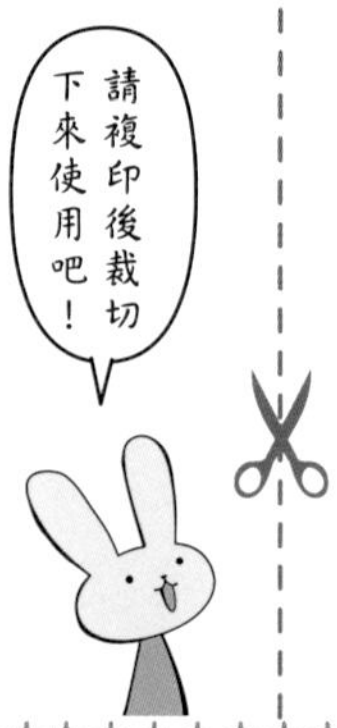
請複印後裁切
下來使用吧！

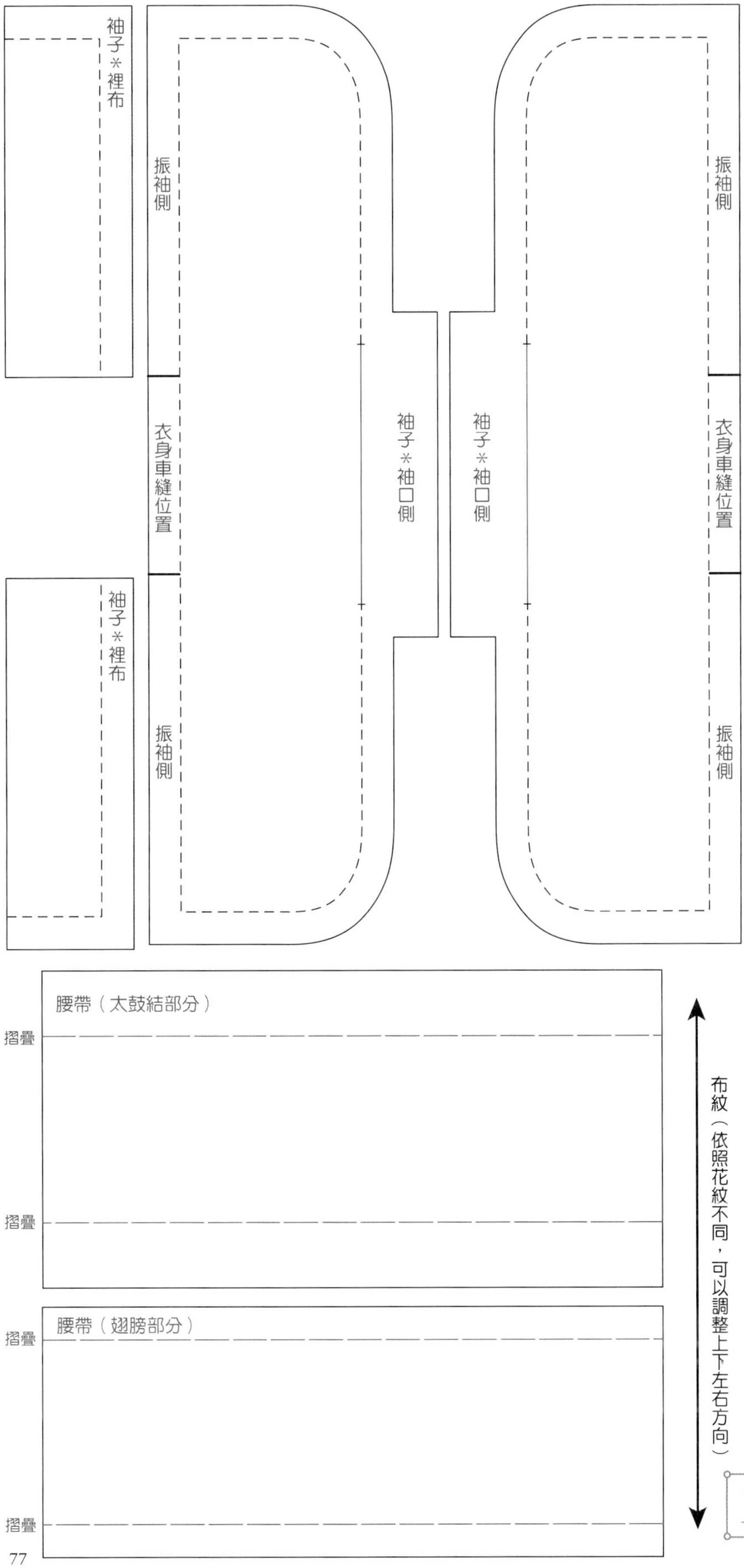
袖子＊裡布
振袖側
衣身車縫位置
振袖側
袖子＊裡布
袖子＊袖口側
袖子＊袖口側
袖子＊裡布
振袖側
衣身車縫位置
振袖側
袖子＊裡布
腰帶（太鼓結部分）
摺疊
摺疊
腰帶（翅膀部分）
摺疊
摺疊
布紋（依照花紋不同，可以調整上下左右方向）

振袖紙型
→製作方法72-75頁

※如果是左右相同或者只是左右翻轉的紙型會加上＊記號。

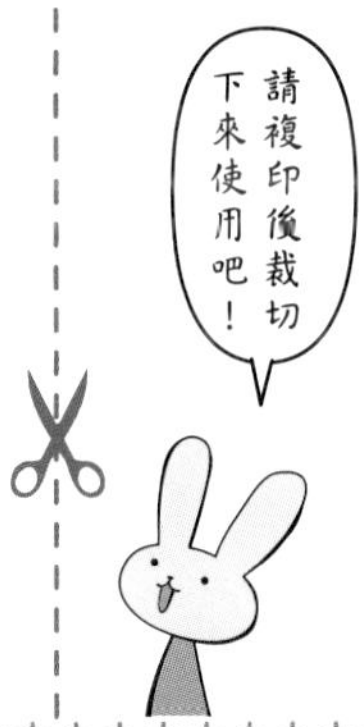
請複印後裁切下來使用吧！

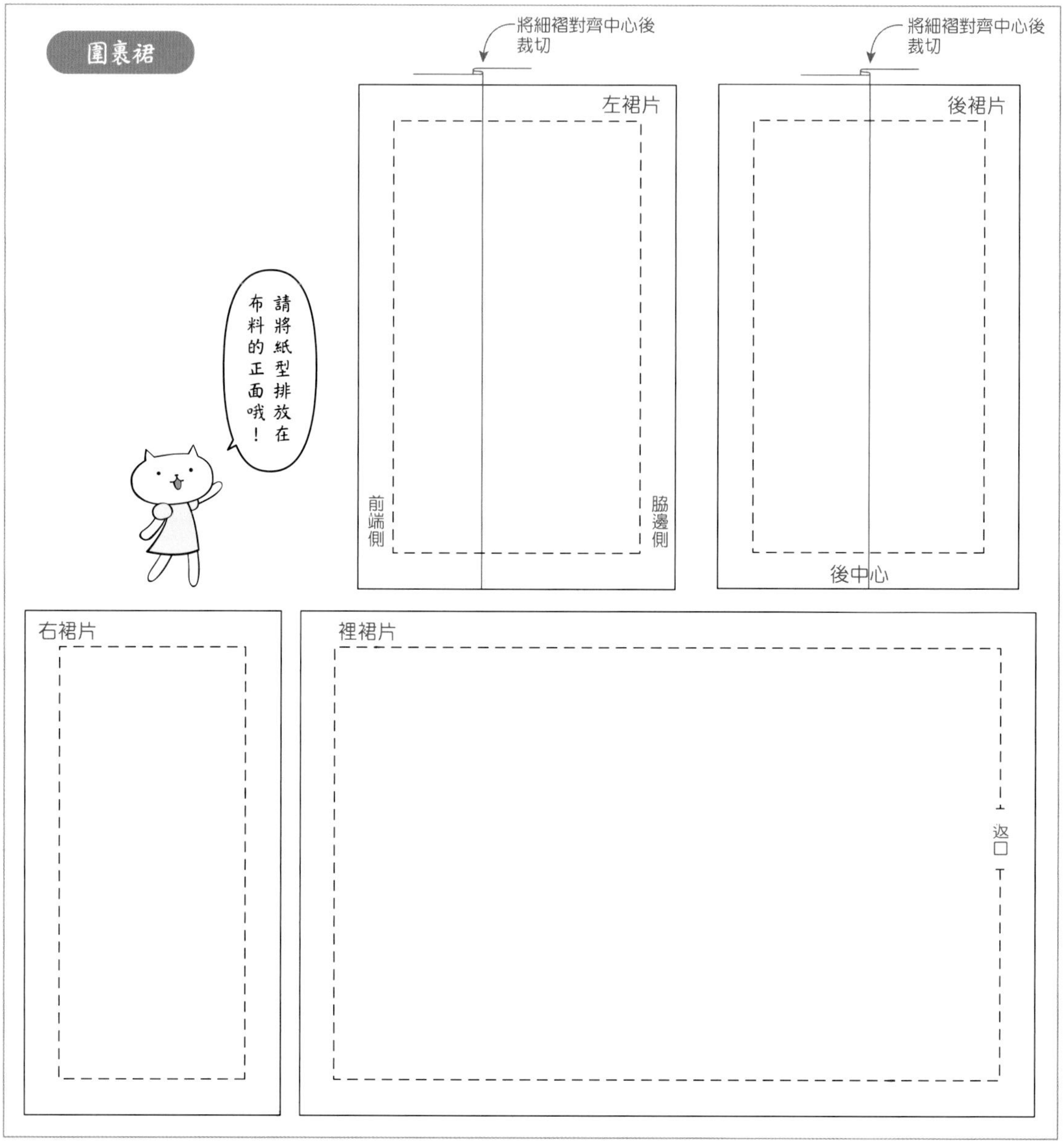
圍裹裙
將細褶對齊中心後裁切
將細褶對齊中心後裁切
左裙片
後裙片
請將紙型排放在布料的正面哦！
前端側
脇邊側
後中心
右裙片
裡裙片
返口

振袖紙型
→製作方法72-75頁

布紋（依照花紋不同，可以調整上下左右方向）
摺疊 摺疊
帶揚
摺疊
帶揚中心
腰帶（軀體部分）

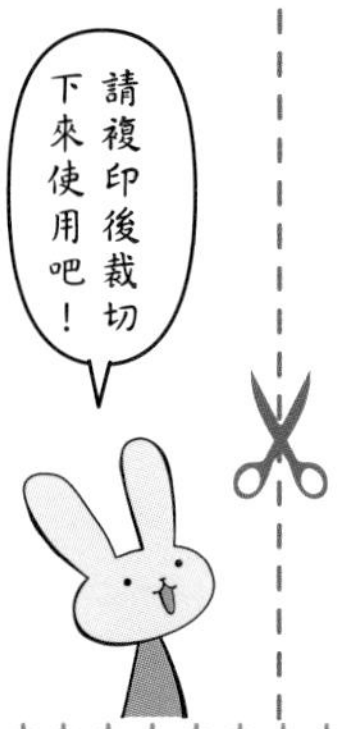
請複印後裁切下來使用吧！

Chapter *12.*

袴裙

— HAKAMA —

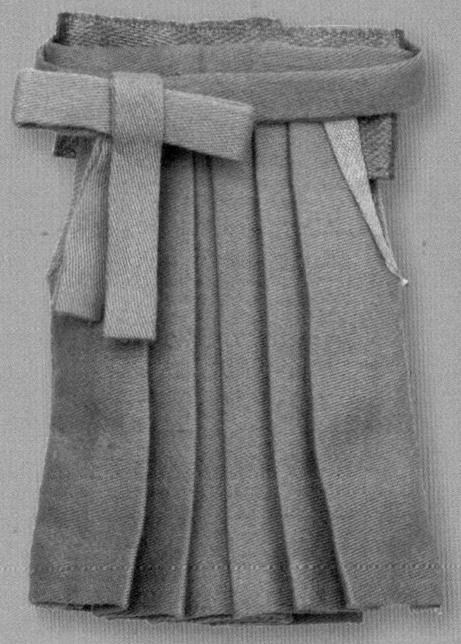

＊原寸大＊

袴裙

這是裙子類型的女袴。
使用紙型就能簡單摺出
褶襉哦！

1

→紙型82-83頁

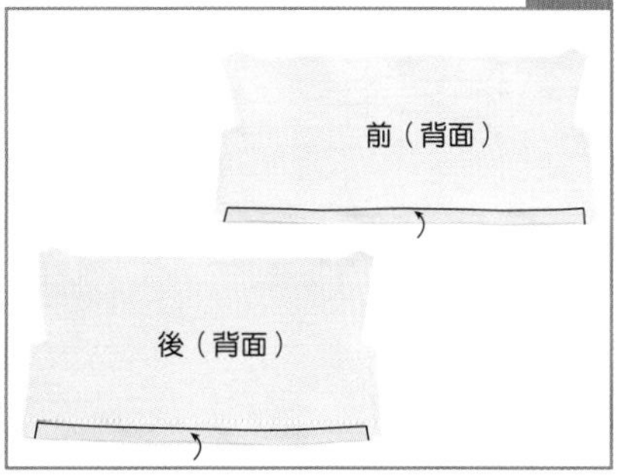
前（背面）
後（背面）

將裙子的下襬摺起後，以裁縫用接著劑黏貼固定。

2

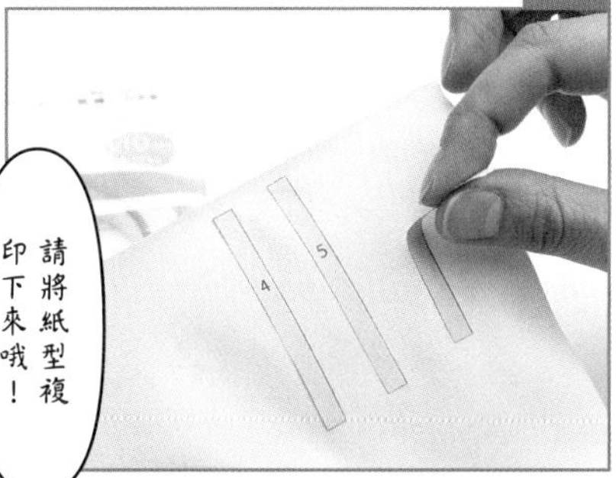

請將紙型複印下來哦！

摺疊專用的紙型背面整個貼滿雙面膠帶後，裁剪下來。先在其他布上反覆黏貼，沾上一些纖維來降低黏性較好作業。

3

將下襬已經摺疊並黏貼固定好的女袴裙片放在褶襉導引用紙型上。如果在背面貼上捲成環狀的保護膠帶固定，更不容易錯位。

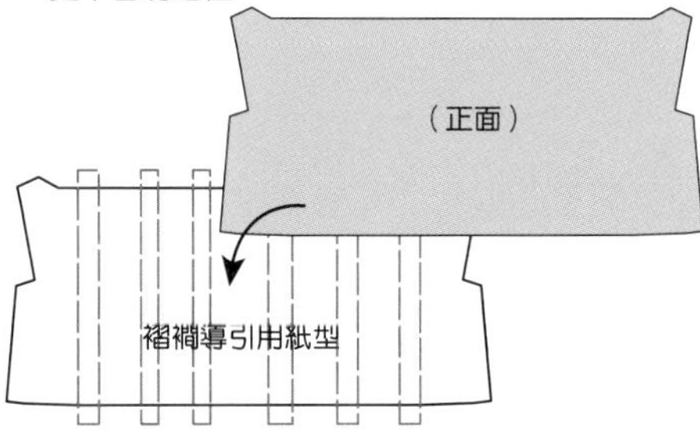
（正面）
褶襉導引用紙型

※如果直接放在書上不好作業的話，請將紙型複印下來並放置在上面即可。

4

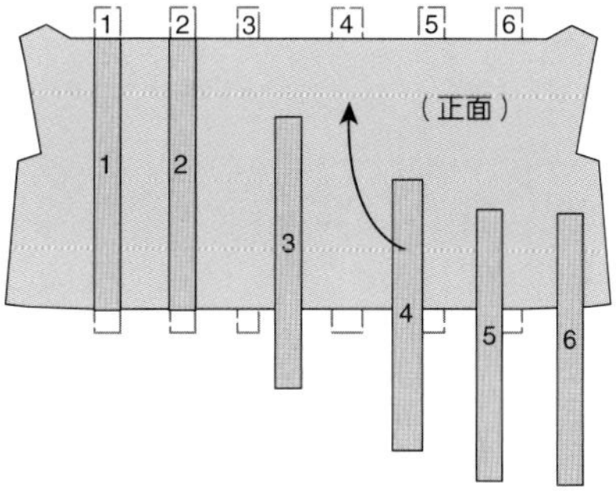
1
2
3
4
5
6
（正面）

沿著導引用紙型，將褶襉專用紙型黏貼在女袴裙片上。

5

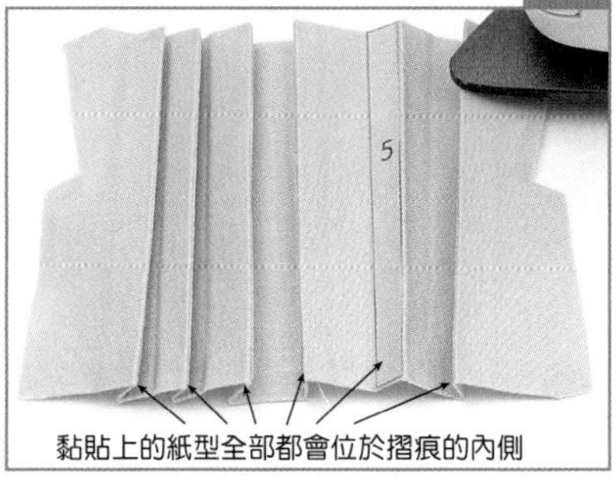
黏貼上的紙型全部都會位於摺痕的內側

沿著導引紙型，以熨斗將褶襉燙摺出來。
（請先在零散布片上測試雙面膠會不會因為熨斗的高溫而變得黏乎乎的）

6

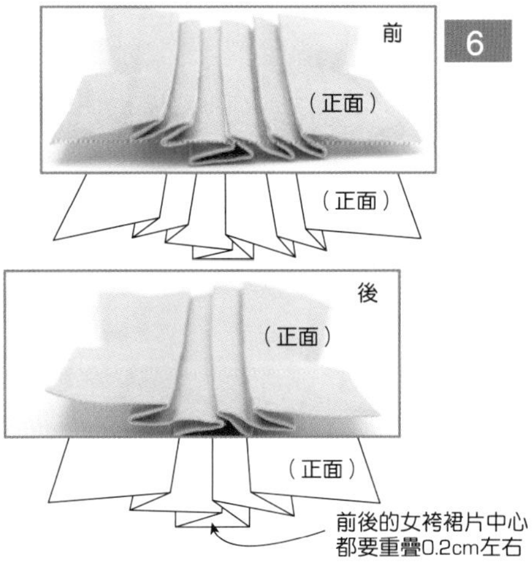
前
（正面）
（正面）
後
（正面）
（正面）
前後的女袴裙片中心都要重疊0.2cm左右

7

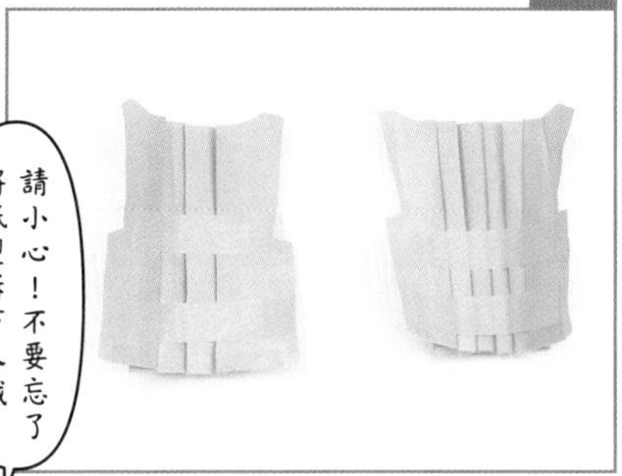

請小心！不要忘了將紙型拆下來哦！

將紙型拆下時，小心不要破壞褶襉的形狀，再用雙面膠將褶襉固定起來。

8

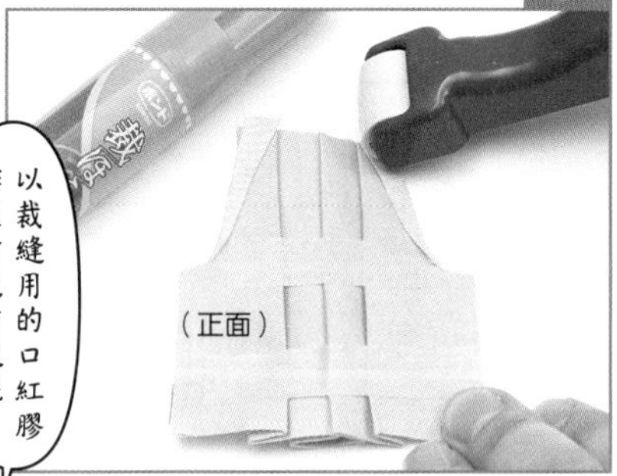
（正面）

以裁縫用的口紅膠作業會更方便呢！

將竹葉褶朝向正面摺疊2次後，以接著劑黏貼固定。

9

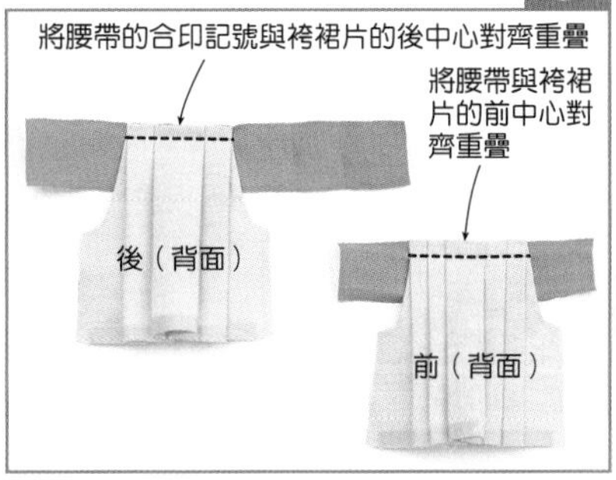
將腰帶的合印記號與袴裙片的後中心對齊重疊
將腰帶與袴裙片的前中心對齊重疊
後（背面）
前（背面）

將袴裙片的中心與腰帶的合印記號對齊，然後在前後的袴裙片上裝上腰帶。

10

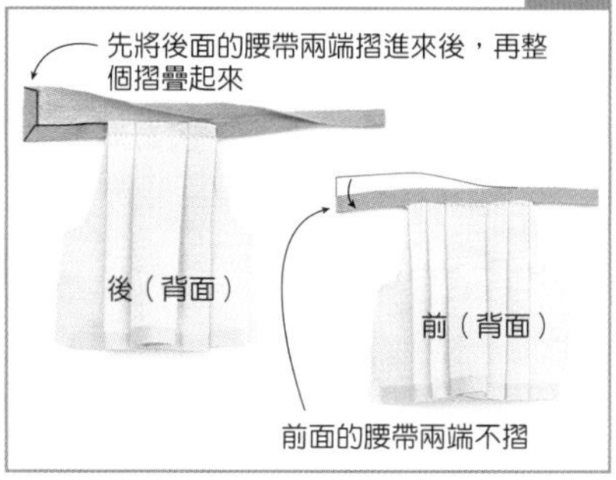
先將後面的腰帶兩端摺進來後，再整個摺疊起來
後（背面）
前（背面）
前面的腰帶兩端不摺

以包覆縫份般的方式將腰帶摺疊起來縫合，或者用接著劑黏貼固定。

11

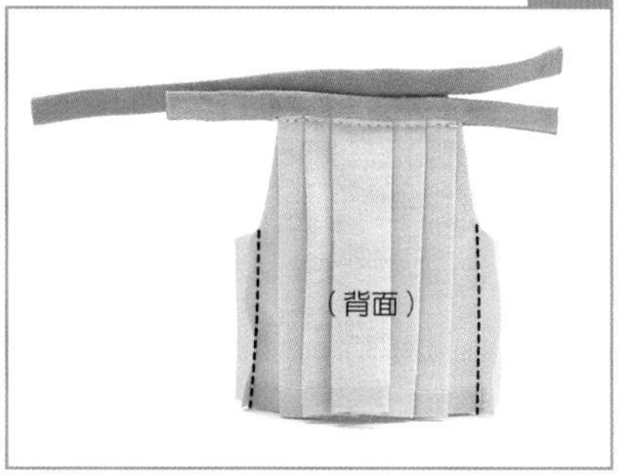
（背面）

將前後的袴裙片以正面相對的方式重疊後縫合脇邊，然後將縫份燙開。

12

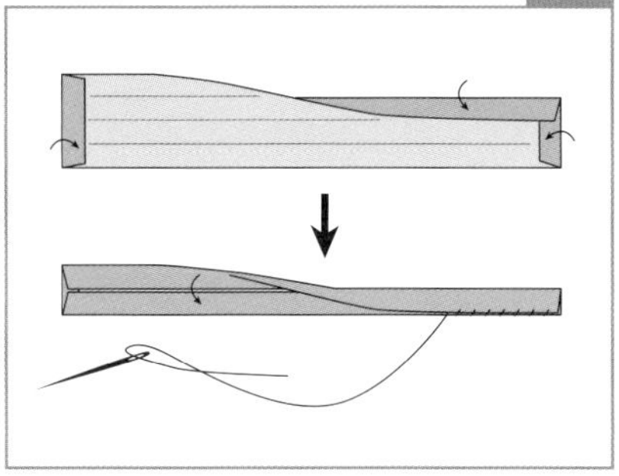

將蝴蝶結用的布摺疊起來縫合，或者用接著劑黏貼固定。

13

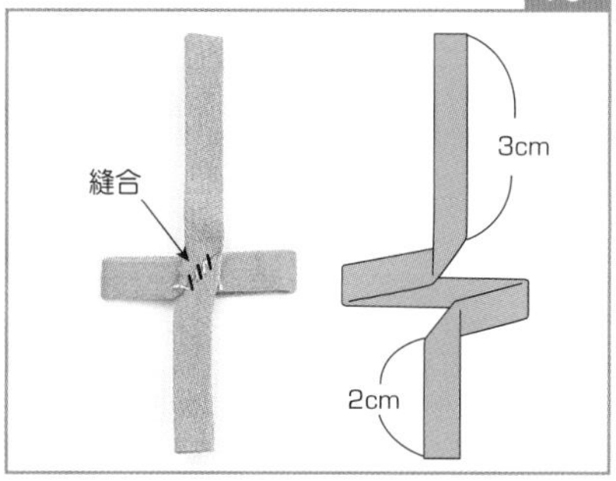
縫合
3cm
2cm

將蝴蝶結用的布摺成十字形，然後縫合背面固定形狀。

14

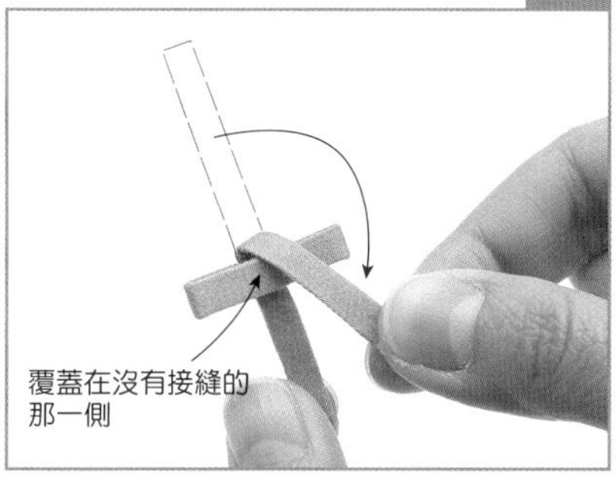
覆蓋在沒有接縫的那一側

將較長的一端摺向前方，並以接著劑固定。

15

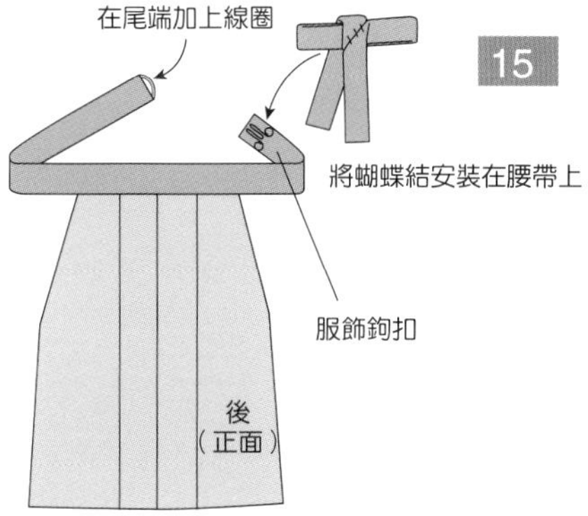
在尾端加上線圈
將蝴蝶結安裝在腰帶上
服飾鉤扣
後
（正面）

將服飾鉤扣安裝在腰帶較短的一側，較長的那一側尾端縫上一個用來勾住鉤扣的線圈，然後縫上先前製作好的蝴蝶結。

16

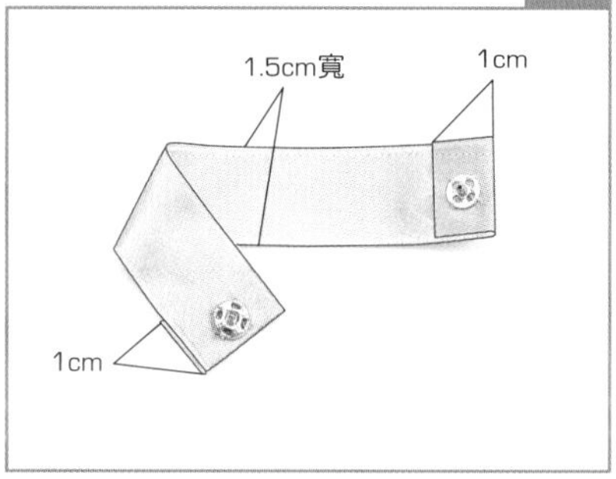
1.5cm寬
1cm
1cm

將寬1.5cm左右的緞帶裁剪成11cm。緞帶的兩端各自向內摺入1cm後，用接著劑黏貼固定，裝上暗釦。

17

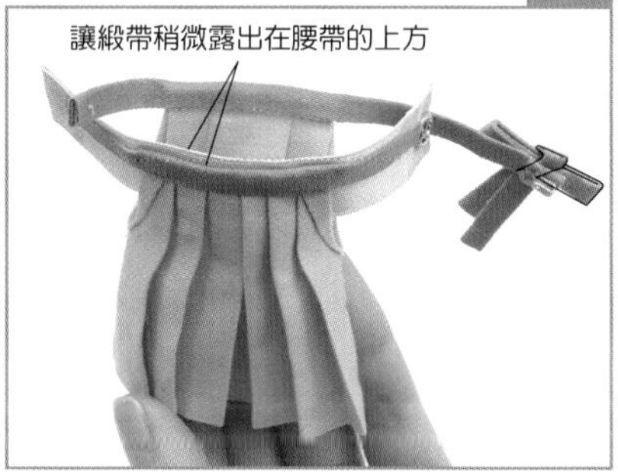
讓緞帶稍微露出在腰帶的上方

將正面的腰帶與緞帶的前中心對齊。讓腰帶呈現出像是穿在娃娃身上般的環形狀態，然後用接著劑黏著固定。如果可以加上幾道縫線，穿脫的時候就更不用擔心鬆脫了。

18

蝴蝶結的位置左右
對調也可以。

袴裙完成了。

袴裙紙型

→製作方法80-81頁

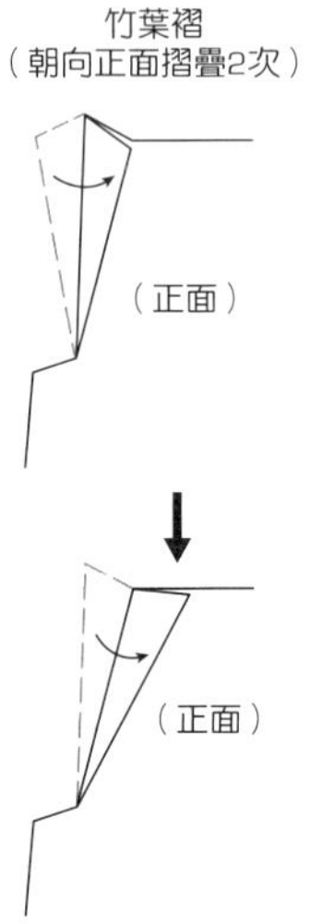
竹葉褶
（朝向正面摺疊2次）
（正面）
（正面）

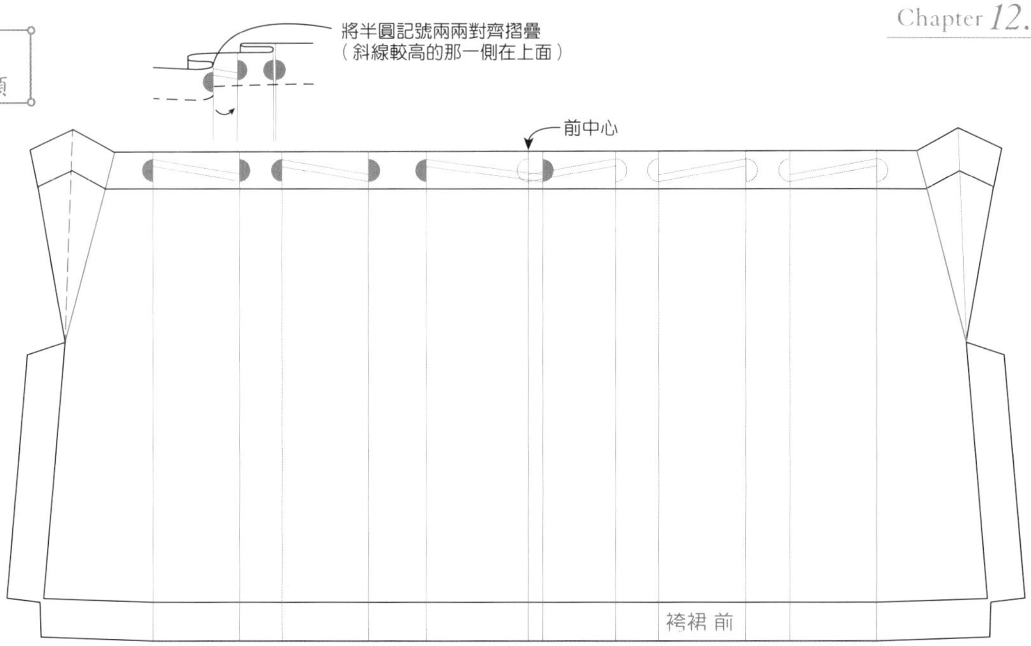
將半圓記號兩兩對齊摺疊
（斜線較高的那一側在上面）
前中心
袴裙 前

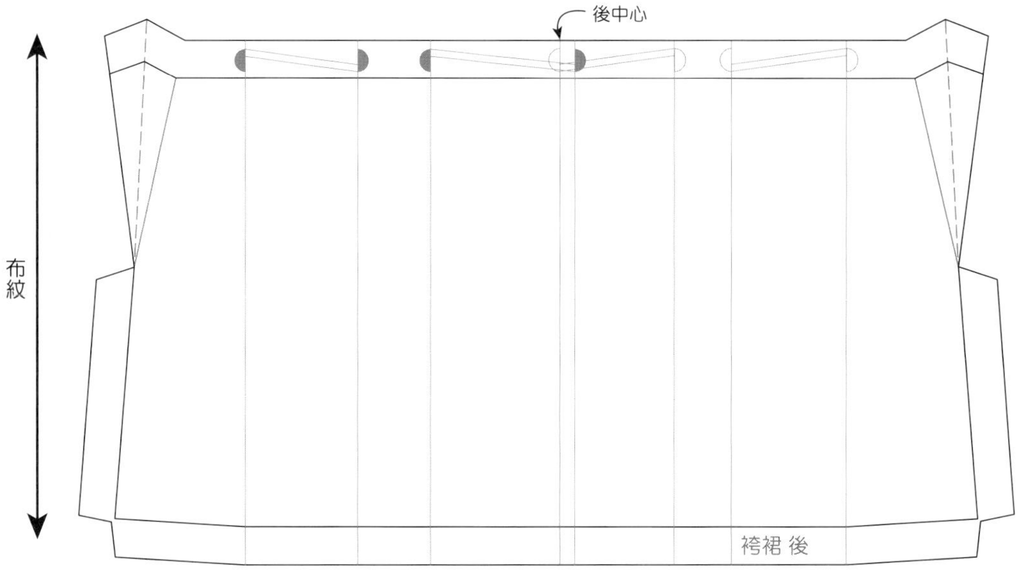
後中心
布紋
袴裙 後

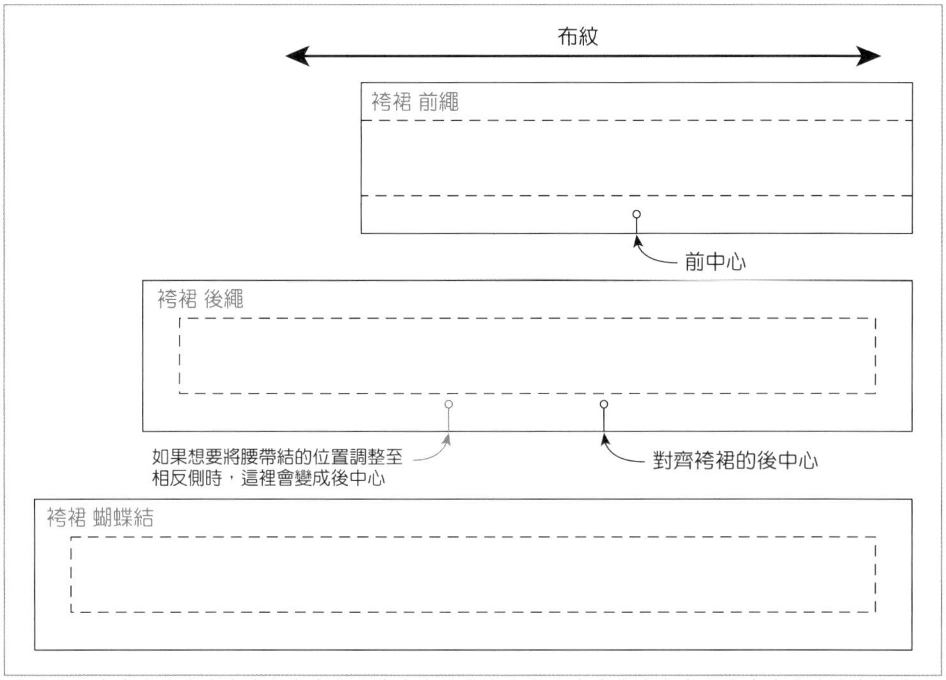
布紋
袴裙 前繩
前中心
袴裙 後繩
如果想要將腰帶結的位置調整至
相反側時，這裡會變成後中心
對齊袴裙的後中心
袴裙 蝴蝶結

請複印後裁切下來使用吧！

褶襉導引紙型（放置於布片上）

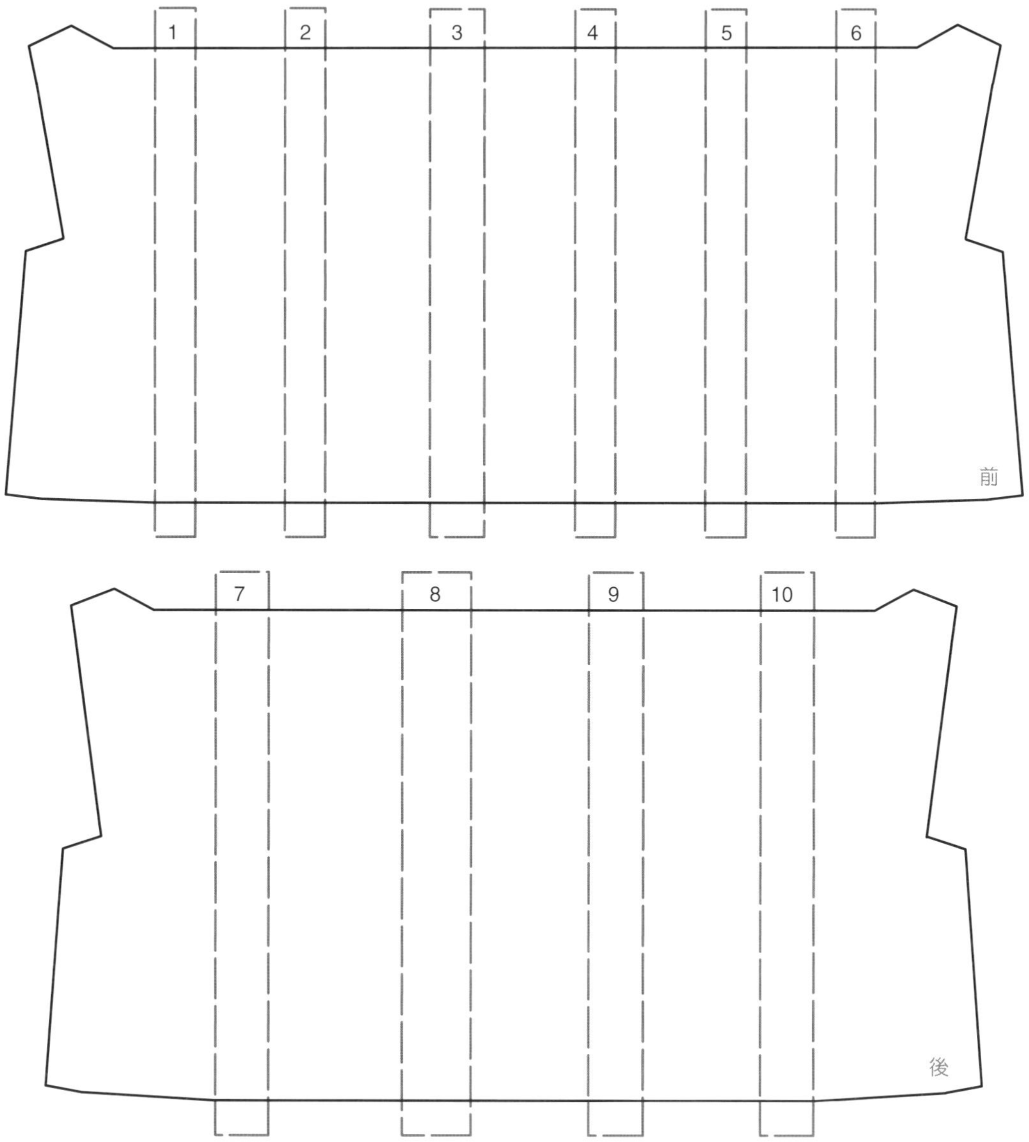

導引用紙型（請複印後在背面貼上雙面膠帶並黏貼在布上）

※只有3與8的大小不一樣。

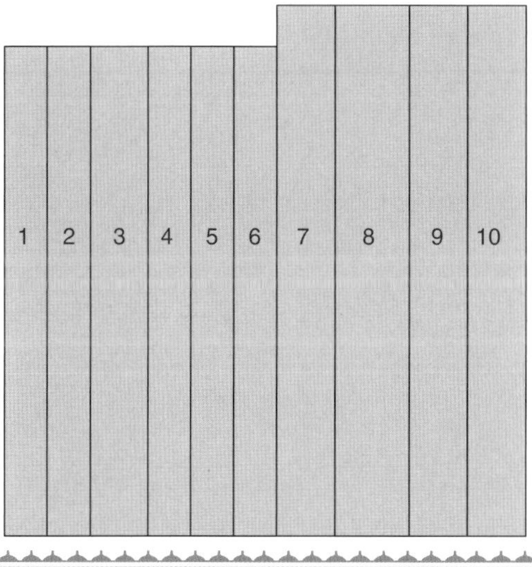

袴裙紙型
→製作方法80-81頁

Chapter *13.*

娃娃裝

— MASCOT COSTUME —

原寸大

娃娃裝

頭套+連身裙的搭配組合說不定也很可愛呢！
這是頭套與身體兩者分開的設計。

→紙型88-89頁

1

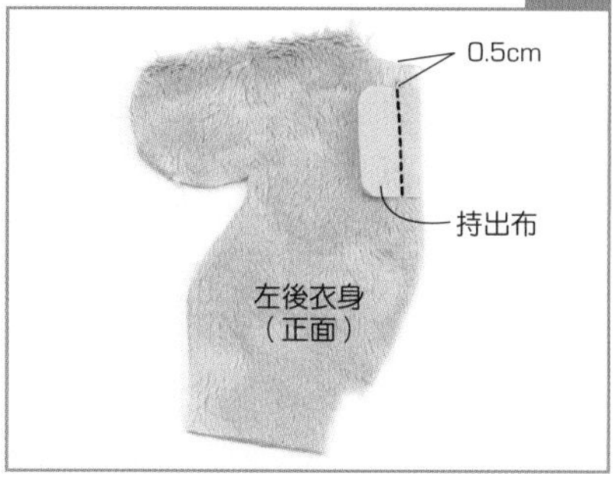
0.5cm
持出布
左後衣身
（正面）

將毛氈的持出布縫在左後衣身上（縫在由上側向下移0.5cm的位置）。

2

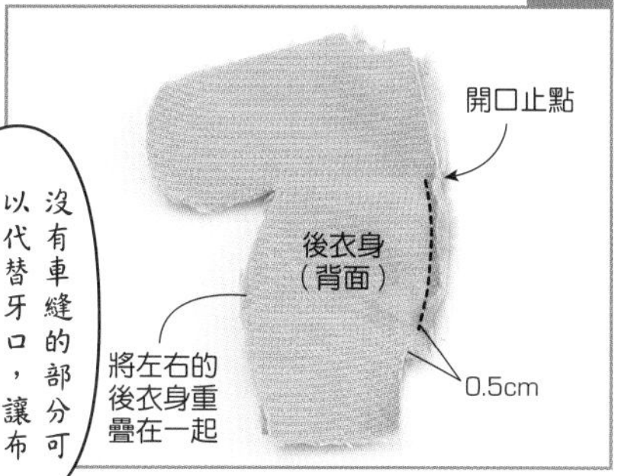
開口止點
後衣身
（背面）
將左右的後衣身重疊在一起
0.5cm

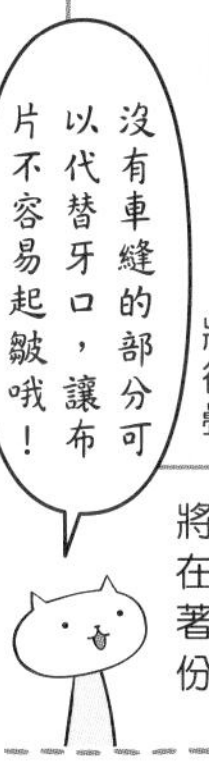
沒有車縫的部分可以代替牙口，讓布片不容易起皺哦！

將左右的後衣身以正面相對的方式重疊在一起，後中心縫合到開口止點（緊貼著持出布下方的位置）為止。股下的縫份保留0.5cm不縫。

3

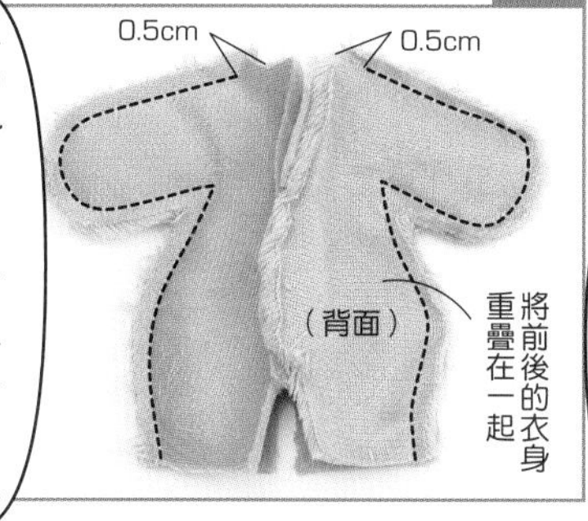
0.5cm
0.5cm
（背面）
將前後的衣身重疊在一起

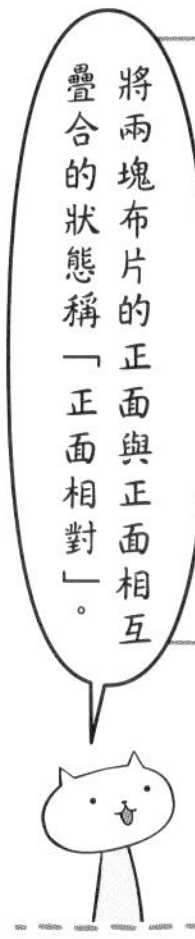
將兩塊布片的正面與正面相互疊合的狀態稱「正面與正面相對」。

將前後的衣身以正面相對的方式重疊在一起，沿著肩部～手臂～脇邊一路縫合起來。領圍的縫份保留0.5cm不縫。

4

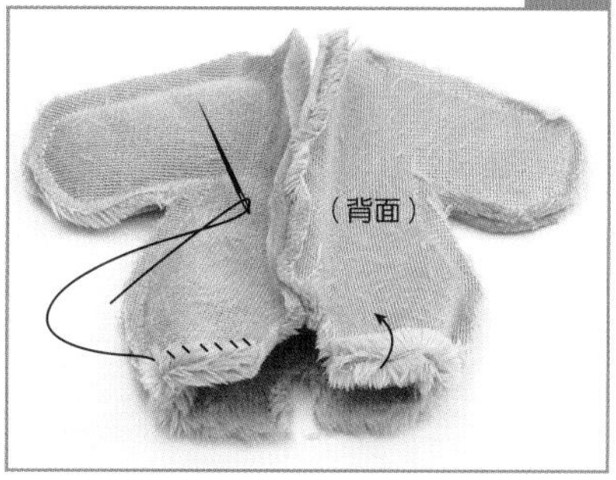
（背面）

將下襬摺起後縫合。如果因為布料過於厚重而不容易找到車縫的位置時，可以改用手工縫製。

5

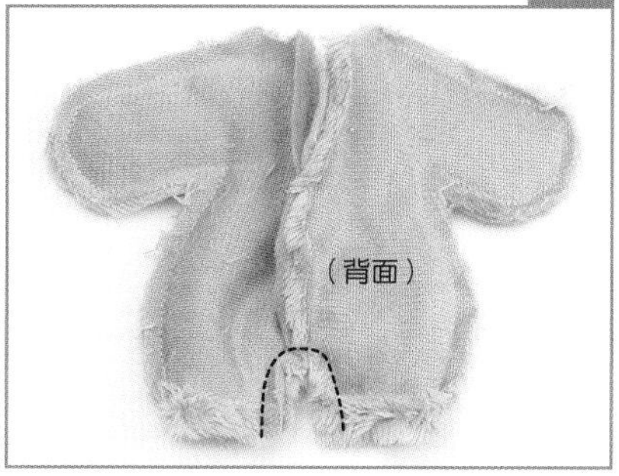
（背面）

縫合股下。如果翻回正面時起皺的話，可以在彎弧處加上一些牙口（注意不要剪得太深）。

6

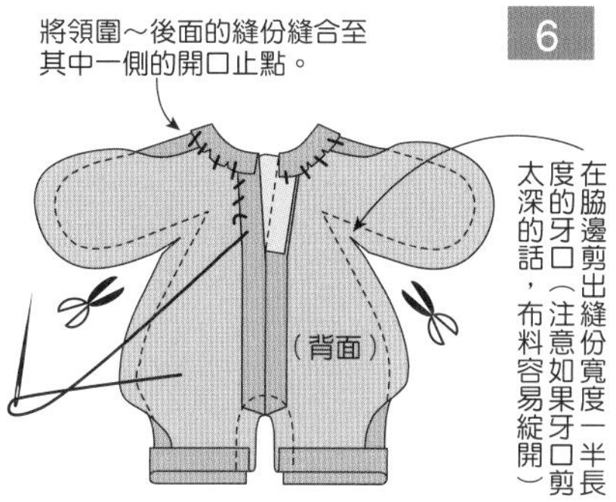
將領圍～後面的縫份縫合至其中一側的開口止點。
（背面）
在脇邊剪出縫份寬度一半長度的牙口（注意如果牙口剪太深的話，布料容易綻開）

與下襬相同，將領圍與右衣身的後端也摺入內側後縫合。如果縫份不好摺的話，可以稍微加上一些牙口（注意牙口不要剪得太深）。

7

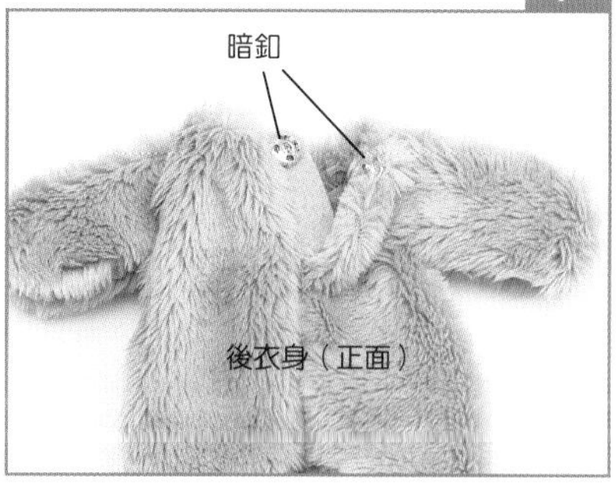
暗釦
後衣身（正面）

翻回正面，在開口加上暗釦。如果在持出布的下方縫上幾針，比較不容易外露到正面。

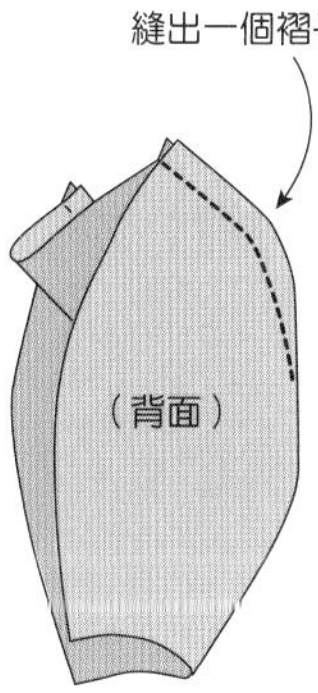
縫出一個褶子
（背面）

接下來要製作頭套哦！

8

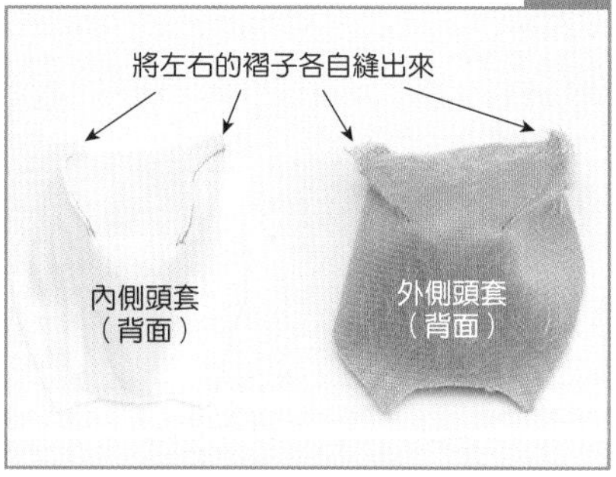
將左右的褶子各自縫出來
內側頭套
（背面）
外側頭套
（背面）

將內外側頭套的褶子各自縫出來。內側頭套使用不會延伸的布料，不如使用針織布料會更加柔軟，也比較容易符合頭形。

9

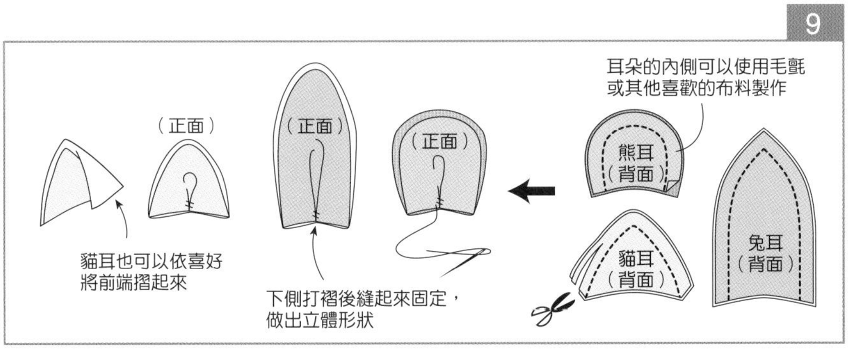
耳朵的內側可以使用毛氈
或其他喜歡的布料製作
熊耳
（背面）
貓耳
（背面）
兔耳
（背面）
（正面）
（正面）
（正面）
下側打褶後縫起來固定，
做出立體形狀
貓耳也可以依喜好
將前端摺起來

製作耳朵。將絨毛布與耳朵內側的布以正面相對的方式重疊，縫合除了下側以外的部分。縫份裁切成0.3cm寬左右，然後翻回正面。

10

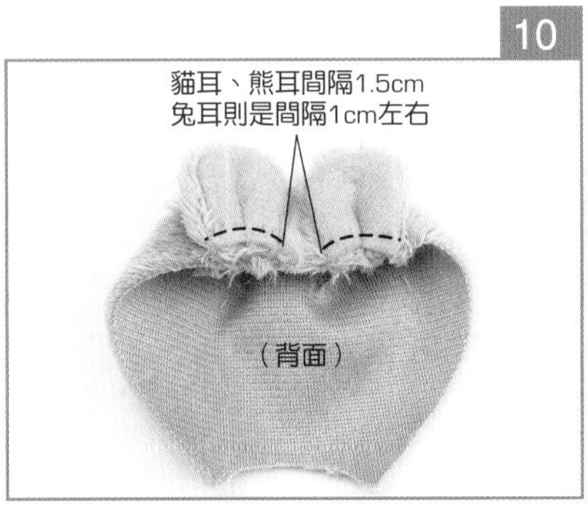
貓耳、熊耳間隔1.5cm
兔耳則是間隔1cm左右
（背面）

將耳朵假縫在頭套表布的中心。耳朵可以調整到自己喜歡的位置。

11

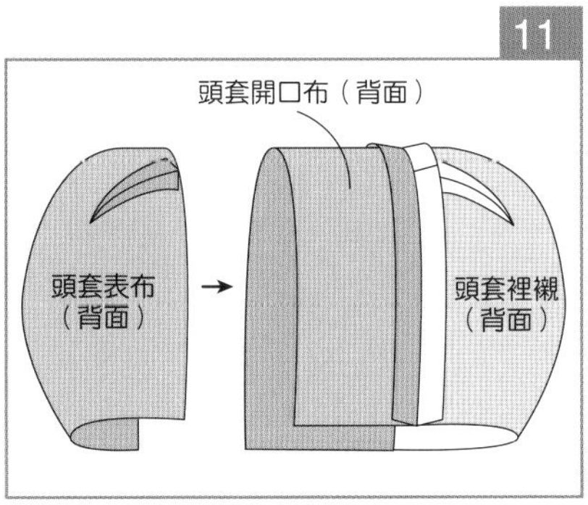
頭套開口布（背面）
頭套表布
（背面）
頭套裡襯
（背面）

將頭套的表布、裡襯與開口布分別以正面相對的方式重疊後縫合。

12

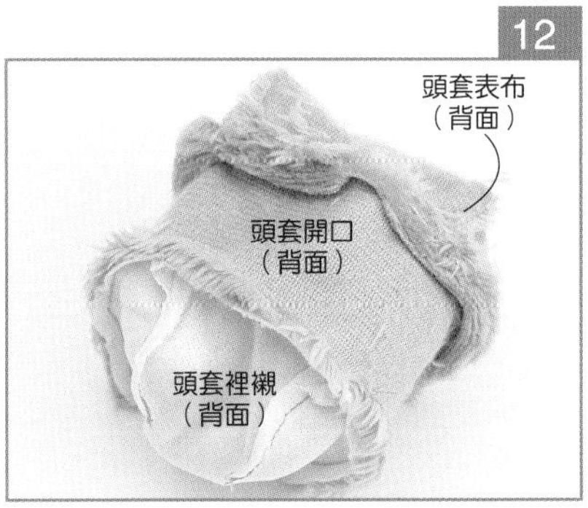
頭套表布
（背面）
頭套開口
（背面）
頭套裡襯
（背面）

以頭套開口為中心，將頭套左右縫合後的狀態。

13

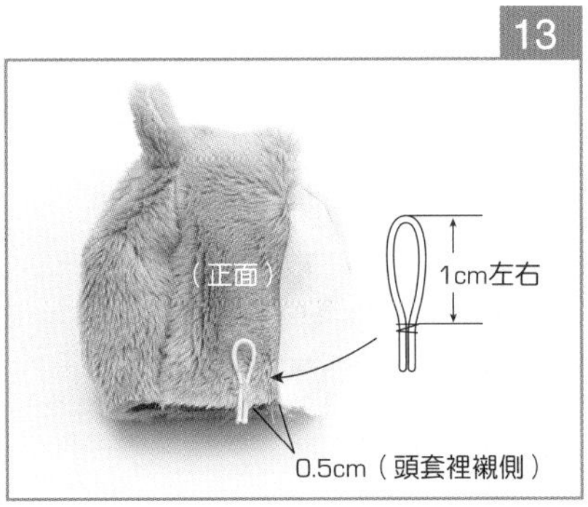
（正面）
1cm左右
0.5cm（頭套裡襯側）

翻回正面，在頭套裡襯那一側的頭套開口布下半部假縫固定一個用鬆緊帶製作的圓線圈。

14

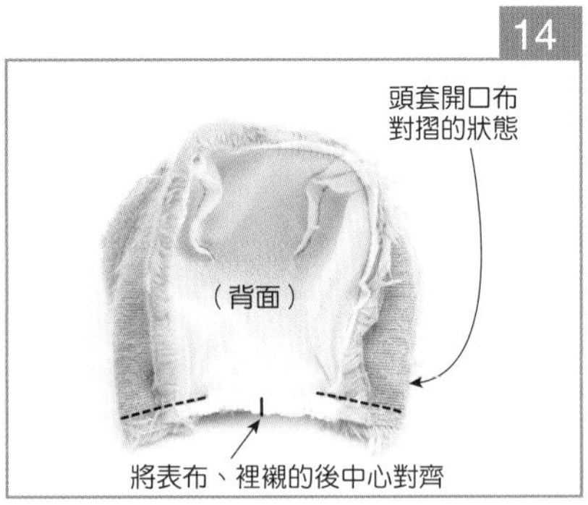
頭套開口布
對摺的狀態
（背面）
將表布、裡襯的後中心對齊

再翻回背面，將頭套表布、裡襯以正面相對的方式重疊，縫合領圍部分。此時不要全部縫合，記得要留下返口。

15

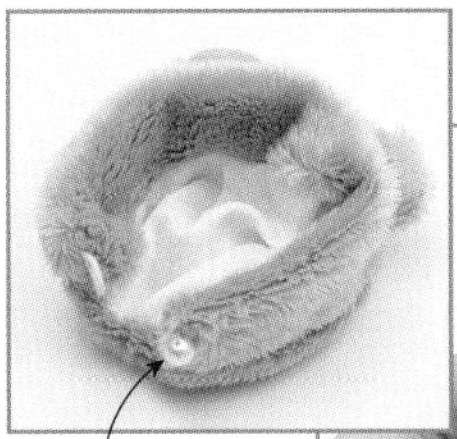
使用表面質地粗糙的棉珍珠等飾珠，可以有止滑的效果

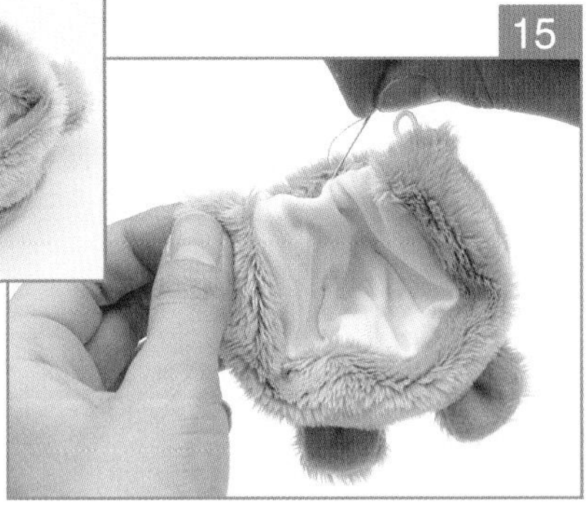

翻回正面，將返口縫合收口。在另一側的相對位置裝上一個直徑0.7cm左右的珍珠（改用小鈕釦也可以）。

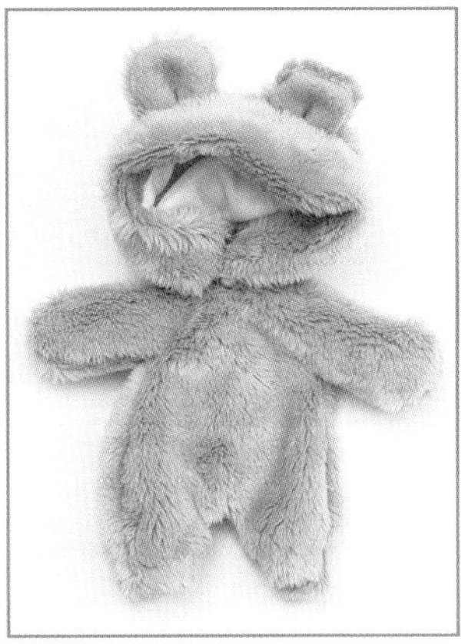

娃娃裝完成了。

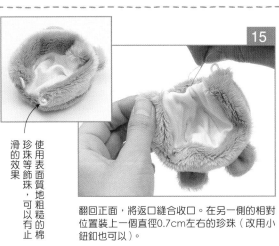

動物耳朵造型髮箍的應用設計

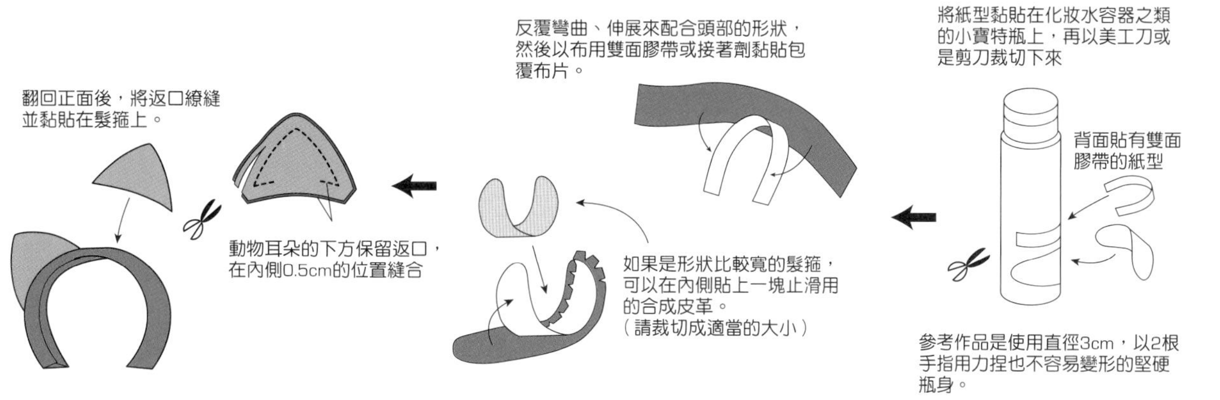
將紙型黏貼在化妝水容器之類的小寶特瓶上，再以美工刀或是剪刀裁切下來
背面貼有雙面膠帶的紙型
參考作品是使用直徑3cm，以2根手指用力捏也不容易變形的堅硬瓶身。
反覆彎曲、伸展來配合頭部的形狀，然後以布用雙面膠帶或接著劑黏貼包覆布片。
如果是形狀比較寬的髮箍，可以在內側貼上一塊止滑用的合成皮革。（請裁切成適當的大小）
動物耳朵的下方保留返口，在內側0.5cm的位置縫合
翻回正面後，將返口繚縫並黏貼在髮箍上。

關於絨毛布

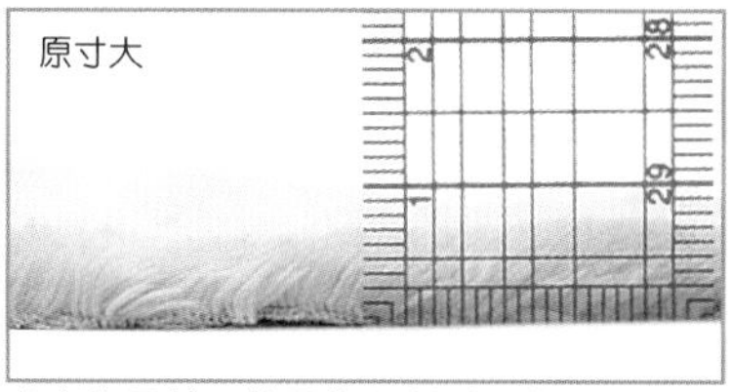
原寸大

參考作品使用的是像這種毛量的毛皮布或是絨毛布。

也可以使用市售的厚重毛巾。

由於毛皮布及絨毛布的底布大部分都是針織布料，即使不塗抹防綻液也沒問題。只有在需要剪入較深的牙口時，為了以防萬一還是會塗抹防綻液。

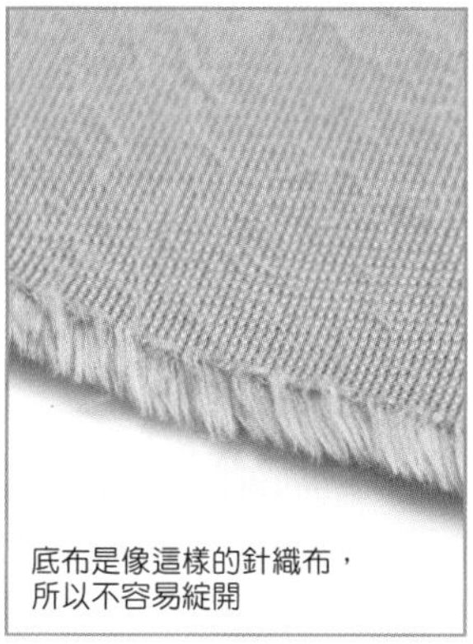

底布是像這樣的針織布，所以不容易綻開

如果發現有毛卡在接縫部分的話，可以使用錐子將毛勾出來外側。

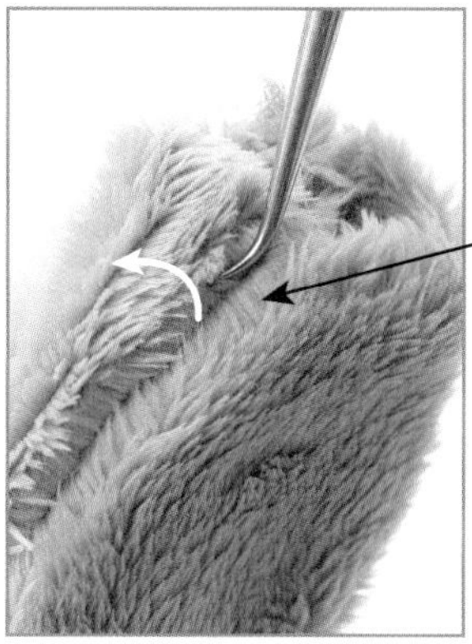

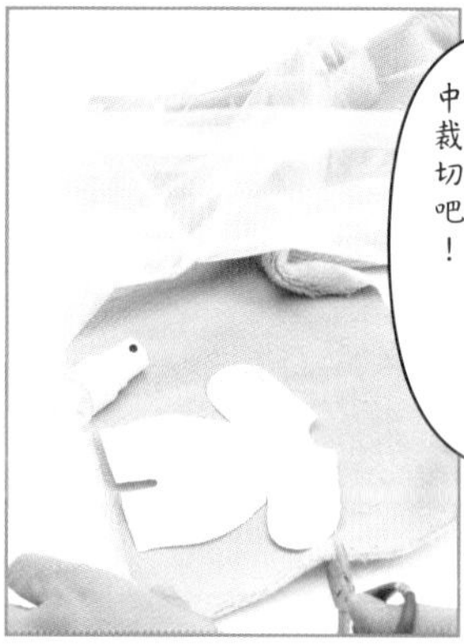

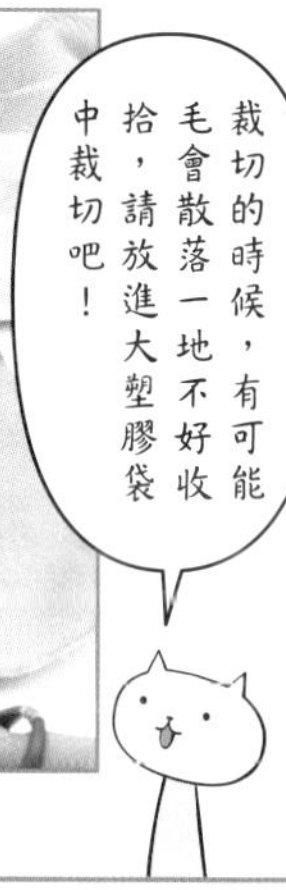
裁切的時候，有可能毛會散落一地不好收拾，請放進大型膠袋中裁切吧！

如果因為靜電的影響，切來的毛屑沾在手上時，可用噴霧器噴一些水會比較好清理。

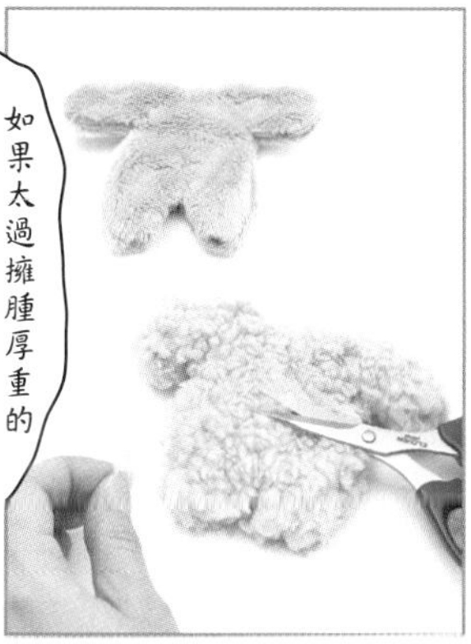

像貴賓犬毛這種對於OBITSU二尺寸來說太過厚重的素材，可以縫製完成後再將毛修剪得短一些。

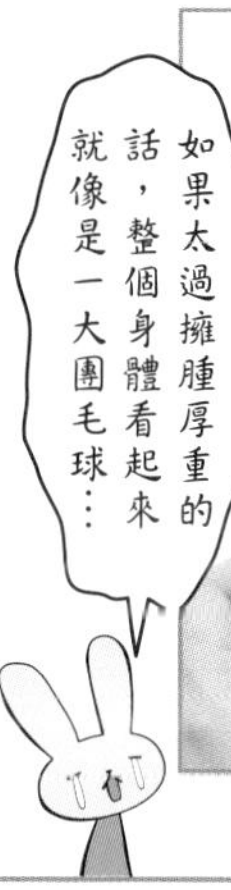
如果太過擁腫厚重的話，整個身體看起來就像是一大團毛球…

請選用毛剪短後也不會看見底布的素材

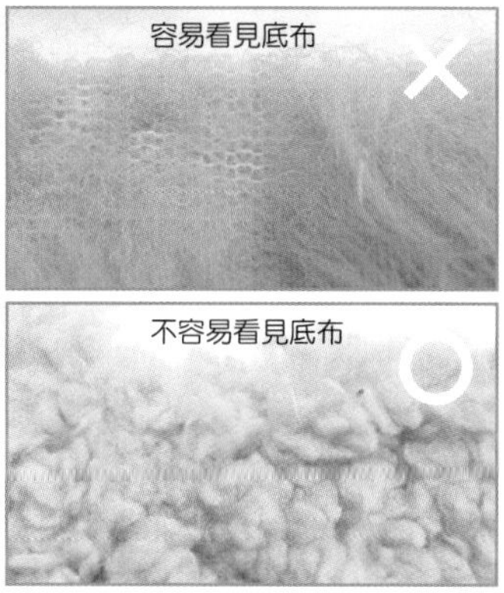
容易看見底布
不容易看見底布

※如果是左右相同或者只是左右翻轉的紙型會加上＊記號。

娃娃裝紙型

→製作方法85-87頁

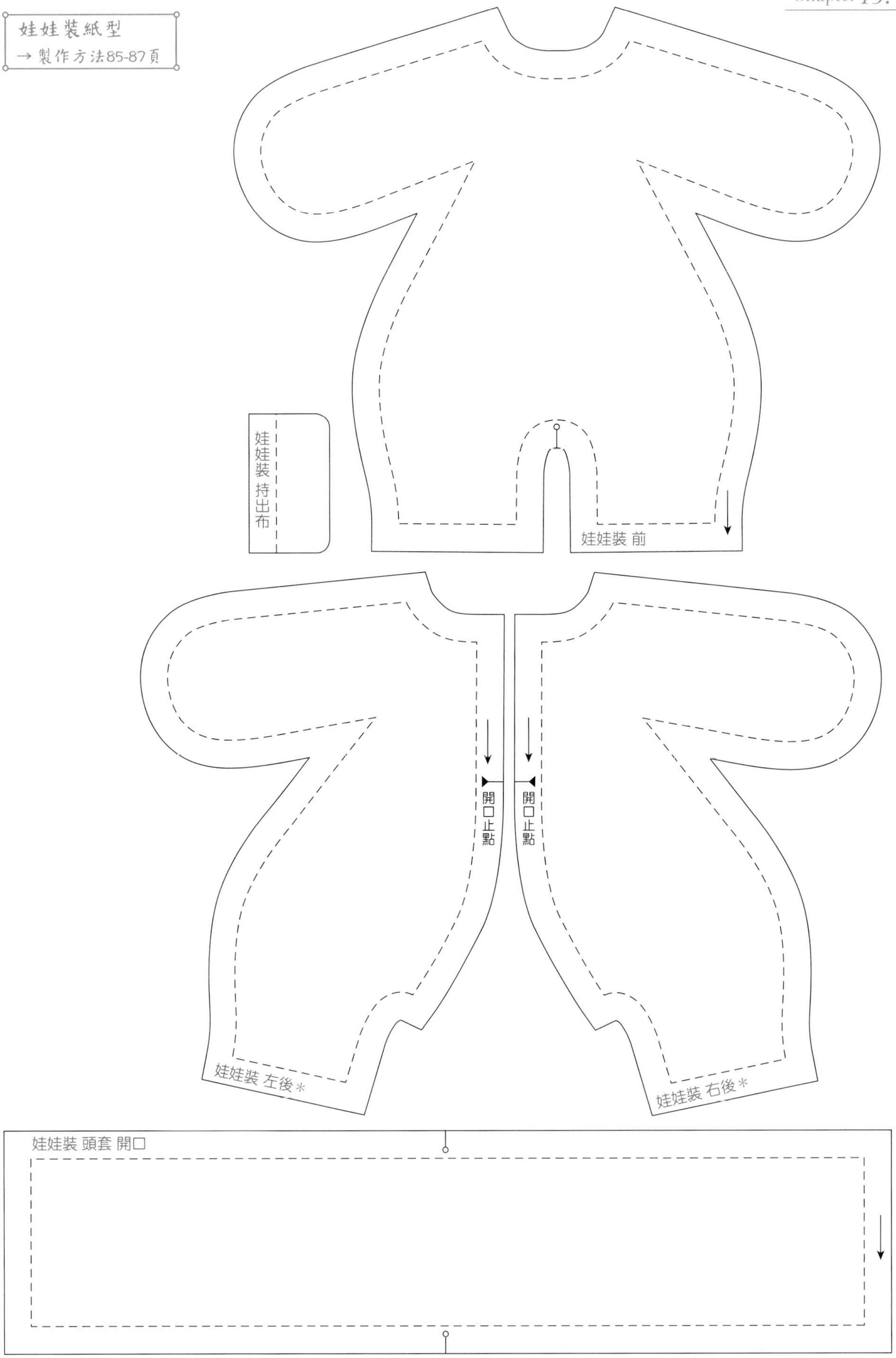
娃娃裝 持出布
娃娃裝 前
開口止點
開口止點
娃娃裝 左後＊
娃娃裝 右後＊
娃娃裝 頭套 開口

請複印後裁切下來使用吧！

※如果是左右相同或者只是左右翻轉的紙型會加上＊記號。

娃娃裝紙型
→製作方法85-87頁

髮箍紙型
→製作方法87頁

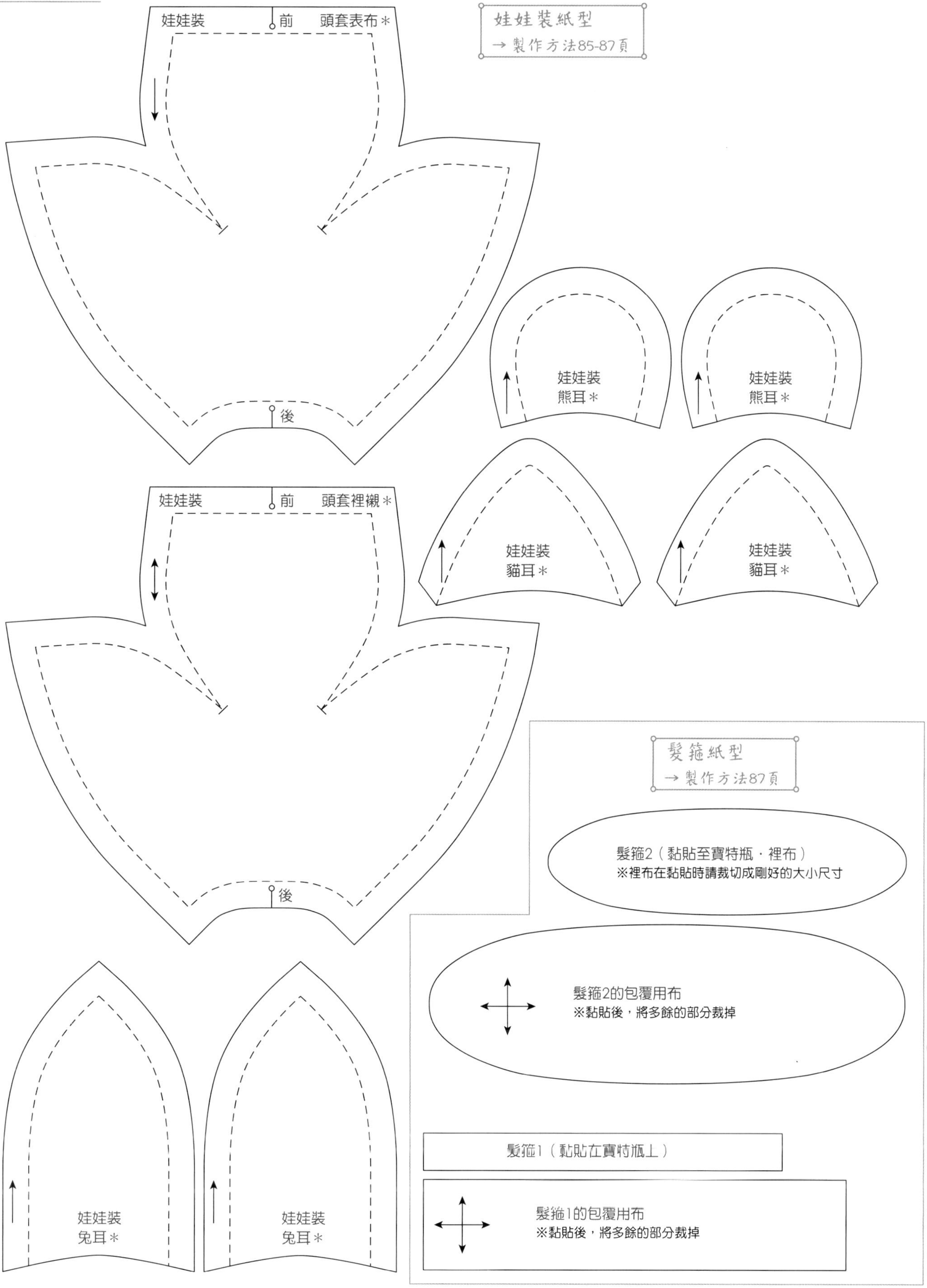
娃娃裝 前 頭套表布＊
後
娃娃裝 前 頭套裡襯＊
後
娃娃裝 熊耳＊
娃娃裝 熊耳＊
娃娃裝 貓耳＊
娃娃裝 貓耳＊
娃娃裝 兔耳＊
娃娃裝 兔耳＊
髮箍2（黏貼至寶特瓶・裡布）
※裡布在黏貼時請裁切成剛好的大小尺寸
髮箍2的包覆用布
※黏貼後，將多餘的部分裁掉
髮箍1（黏貼在寶特瓶上）
髮箍1的包覆用布
※黏貼後，將多餘的部分裁掉

請複印後裁切下來使用吧！

Chapter *14.*

平底鞋·涼鞋

— FLAT SHOES / SANDALS —

＊原寸大＊

平底鞋

有「裸足用尺寸」和「穿著襪子時用」兩種紙型，自由選用哦！
這是沒有加上裝飾的設計，請依照自己的喜好應用設計吧！

→紙型94頁

1

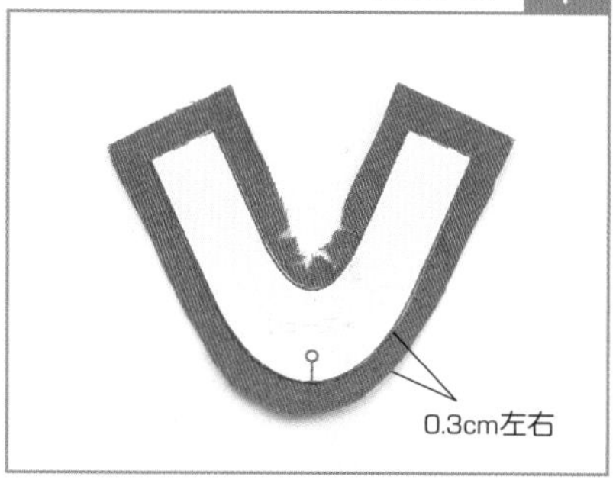
0.3cm左右

將平底鞋的紙型黏貼在布的表面，周圍保留0.3cm左右裁切下來，彎弧部位剪出牙口。

2

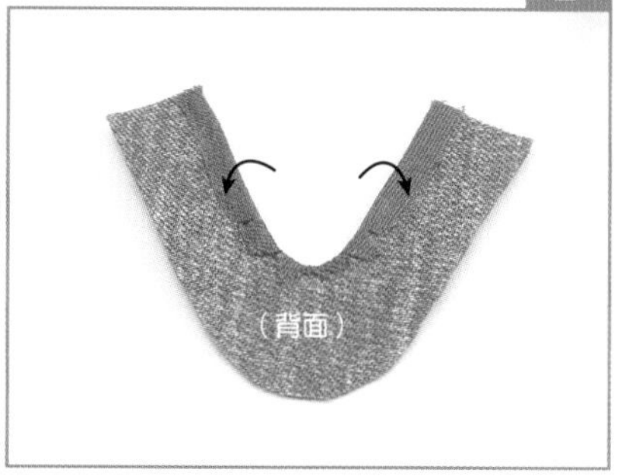
（背面）

鞋口的縫份摺向內側，以接著劑黏貼固定。

3

將後中心正面相對重疊後縫合。

4

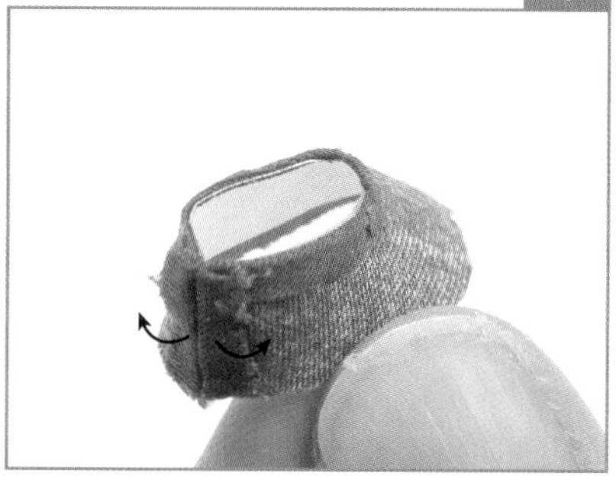

將後側的縫份燙開後以接著劑固定，然後翻回正面。紙型先不要撕下來。

5

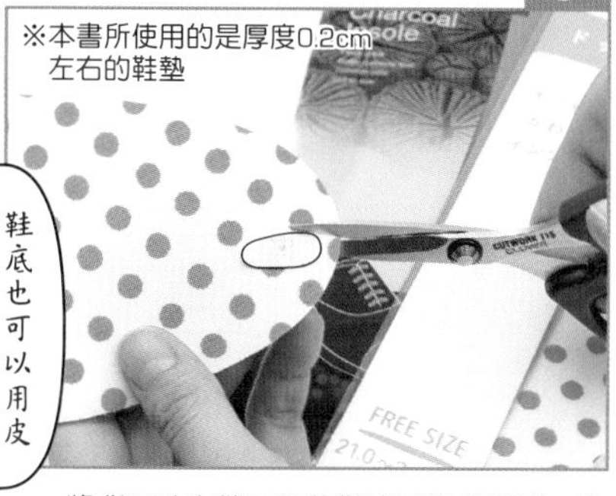
※本書所使用的是厚度0.2cm左右的鞋墊

鞋底也可以用皮革材質製作哦！

將背面貼有雙面膠的鞋底及鞋跟紙型，黏貼在鞋子內墊上，仔細裁剪製作鞋底及鞋跟。

6

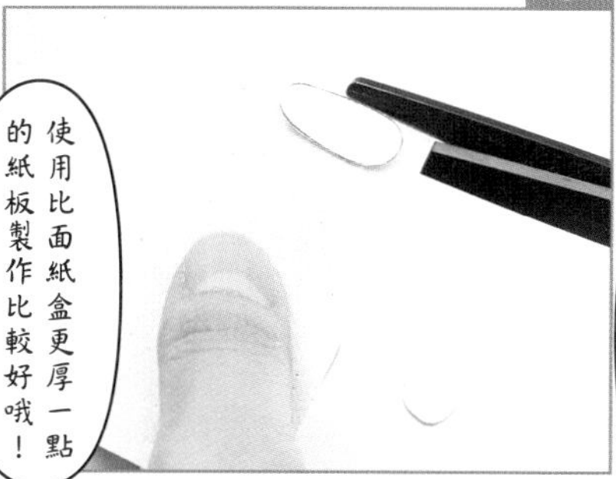

使用比面紙盒更厚一點的紙板製作比較好哦！

將與鞋底相同的紙型也黏貼在厚紙板上，裁剪下來製作成鞋墊。也可以在鞋墊上面黏貼布料呈現質感。

7

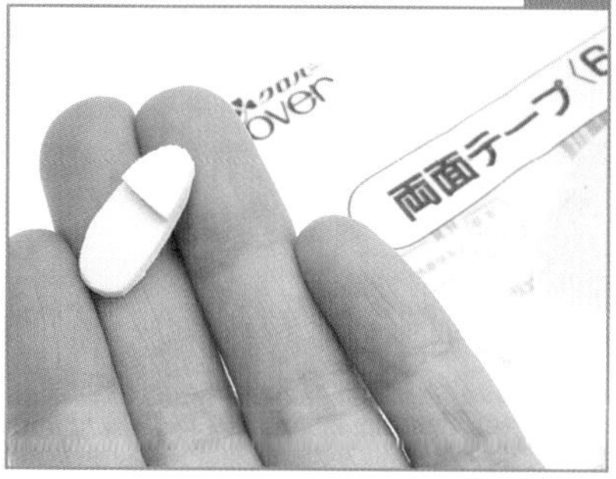

以雙面膠將鞋跟黏貼在鞋底。

8

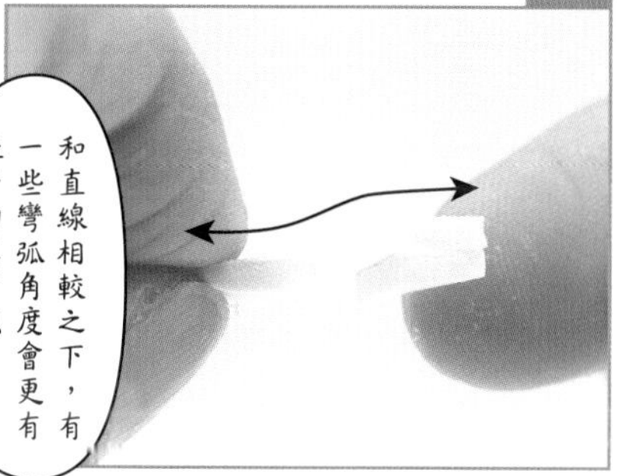

和直線相較之下，有一些彎弧角度會更有鞋子的真實感。

用力摺彎，將鞋跟的彎弧呈現出來。

9

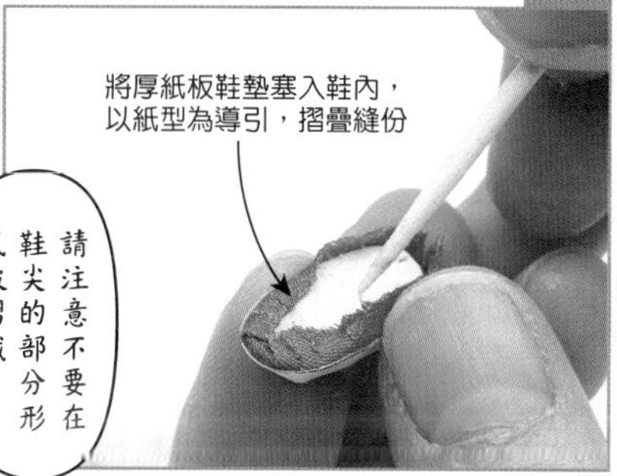
將厚紙板鞋墊塞入鞋內，以紙型為導引，摺疊縫份

請注意不要在鞋尖的部分形成皺褶哦！

將鞋墊塞入鞋內，鞋尖和腳跟的縫份加上牙口，以接著劑黏貼固定。使用牙籤沾上接著劑塗抹細部位置較好作業。

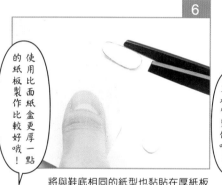

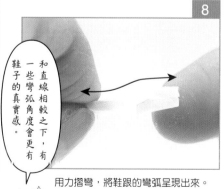

像化纖布這種素材，一般手工藝用的接著劑是不容易接著，要使用多用途的接著劑。塗抹上去後不要馬上接著，稍微等待水分蒸發，變得黏稠的狀態再接著會更容易黏貼牢固。

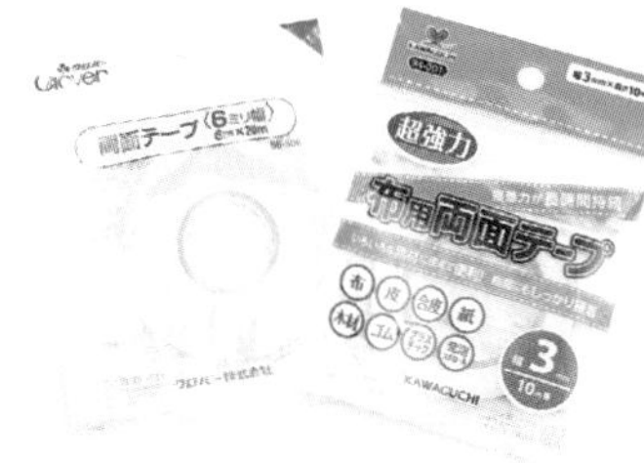

一般的雙面膠帶，要不就是黏性不佳，要不就是經過長時間後，膠會變得黏乎乎的。如果可能的話，建議使用手工藝專用的布用雙面膠。

10

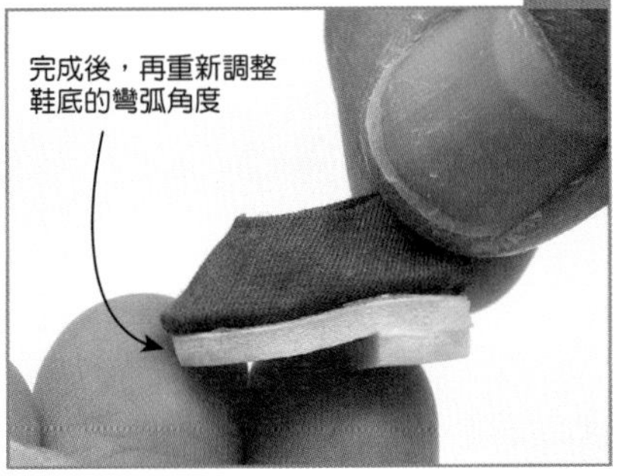
完成後，再重新調整
鞋底的彎弧角度

鞋子與鞋墊完全乾燥後，以布用雙面膠帶將鞋底黏貼上去，使用接著劑黏貼也可以。

應用設計

※指甲油經年累月後有可能會發生變化，因此請應用於個人使用的用途。

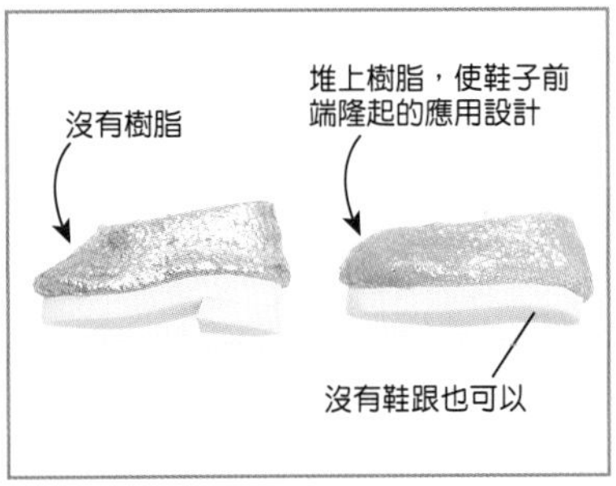
沒有樹脂
堆上樹脂，使鞋子前端隆起的應用設計
沒有鞋跟也可以

先以樹脂將鞋尖堆成又圓又高，再塗上指甲油也很可愛。

在鞋子表面重疊塗抹含有亮片的指甲油。

在鞋墊貼上布片裝飾，使用與衣服搭配的花色製作也很可愛。

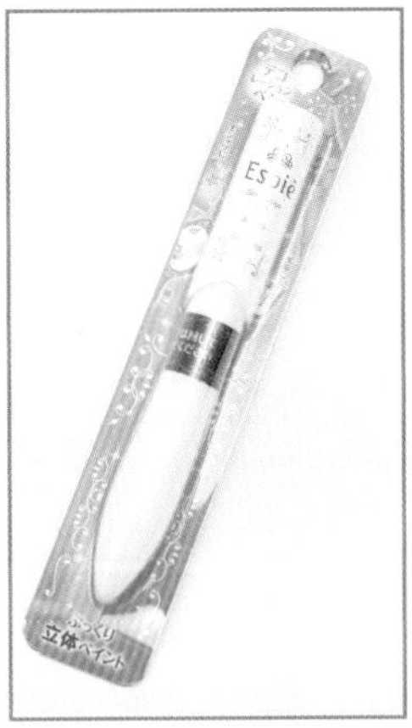

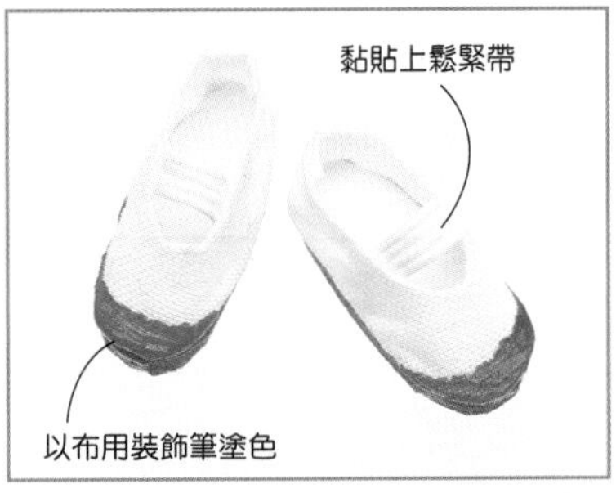
黏貼上鬆緊帶
以布用裝飾筆塗色

以布用裝飾筆塗色，應用設計成學校室內鞋。如果要想穿上襪子的話，請使用較大尺寸的紙型。

也可以將鞋跟與鞋底用打孔器打一個圓孔，再塞入磁鐵

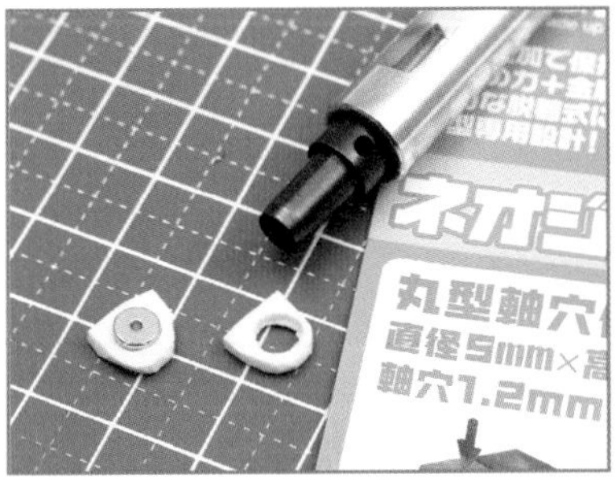

在鞋跟打出一個比磁鐵稍小或是同尺寸的圓孔，塞入磁鐵。

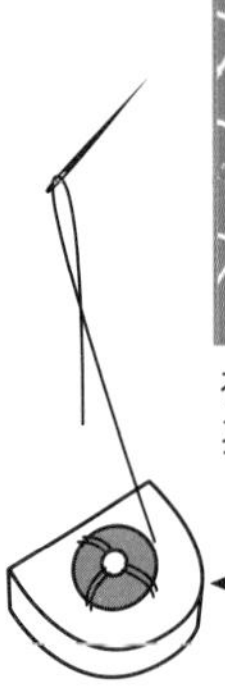

如果只以接著劑黏貼固定的話，會容易鬆脫。因此也可以使用有圓孔的磁鐵，以釣魚線輕輕縫合固定。

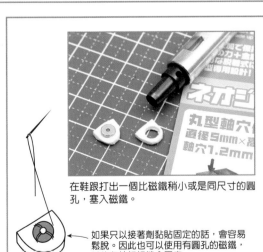

涼鞋

使用軟木片製
作楔型鞋。

→紙型94頁

1

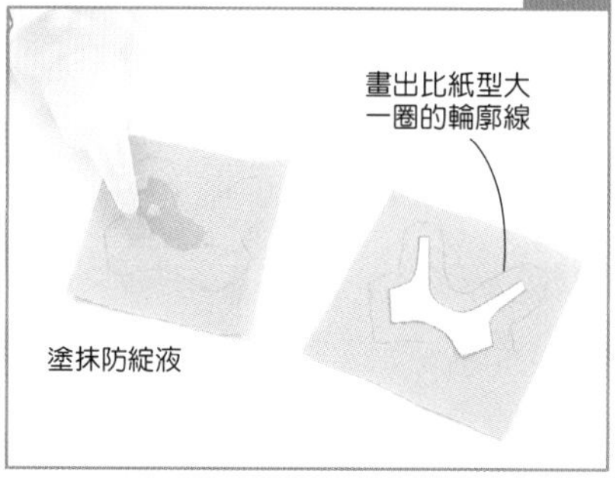
畫出比紙型大
一圈的輪廓線
塗抹防綻液

將紙型放在布上，用鉛筆畫出比紙型大一圈的輪廓線，然後將被線圍住的部分整個塗抹上防綻液。

2

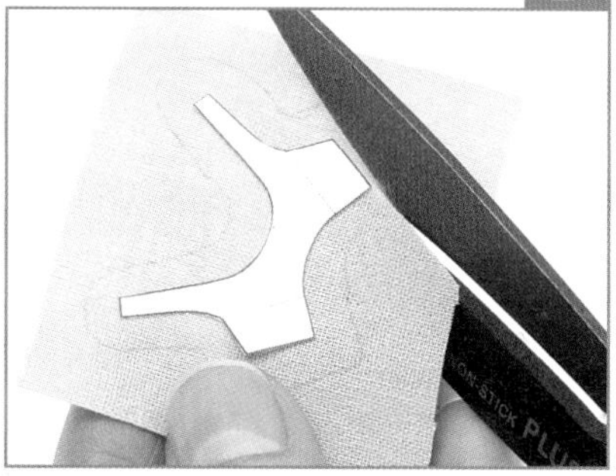

乾燥後，將背面貼有雙面膠帶的紙型黏貼上去，然後按照紙型的形狀裁切下來。

3

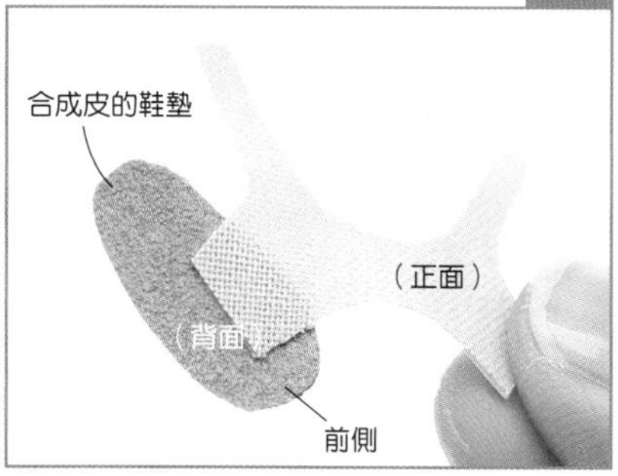
合成皮的鞋墊
（正面）
（背面）
前側

將布用雙面膠黏貼在縫份位置，並黏貼上依照紙型裁切下來的鞋墊。
（鞋墊使用鹿皮革風格的合成皮）

4

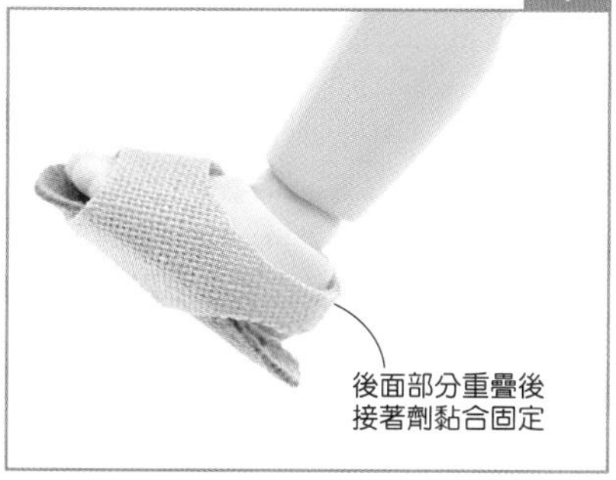
後面部分重疊後
接著劑黏合固定

穿在娃娃腳上，然後將後面圍成可以穿脫的大小，接著劑黏合固定起來。

5

將紙型黏貼在軟木板上，沿著紙型裁剪下來。
（這裡使用的是厚度0.3cm的軟木板）

6

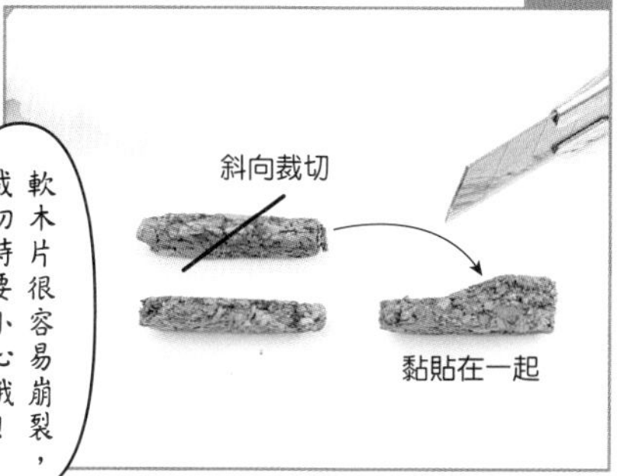
斜向裁切
黏貼在一起

將斜向裁切的軟木墊黏貼在一起，製作出楔型鞋底。

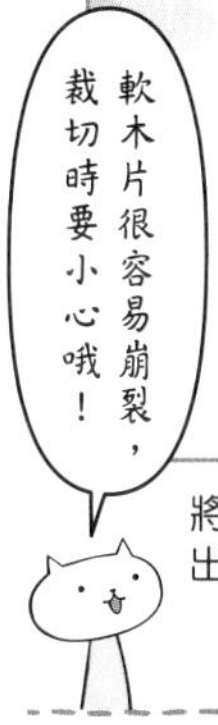
軟木片很容易崩裂，
裁切時要小心哦！

7

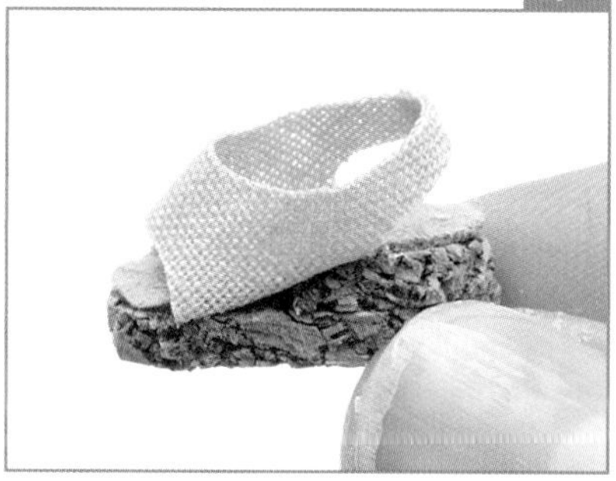

將合成皮的鞋墊與軟木片鞋底以接著劑或是雙面膠帶黏貼在一起。

8

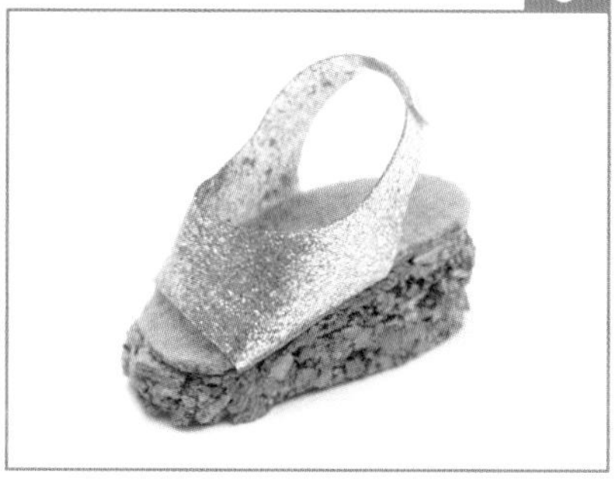

除了布料之外，以塑料素材製作也很可愛。

9

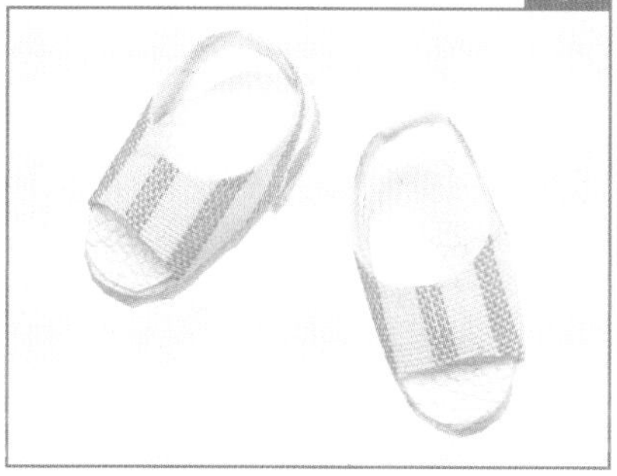

使用與衣服搭配的布料製作。即使不用軟木片，改用薄鞋底裁切下來製作也可以。

※如果是左右相同或者只是左右翻轉的紙型會加上*記號。

涼鞋

涼鞋紙型
→製作方法93頁

※全部都是黏貼在布上使用

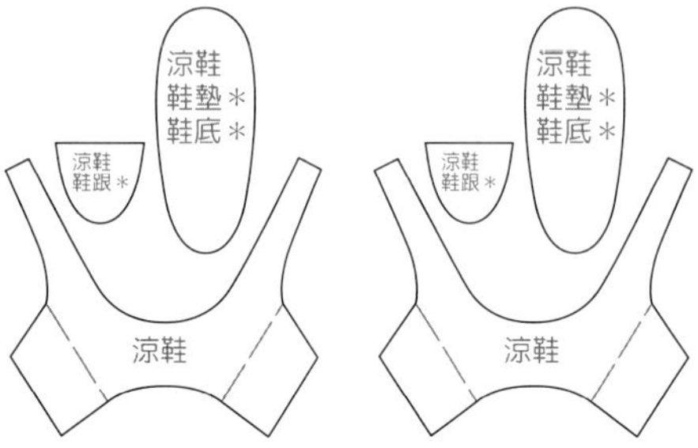
涼鞋
鞋墊*
鞋底*
涼鞋
鞋跟*
涼鞋
涼鞋
鞋墊*
鞋底*
涼鞋
鞋跟*
涼鞋

鞋子

鞋子紙型
→製作方法91-92頁

※全部都是黏貼在布上使用

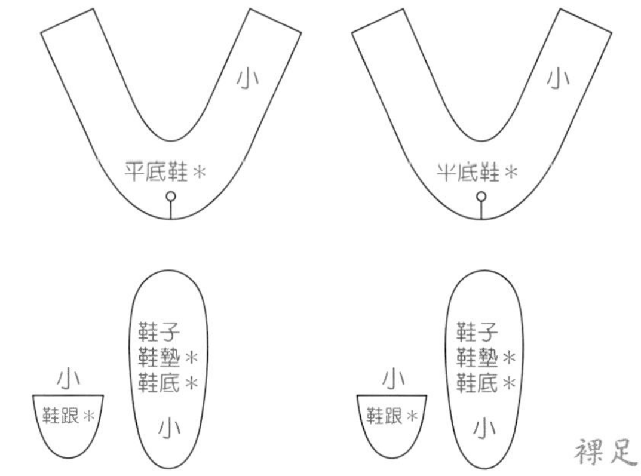
小
平底鞋*
小
平底鞋*
小
鞋跟*
鞋子
鞋墊*
鞋底*
小
小
鞋跟*
鞋子
鞋墊*
鞋底*
小
裸足用

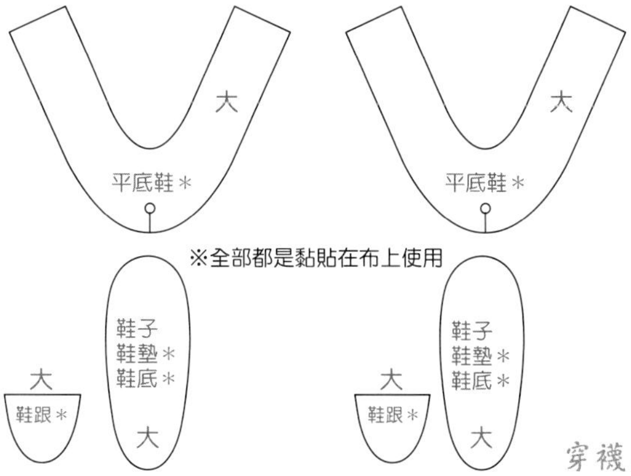
大
平底鞋*
大
平底鞋*
※全部都是黏貼在布上使用
大
鞋跟*
鞋子
鞋墊*
鞋底*
大
大
鞋跟*
鞋子
鞋墊*
鞋底*
大
穿襪用

背包

背包紙型
→製作方法96-97頁

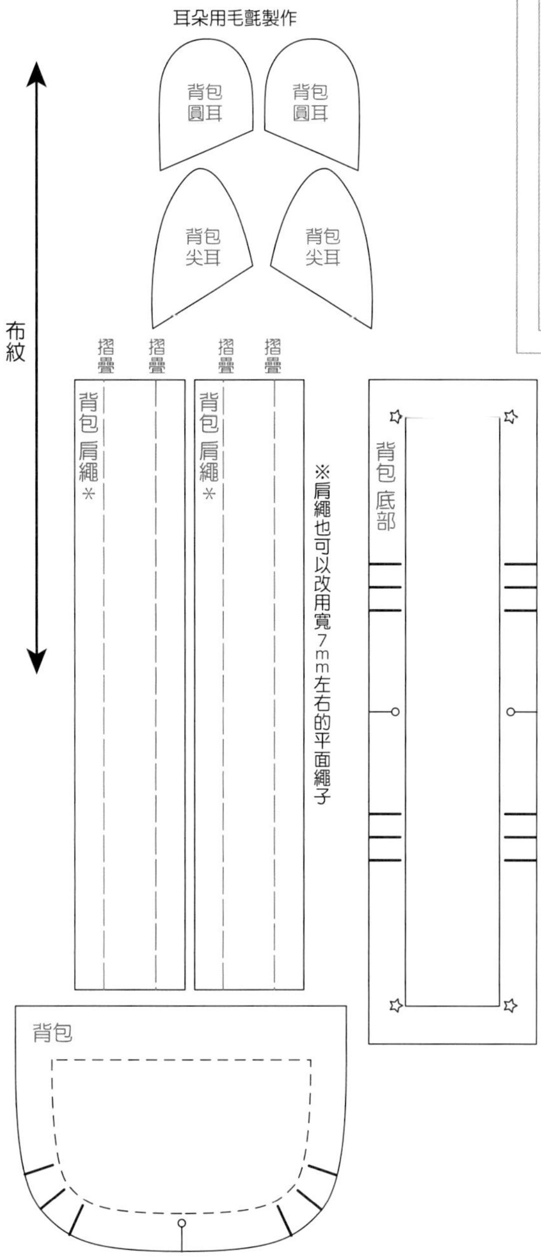
耳朵用毛氈製作
背包
圓耳
背包
圓耳
背包
尖耳
背包
尖耳
布紋
摺疊
摺疊
摺疊
摺疊
背包肩繩*
背包肩繩*
※肩繩也可以改用寬7mm左右的平面繩子
背包底部
背包

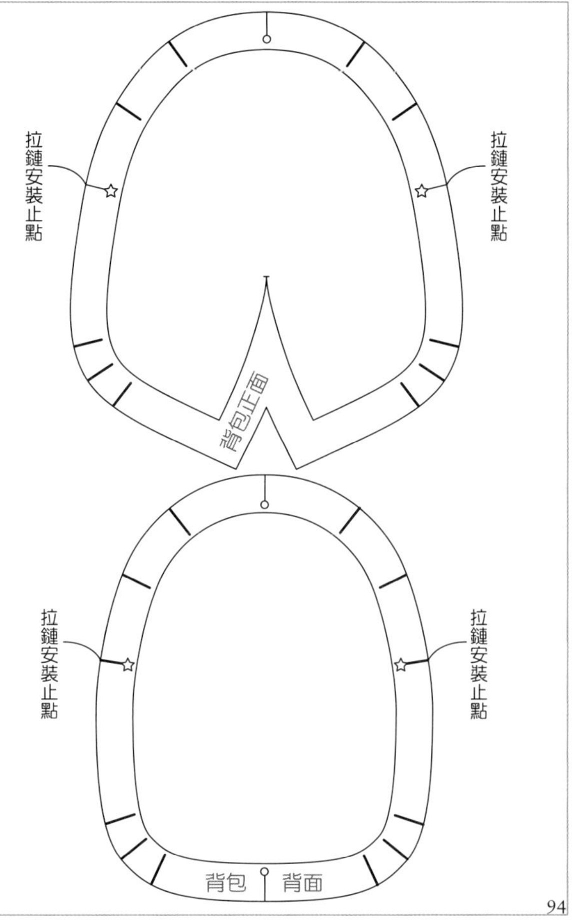
拉鏈安裝止點
拉鏈安裝止點
背包正面
拉鏈安裝止點
拉鏈安裝止點
背包 背面

請複印後裁切下來使用吧！

Chapter *15.*

背包

— BACKPACK —

原寸大

背包

動物、後背包

稍微有些不好車縫，所以也可以不用縫紉機，改用手工縫紉製作。
使用和衣服搭配的布料製作的話會很可愛哦！

→紙型94頁

1

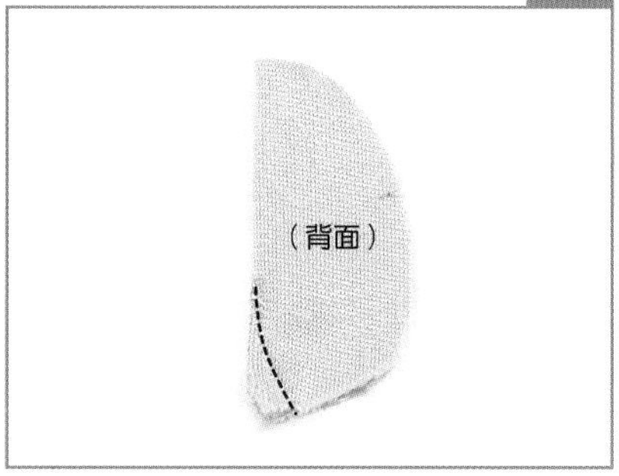
（背面）

將正面布片以正面相對的方式對摺後，縫合中心。

2

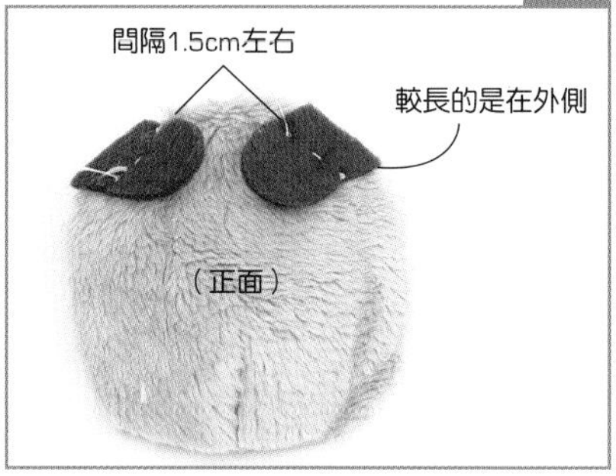
間隔1.5cm左右
較長的是在外側
（正面）

將使用毛氈製作的耳朵假縫固定在正面布片上。

3

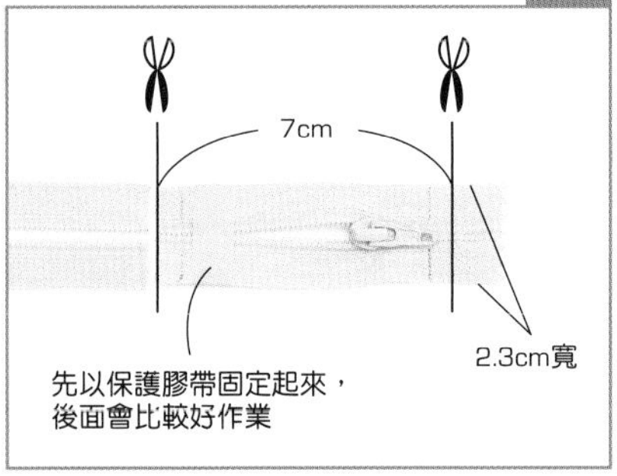
7cm
2.3cm寬
先以保護膠帶固定起來，
後面會比較好作業

將拉鏈裁切成7cm（包含縫份的長度）。膠帶部分使用的是2.3cm寬的拉鏈。如果太寬時，可以將拉鏈修窄一點再塗抹上防綻液。

4

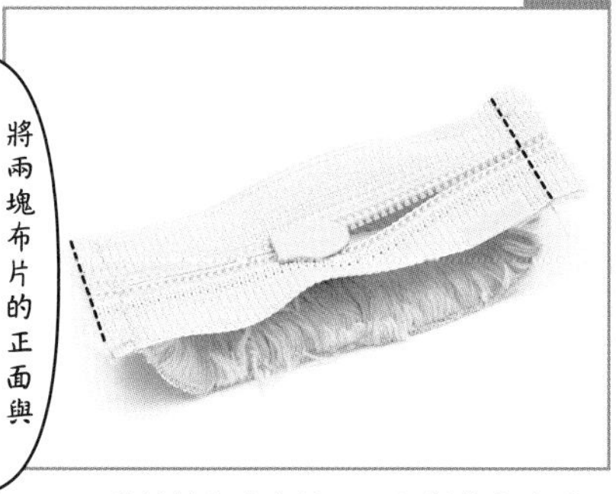

將拉鏈與底布以正面相對的方式重疊並把兩端縫合成一個環狀。

5

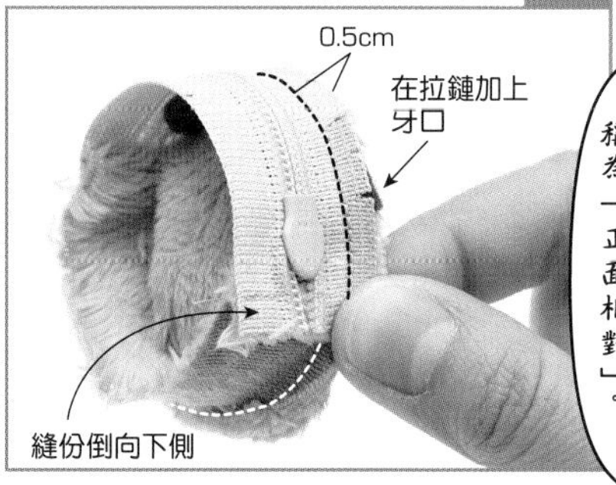
0.5cm
在拉鏈加上
牙口
縫份倒向下側

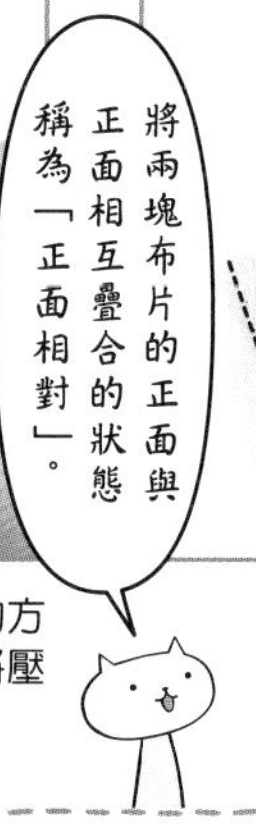
將兩塊布片的正面與
正面相互疊合的狀態
稱為「正面相對」。

將縫成環狀的布片與正面布片以正面相對的方式縫上一圈。使用縫紉機車縫時，途中請將壓腳抬高，移動拉鏈的拉頭之後再繼續車縫。

6

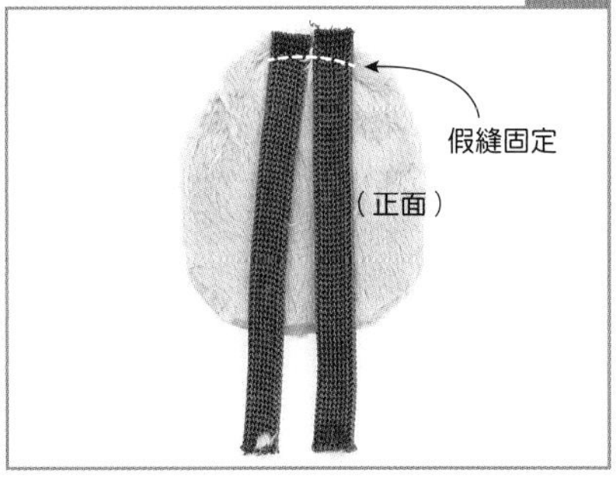
假縫固定
（正面）

背面布片的上半部假縫固定2條裁切成8cm的平面鬆緊帶（寬0.7cm左右）。

7

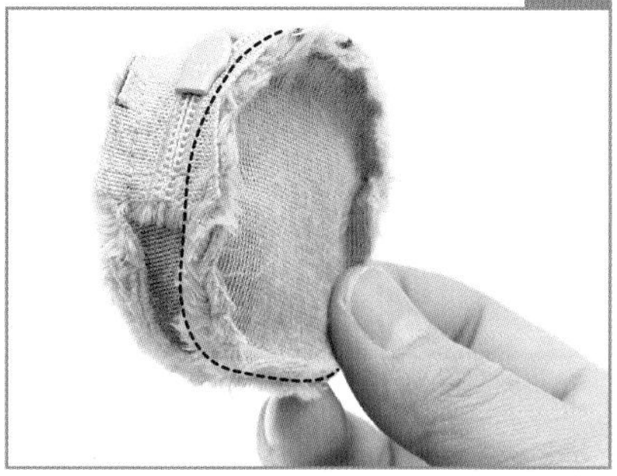

將背面布片以正面相對的方式重疊，整個縫上一圈。

8

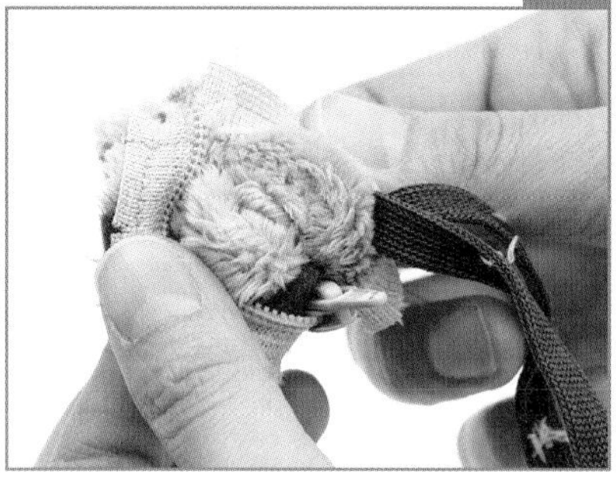

拉開拉鏈，翻回正面。

9

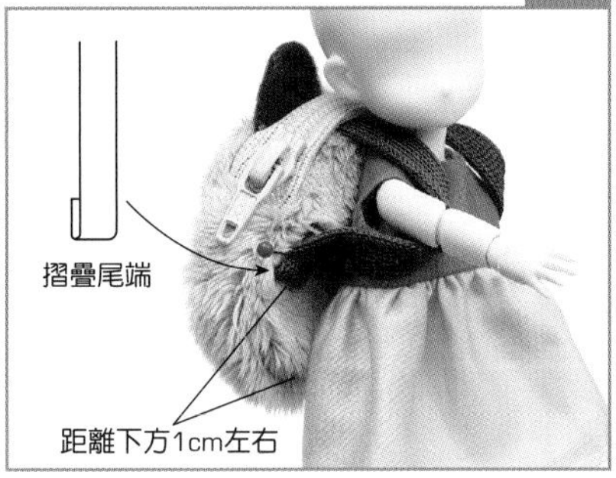
摺疊尾端
距離下方1cm左右

揹在娃娃身上，調整至恰到好處的位置後，以待針固定鬆緊帶。

10

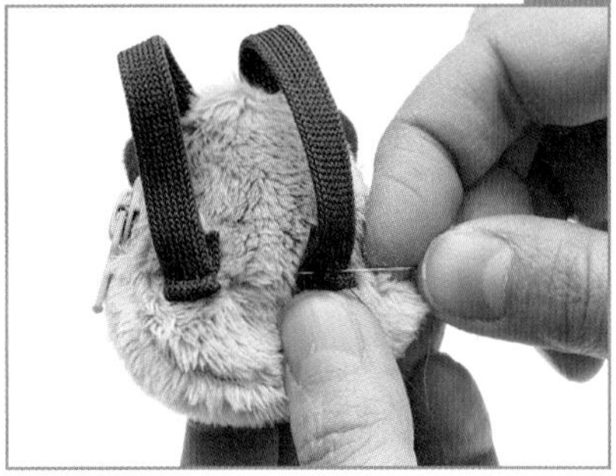

將鬆緊帶縫合固定。

11

使用毛氈製作喜歡的臉部表情，背包就完成了。

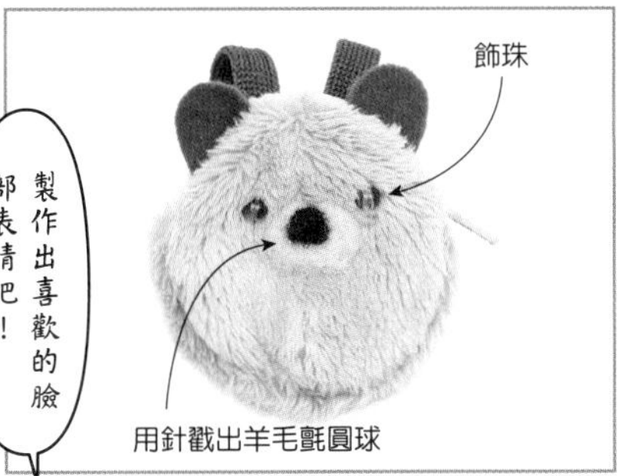
飾珠
用針戳出羊毛氈圓球

製作出喜歡的臉部表情吧！

臉部也可以用針固定飾珠或羊毛氈製作。

後背包的應用設計

1

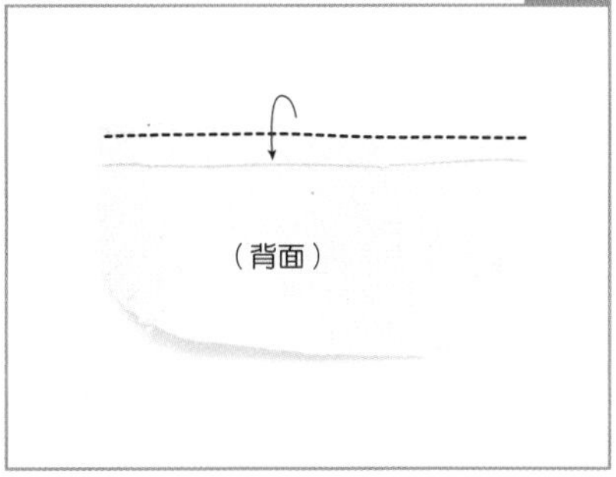
（背面）

將口袋的上半部摺疊後縫合。

2

（正面）
（正面）

將口袋放在沿著背面布片紙型裁切下來的布片上面。

3

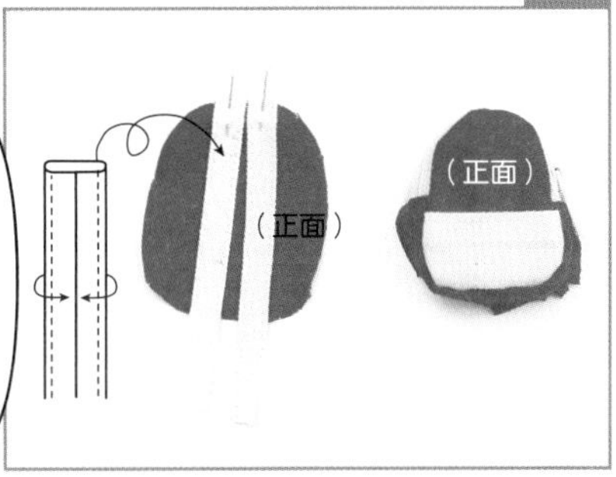
（正面）
（正面）

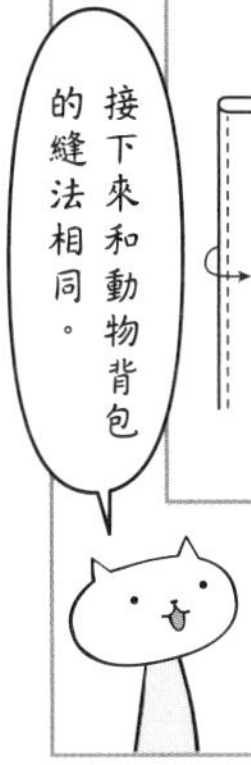
接下來和動物背包的縫法相同。

將肩繩的兩端摺起，兩側壓明線。沒有摺線的那一側在上方，將背側布片假縫固定起來。

4

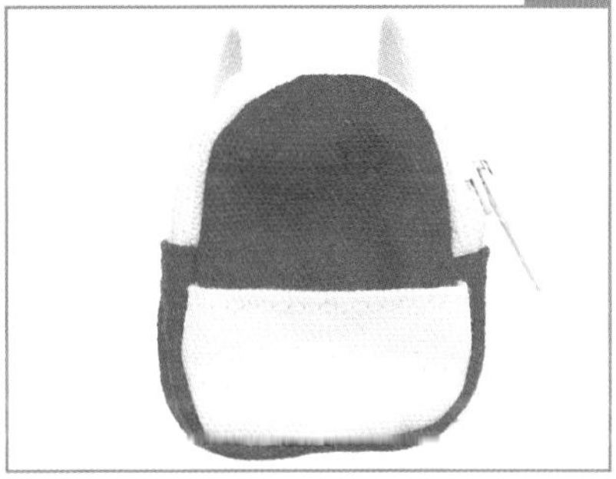

後背包的揹繩尾端縫在這個位置

後背包完成了。

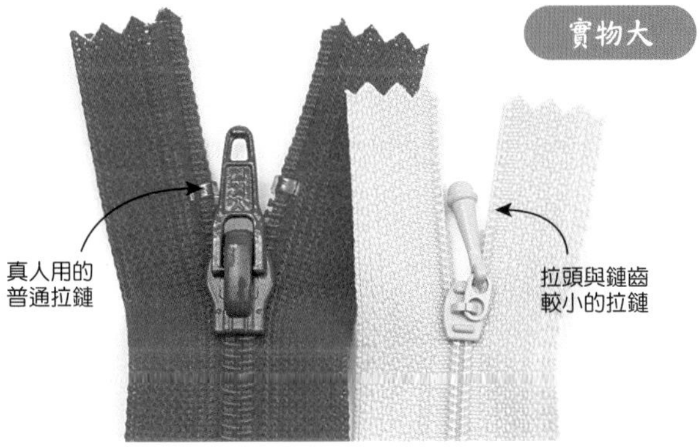
實物大
真人用的普通拉鏈
拉頭與鏈齒較小的拉鏈

製作解說頁面使用的是一般店舖就能買到的真人用普通拉鏈，如果使用的是在娃娃服材料專賣店中販賣的迷你拉鏈，因為拉頭及鏈齒都較小的關係，看起來會比較清爽俐落。

Chapter *16.*

無邊女帽

— BONNET —

原寸大

※如果是左右相同或者只是左右翻轉的紙型會加上＊記號。

無邊女帽紙型
→製作方法100-101頁

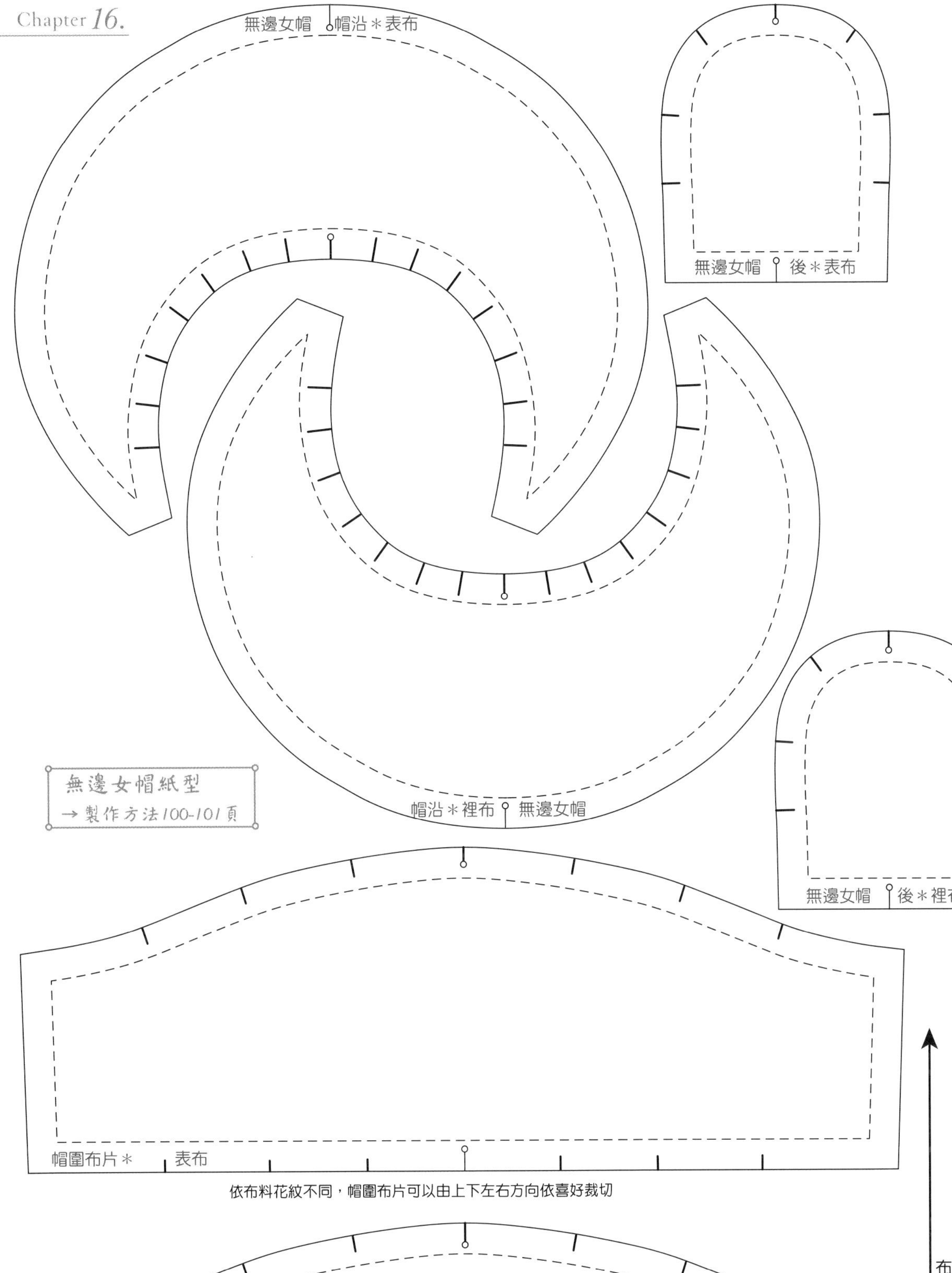
無邊女帽 帽沿＊表布
無邊女帽 後＊表布
帽沿＊裡布 無邊女帽
無邊女帽 後＊裡布
帽圍布片＊ 表布
依布料花紋不同，帽圍布片可以由上下左右方向依喜好裁切
布紋
帽圍布片＊ 裡布

請複印後裁切
下來使用吧！

無邊女帽

如果用和連身裙搭
配的布料製作的話
會很可愛哦！

→紙型99頁

1

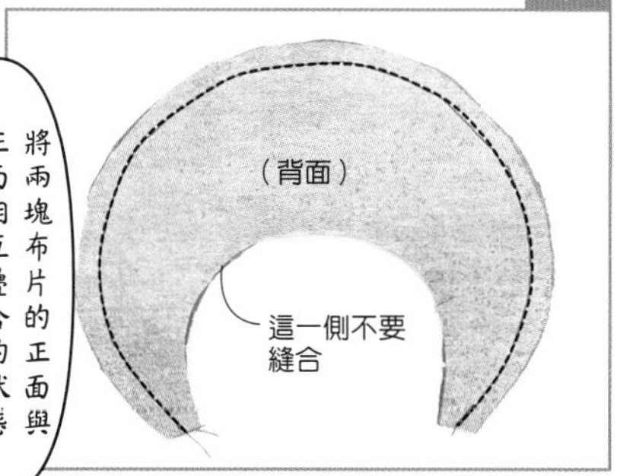
（背面）
這一側不要
縫合

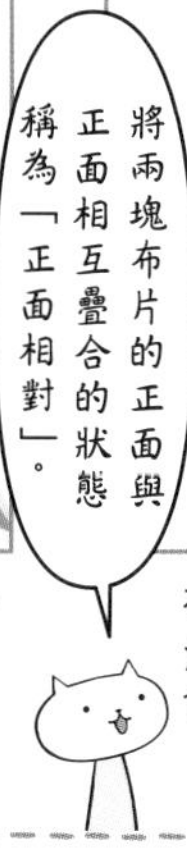
將兩塊布片的正面與
正面相互疊合的狀態
稱為「正面相對」。

在其中一側帽沿的背面黏貼黏著襯，將帽沿與帽沿以正面相對的方式重疊後，只縫合曲線部分。

2

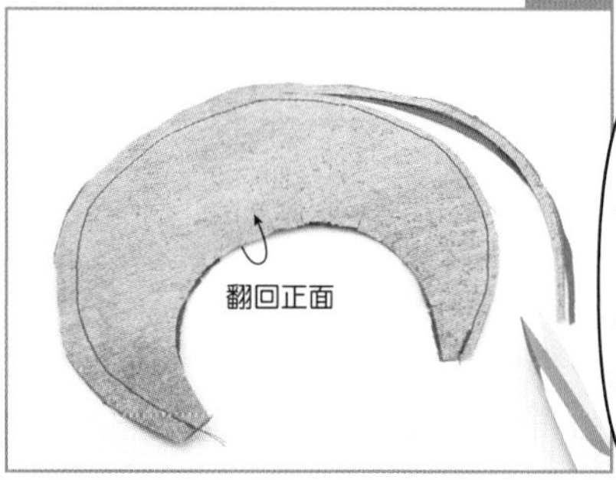
翻回正面

將縫份裁切成0.3cm左右的寬度後翻回正面，以熨斗整理形狀。

3

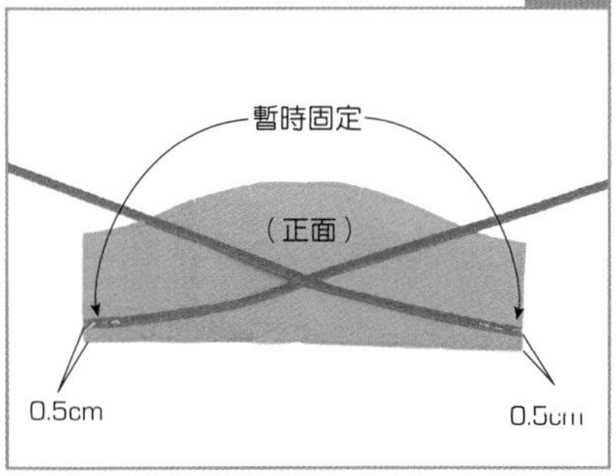
暫時固定
（正面）
0.5cm
0.5cm

將裁切成18cm的緞帶假縫在帽圍布片上，以免位移（這裡使用的是3mm寬的緞帶）。

4

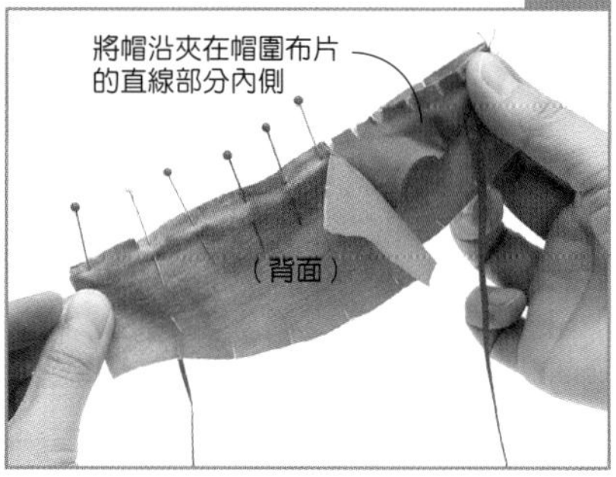
將帽沿夾在帽圍布片
的直線部分內側
（背面）

將帽沿夾在帽圍布片的表布和裡布之間。

5

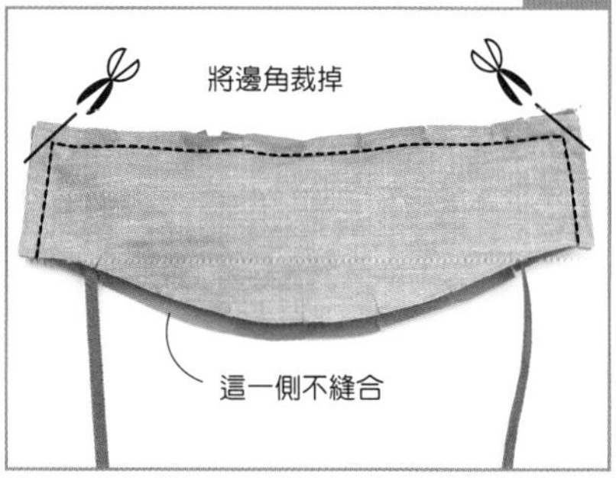
將邊角裁掉
這一側不縫合

將帽圍布片的周圍縫合起來。

6

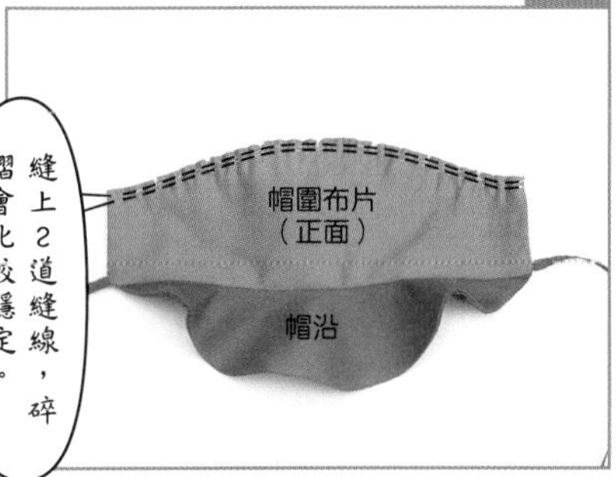
帽圍布片
（正面）
帽沿

縫上2道縫線，碎
褶會比較穩定。

翻回正面，將剛才沒有縫合的2塊布片重疊後，在距離邊緣0.3cm與0.7cm的位置縫上抽碎褶用的平針縫。

7

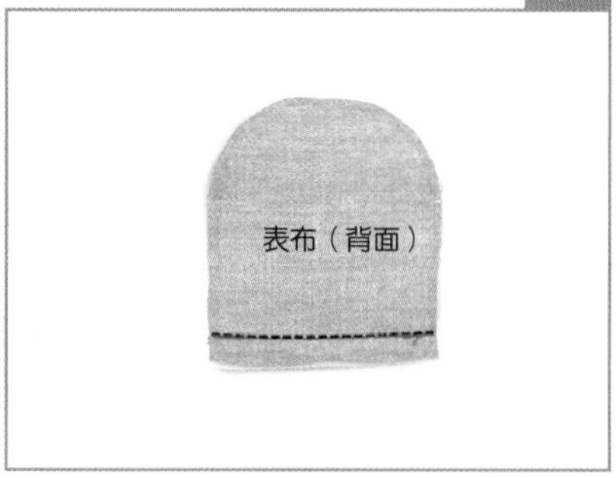
表布（背面）

將帽後布片的表布、裡布各自以正面相對的方式重疊後，只縫合下側部分。

8

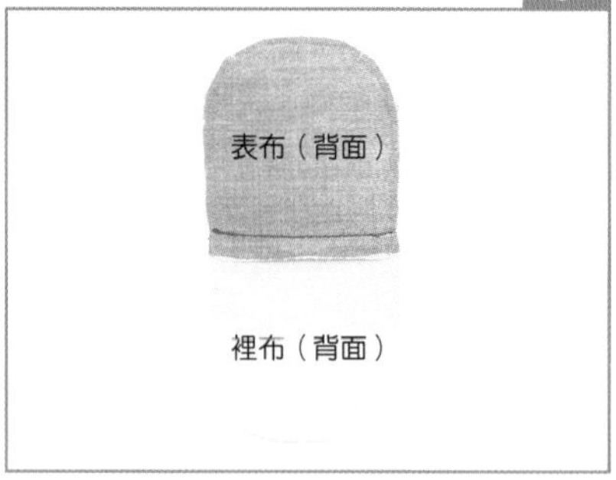
表布（背面）
裡布（背面）

將表布與裡布張開，使用熨斗燙平接縫處。縫份可以倒向其中一側或者是燙開。

9

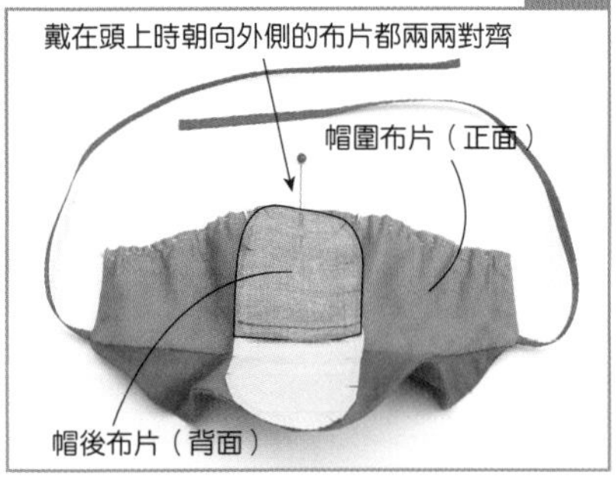
戴在頭上時朝向外側的布片都兩兩對齊
帽圍布片（正面）
帽後布片（背面）

戴在頭上時，會朝向外側的帽後布片與帽圍布片的中心，以正面相對的方式重疊後，用待針固定。

實在太小或是太大的情形，試著將紙型放大、縮小重新製作看看。

即使是頭部稍微較大的娃娃，只要調整頸部的緞帶，就能夠直接穿戴在頭上。

10

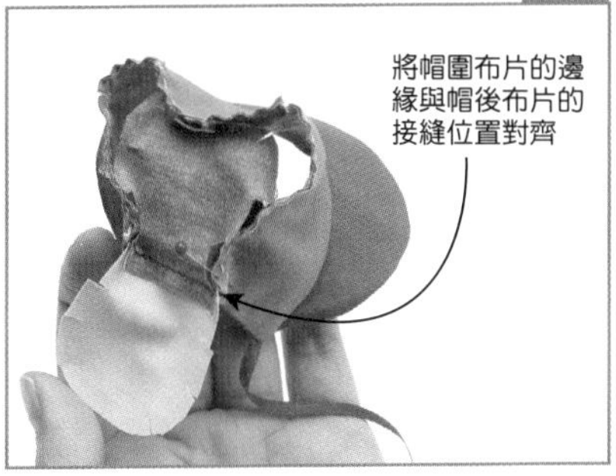
將帽圍布片的邊緣與帽後布片的接縫位置對齊

將帽圍布片的邊緣與帽後布片的接縫位置對齊後，以待針固定。

11

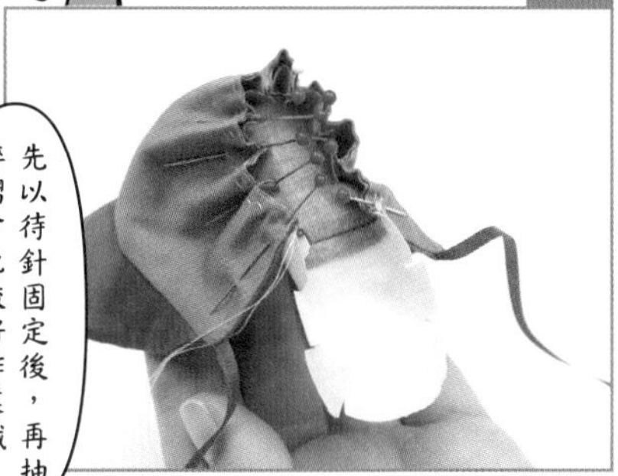

將帽圍布片與帽後布片的牙口位置分別對齊，然後以待針固定，拉緊縫線抽出碎褶。

先以待針固定後，再抽碎褶會比較好作業哦！

12

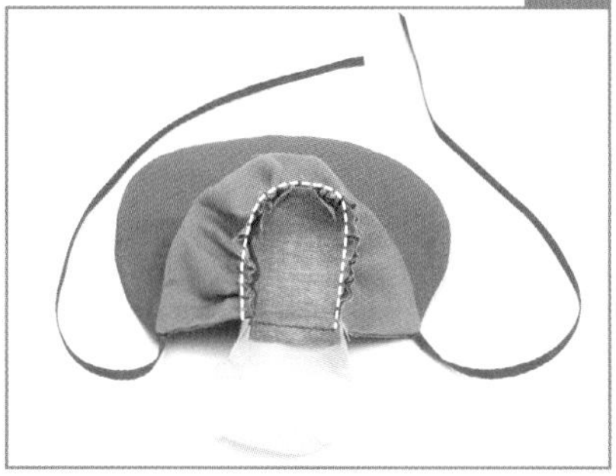

將碎褶的部分整個縫一圈。

13

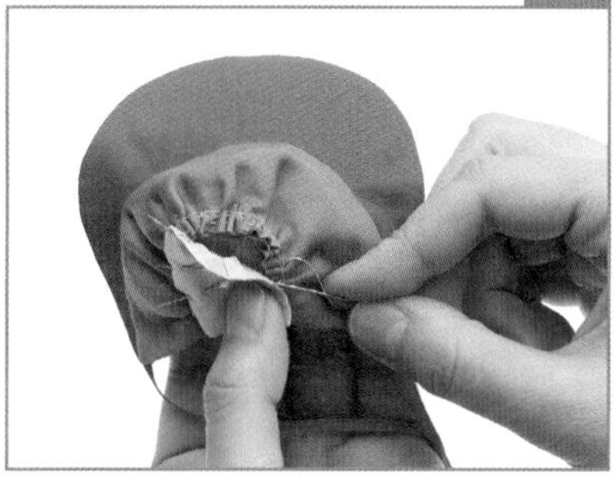

蓋上帽後布片（裡布），將周圍縫縫起來。此時先將帽後布片的縫份以熨斗摺向內側會比較好作業。

前

後

無邊女帽完成了。

加上蕾絲裝飾的應用設計

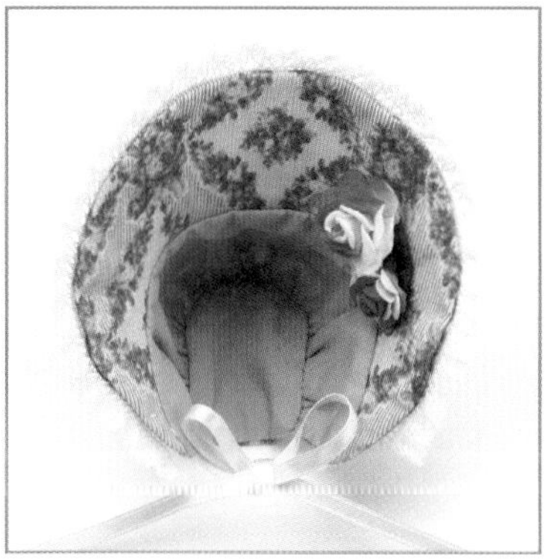

以毛氈為底座，貼上人造花，這樣會比較容易安裝在無邊女帽上。

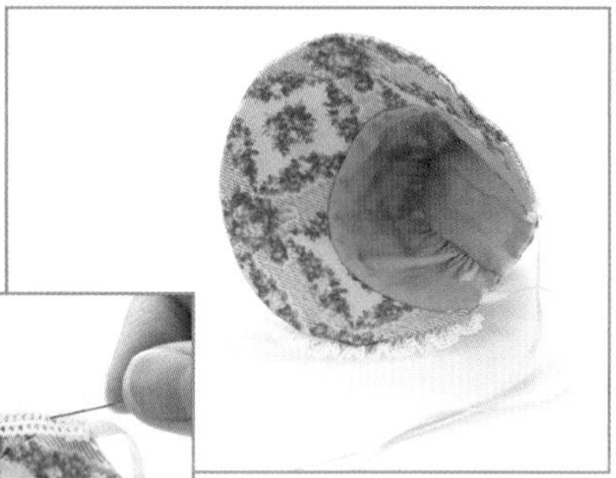

如果加上蕾絲裝飾或是人造花，看起來會更加可愛哦！

關於允許的使用範圍

☆請勿將本書的內容轉載到別的地方

請不要轉載本書所刊載的紙型及製作方法解說頁面。

〇〇的製作方法與動畫
免費提供紙型
唔?不管怎麼看都和書本裡的內容幾乎一樣嘛!
這和書本附錄的紙型完全一模一樣耶…
NG!

☆請不要散佈或販賣將本書附錄的紙型直接或只更動一部分製作而成的衣服或紙型(包含展售會、網路販賣、拍賣銷售)

販賣將紙型直接或放大縮小、改變長度等,更改一部分設計的衣服

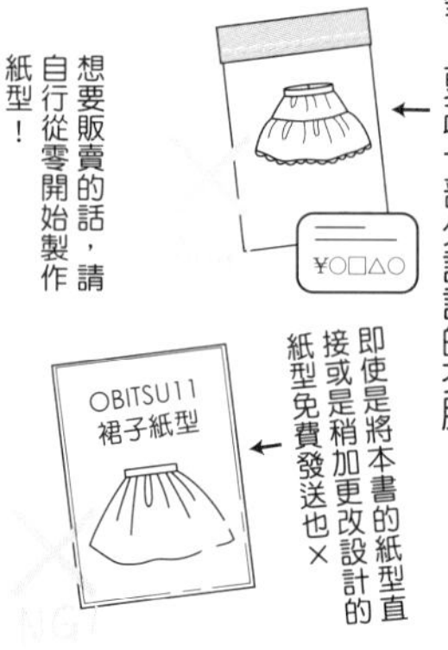
¥〇□△〇
OBITSU11
裙子紙型

即使是將本書的紙型直接或是稍加更改設計的紙型免費發送也×

想要販賣的話,請自行從零開始製作紙型!

不只是本書,其他手作手藝書也大多會禁止以上這些事項。

注意、禁止事項

即使是自己製作的紙型像是動畫或是漫畫的角色人物、演藝人員的舞台服裝等完全相同設計的衣服,如果沒有得到許可,是絕對禁止在網站及會展活動上販賣的。

如果說無論如何都想要販賣自己製作的版權服裝的話

即使是個人,也可以在會展活動等的機會,取得角色人物的「當日版權」,進而合法展示或販賣作品。

什麼是「當日版權」?

這是活動的主辦單位,承辦參展者個人提出的「角色人物的權利使用申請」,代為向版權所有者申請特例許可使用權利的一種制度。

申請的期限雖然依活動而有所不同,但大多是活動的半年~數個月前。

請務必事先到主辦單位的網站等,查詢想要參加的活動規定哦!

請各位想像一下
如果自己是紙型的製作者或是工具書的作者
「真不希望發生這種事情」
「被這樣子對待好討厭哦」
就不難判斷哪些事情能做哪些不能做了

允許範圍

☆將使用本書的紙型製作的衣服上傳至自己的部落格或是SNS。

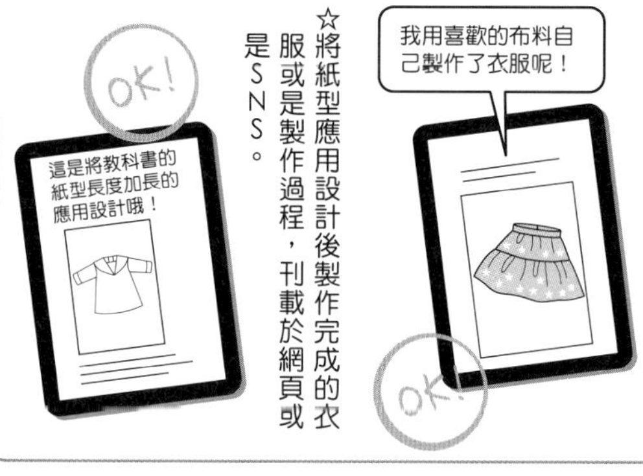
我用喜歡的布料自己製作了衣服呢!
OK!
這是將教科書的紙型長度加長的應用設計哦!
OK!

☆將紙型應用設計後製作完成的衣服或是製作過程,刊載於網頁或是SNS。

那人家可不可以放大、縮小紙型,製作成別的尺寸的娃娃服呢?

比方說,將裙子的紙型放大,製作成OBITSU 22尺寸的娃娃服

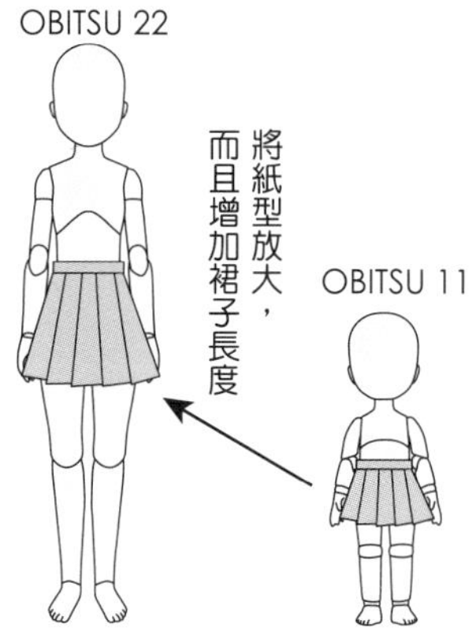
OBITSU 22
OBITSU 11
將紙型放大,而且增加裙子長度

如果不是以販賣為目的,只是供個人興趣使用的話,以放大、縮小後的紙型製作衣服,或者是將完成品刊載於WEB或SNS都是被允許的。

關於紙型放大、縮小的方法,在「紙型教科書~娃娃服の原型・袖子・衣領」有詳細的解說,請各位如果有買這本書的話,可以拿來參考。

荒木佐和子の紙型教科書

除此之外,將製作完成的娃娃服贈送給其他朋友,只要是在常識範圍內都沒有問題。

非常歡迎大家將製作好的娃娃服刊載出來哦!如果製作出可愛的衣服,請盡量發表吧!

這是為了要當本書的模特兒而開發的蒂羅爾妹妹和莉柏恩妹妹。
已經能夠以完成品的樣貌送到各位手中哦！

TYROL

RIBBON

TYROL
蒂羅爾妹妹

日幣14,000+稅

▶粉紅色系的「蒂羅爾妹妹」搭配了粉紅色系腮紅與微笑唇形

RIBBON
莉柏恩妹妹

日幣14,000+稅

◀薄荷色系的「莉柏恩妹妹」搭配了橘色系腮紅與呆萌唇形

▲裝飾例

▲裝飾例

TYROL RIBBON

▶附屬品有細帶的蒂羅爾繡帶以及緞帶

◀不知道會附上什麼樣的緞帶類裝飾，請期待哦！

TYROL 組合內容

- ☐娃娃本體（OBITSU 11身體，無MG，白肌）
- ☐8mm OBITSU眼（粉紅色系）
- ☐假髮（Clef．French pink）
- ☐縫製完成的連身裙（粉紅色）
- ☐緞帶&蒂羅爾繡帶（3種，各30cm）
- ☐領帶（白）
- ☐附磁鐵的大頭鞋（白）
- ☐替換用手腕組件

這是為了要當本書模特兒而特別開發出來的OB頭部，搭配眼睛以及假髮為一組的完妝娃娃，由HOBBY JAPAN接單生產製造。組合中的衣服是不需要其他裝飾也很可愛的簡易款連身裙。請依照自己的喜好，使用附屬的緞帶及蒂羅爾繡帶來設計裝飾，製作成世界上獨一無二的連身裙吧！如果不擅長縫製的話，也可以用布用接著劑黏貼固定。背後採全開口設計，方便進行各種加工。

〇發售者/HOBBY JAPAN 〇製造者/OBITSU製作所 〇頭部原型．妝容、眼睛設計/Out of Base（DONO-RE!）〇假髮/Calico 假髮 〇服飾設計/荒木佐和子 〇素材/PVC、ABS、POM、TPE、布〇全高/約12cm

RIBBON 組合內容

- ☐娃娃本體（OBITSU 11身體，無MG，白肌）
- ☐8mm OBITSU眼（薄荷色系）
- ☐假髮（Clef．Melone）
- ☐縫製完成的連身裙（薄荷色）
- ☐緞帶&蒂羅爾繡帶（3種，各30cm）
- ☐領帶（白）
- ☐附磁鐵的大頭鞋（白）
- ☐替換用手腕組件

訂購方法

請連結至「HobbyJapan Online Shop」網站訂購。

HobbyJapan Online Shop http://hobbyjapan-shop.com

訂購截止時間 2019年7月2日（二）

▶HobbyJapan Online Shop的二維碼連結在此。通訊費用需由客戶自行負擔。如您為首次使用線上商店功能，請先登錄會員。

商品預計配送時間 預定2020年1月～2月

〇如果預定數量眾多時，商品有可能會延後配送。〇配送日一旦確定，會以電子郵件通知訂購者。〇如果住址有變更，請至線上商店頁面進行更改。〇本書郵購商品的配送狀況，可以由此連結進行確認。http://hobbyjapan.co.jp/item_notice/

相關詢問 關於本商品的各項詢問請與以下連絡。

株式會社HOBBY JAPAN電商部門
TEL 03-5304-9114（平日10:00～12:00、13:00～17:00）
E-mail shop@hobbyjapan.co.jp

※日本預定已截止。照片為試作樣品。正式產品有可能不同。

SHOP LIST

● Okadaya 店鋪／網路販賣

新宿本店是手藝材料的寶庫！店內的產品種類豐富有品味，而且店員都很專業。除了有各種布料之外，娃娃尺寸的鈕釦、緞帶都很容易在這裡買得到。和風布料的種類齊全，我用來製作和服腰帶的金襴也是在這裡買的。

http://www.okadaya.co.jp/

● Yuzawaya 店鋪／網路販賣

日本全國各地都有店鋪的大型手工藝材料店。像是緞帶、布料等，常賣型的商品應有盡有。雖然各地的店鋪規模各有不同，請各位有機會的話可以就近到住家附近的店鋪參觀看看！

https://www. yuzawaya.co.jp/

● Crafttown 店鋪／網路販賣

這是負責營運手工藝專門店 Craft Heart Tokai 的集團公司。最近經常可以在大型購物商場看得到這家店舖的分店。本書中所介紹的原創產品黏扣帶只有在這裡才買得到。

https://www. crafttown.jp/

● Cotton House Tanno 店鋪

雖然也有網路商店，但建議有機會的話可以前往位於 JR 西八王子車站南口的店舖。店內有許多印花布及裁切好的布料，本書也使用了很多這家店販賣的產品。緞帶及蕾絲種類很多，店員也非常地親切。

http://www. cottonhouse-tanno.com/

● I Ribbon Teraki 店鋪／網路販賣

距離淺草橋車站很近的手工藝緞帶專門店。也販賣娃娃尺寸的小物品，產品種類非常豐富！店面的營業時間很短，只在平日的 13 點～ 17 點營業，因此住得遠的人建議使用網路販賣比較好。

https://www.i-ribbon-teraki.com/

● Pb'-factory 網路販賣

小尺寸鈕釦、皮帶扣、拉鏈、以及其他娃娃尺寸的各種資材琳瑯滿目，我也會在這裡採購。也有販賣剪刀、裁縫粉片、燙衣台等方便的道具，對於製作小尺寸娃娃服的人來說是一家不可或缺的商店。

http://www. pb-factory.co.jp/

● IVORY 網路販賣

像是娃娃尺寸的迷你鈕釦、鉚釘、孔眼、皮帶扣、熱壓飾釦等，可以說是娃娃尺寸的迷你尺寸手工藝資材寶庫。細微尺寸的蕾絲以及細緞帶等，這家店的產品都完全符合了手工創作者的需求。

http://ivorymaterialssyop.la.coocan.jp/

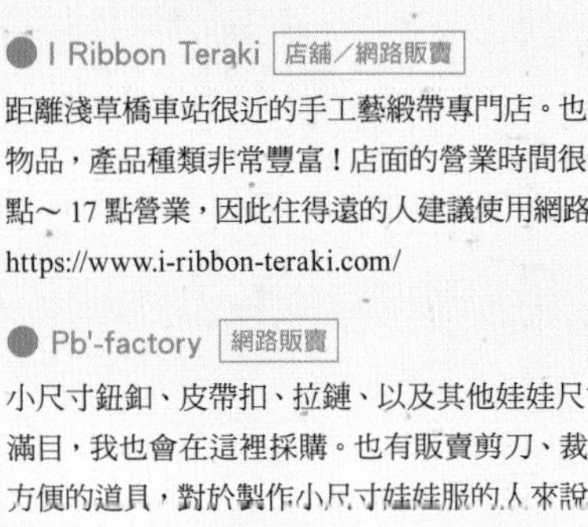
如果各位住家的附近有手工藝材料店的話，請務必進去逛一逛。
也許可以發現稀有物品或是其他的漂亮素材也說不定呢！

娃娃服縫紉 BOOK

OBITSU 11

荒木佐和子の紙型教科書4

—— 11CM 尺寸の女娃服飾 ——

※

－作者－
荒木佐和子

－設計－
田中 麻子

－攝影－
玉井 久義・葛 貴紀

－編輯－
鈴木 洋子

－企劃協力－
株式會社 OBITSU製作所

－使用模特兒・妝容・眼睛－
Out of Base（DONO-RE!）

－使用假髮－
Calico 假髮

－使用身體－
OBITSU 11 BODY Whitey

其實還有很多很棒的店家。這裡介紹的是我自己實際有買過的店舖。

國家圖書館出版品預行編目(CIP)資料

荒木佐和子の紙型教科書 4 : 11CM尺寸の女娃服飾 / 荒木佐和子著 ; 楊哲群翻譯. -- 新北市 : 北星圖書, 2019.09
面； 公分. -- 娃娃服縫紉BOOK (OBITSU11)
ISBN 978-957-9559-19-5(平裝)

1.玩具 2.手工藝

426.78 108011855

娃娃服縫紉 BOOK
荒木佐和子の紙型教科書 4：[OBITSU11] 11CM 尺寸の女娃服飾

作　　者／荒木佐和子
翻　　譯／楊哲群
發 行 人／陳偉祥
發　　行／北星圖書事業股份有限公司
地　　址／234 新北市永和區中正路 458 號 B1
電　　話／886-2-29229000
傳　　真／886-2-29229041
網　　址／www.nsbooks.com.tw
E-MAIL／nsbook@nsbooks.com.tw
劃撥帳戶／北星文化事業有限公司
劃撥帳號／50042987
製版印刷／皇甫彩藝印刷股份有限公司
I S B N／978-957-9559-19-5
定　　價／400 元
出　　版／2019 年 9 月

ドールソーイング BOOK オビツ 11 の型紙の教科書 -11cm サイズの女の子服 / HOBBY JAPAN